2024年版

第二種電気工事士

技能試験

公表問題の合格解答

オーム社 編

Ohmsha

公表問題の完成施工写真集

第1編

技能試験の基礎知識

第2編

技能試験の支給材料

第3編

単線図から複線図への書き換え

表紙デザイン：萩原弦一郎(256) https://www.256inc.co.jp/
表紙イラスト：百舌まめも https://twitter.com/mozumamemo

必ず, 13問から出題されます
しっかり学習と練習を積んでください

―令和6年度 第二種電気工事士技能試験を受験する皆様へ―

　（一財）電気技術者試験センターから令和6年1月に公表された候補問題の配線図は, 単に単線図13点が示されたのみで, 実際の技能試験で出題される詳細な条件等は読み取ることができません. このため本書編集部では,「寸法」や「支給材料」「施工条件」等を, 過去の試験と同じように実際の試験問題と想定・作成し, 解答である作品（完成施工物）を作りました. また, 問題から実際の材料を掲げるとともに, 課題の単線図を複線図に直して, 電線の色を指定し, 作業が具体的にできるようにしています.

　当然ですが, 本書が作成した予想「公表問題No.1〜No.13」が, 実際に出題される問題と一字一句同じとは限りません. しかし, 多少寸法が異なったとしても, あるいは接続箇所の接続方法や支給材料, 施工条件が多少変わったとしても, 大筋この公表問題から出題されることは, 間違いありません. 試験直前の最終確認は, 本書の公表問題（予想問題）で, これまで学んだ知識や技能を試すことが, 合格への近道です.

　本書は, 全6編の構成です. 第1編では, 技能試験の内容や試験の流れを説明します. 第2編では, 技能試験で支給される主な配線器具等を解説します. 第3編では, 初心者がつまずきやすいとされている "複線図" の書き方と, その手順を解説します. 第4編では, ケーブルの加工手順や基本作業を写真付きで解説します. さらに, 平成29年から大きく変更された技能試験の「欠陥の判断基準」について, 写真で具体例を示し, よくある質問等も挙げて解説します. 第5編は, 本題である予想問題全13問とその解答をわかりやすく丁寧に示します. 第6編では, 過去に実際に出題された試験内容と解答を示します.

　受験者にとって候補問題の公表は朗報ですが, それに甘んじることなく, 13問すべてに挑戦してください. 7月20日（土）, 7月21日（日）または12月14日（土）, 12月15日（日）の試験では, 13問のうちいずれかが出題されることは確実です. 早めにしっかりと学習と練習を積んで, 試験に臨んでください. 技能試験は机上での学習も大切ですが, 作業の実体験はそれ以上に大切です.

オーム社

公表問題 No.1

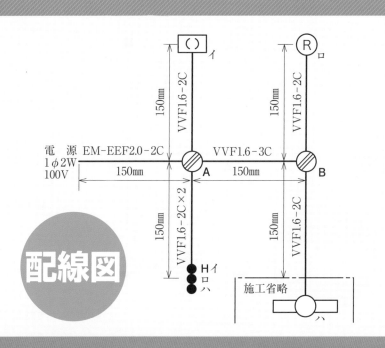

配線図

完成写真

公表問題 No.2

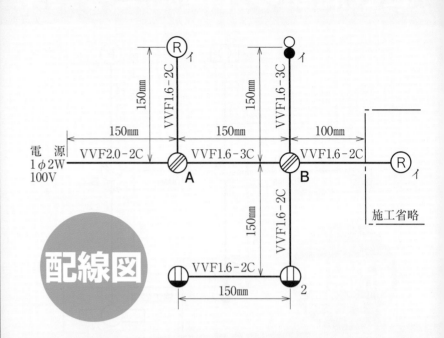

完成写真

配線図

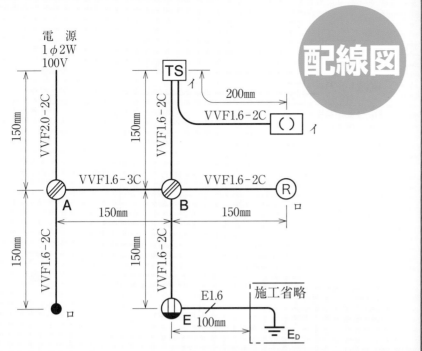

電源
1φ2W
100V

VVF2.0-2C 150mm

TS ─ イ

200mm

VVF1.6-2C ─ ( ) イ

VVF1.6-3C 150mm ─ A ── 150mm ── B ── VVF1.6-2C 150mm ── R ロ

VVF1.6-2C 150mm

VVF1.6-2C 150mm

E1.6 施工省略

E 100mm

E_D

完成写真

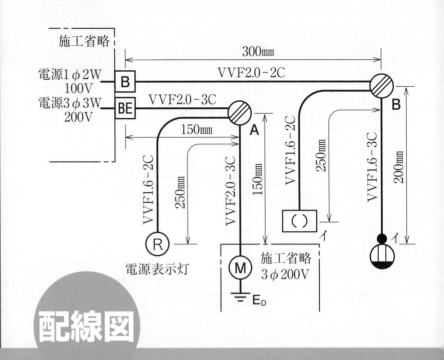

配線図

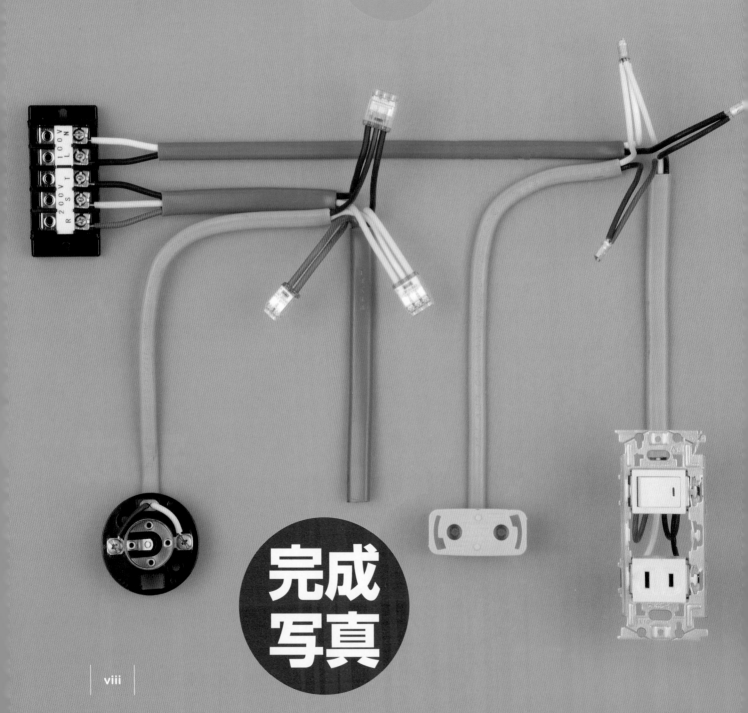

完成
写真

公表問題 No.5

配線図

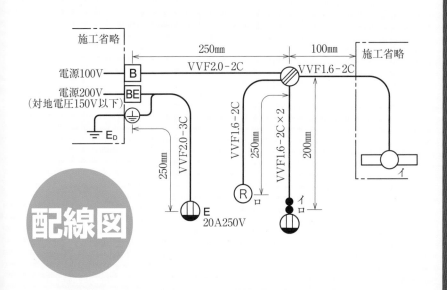

施工省略

電源100V

電源200V
（対地電圧150V以下）

E_D

250mm

VVF2.0-2C

250mm VVF2.0-3C

VVF1.6-2C

250mm VVF1.6-2C×2

R ロ

イ ロ

E 20A250V

100mm

VVF1.6-2C

施工省略

200mm

イ

完成写真

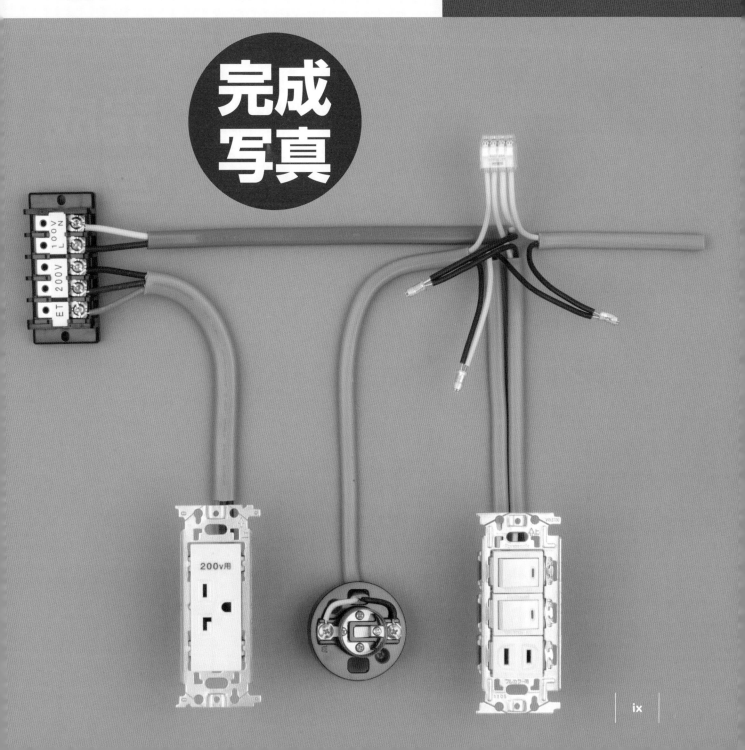

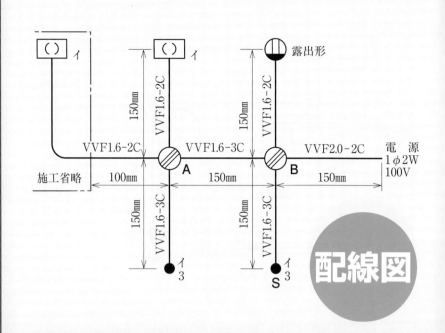

配線図

VVF1.6-2C イ

VVF1.6-2C イ

露出形

VVF1.6-2C

VVF1.6-2C

VVF1.6-2C

150mm

150mm

150mm

VVF1.6-2C
施工省略

VVF1.6-3C

A

VVF2.0-2C

B

電 源
1φ2W
100V

100mm

150mm

150mm

150mm

150mm

VVF1.6-3C

VVF1.6-3C

イ
3

イ
3

S

完成
写真

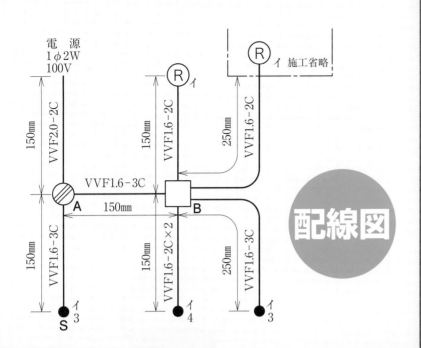

電源
1φ2W
100V

VVF2.0-2C

150mm

A

VVF1.6-3C

150mm

VVF1.6-3C

150mm

イ
3

S

VVF1.6-3C

150mm

VVF1.6-2C

150mm

Ⓡイ

B

150mm

VVF1.6-2C×2

150mm

イ
4

VVF1.6-2C

250mm

Ⓡイ 施工省略

VVF1.6-2C

250mm

VVF1.6-3C

250mm

イ
3

配線図

公表
問題

No.7

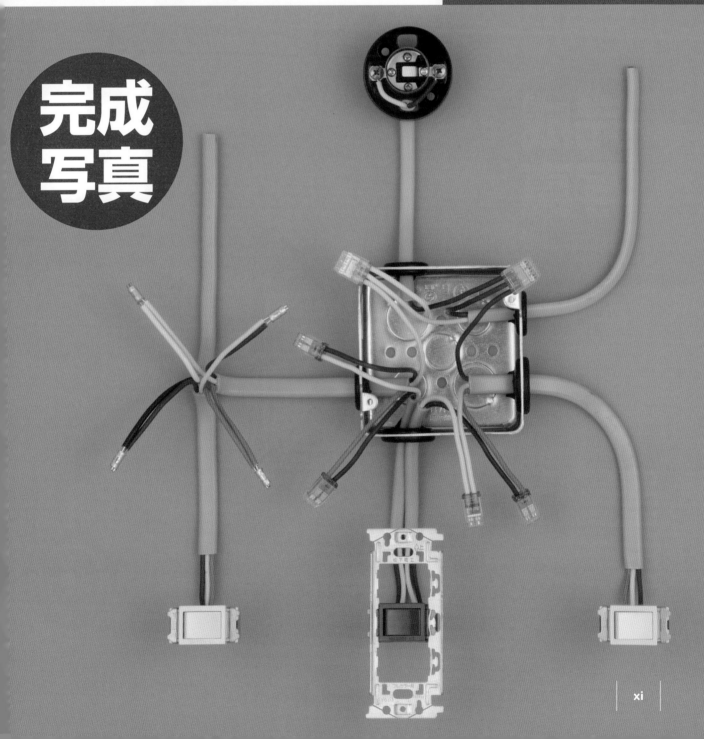

完成
写真

配線図

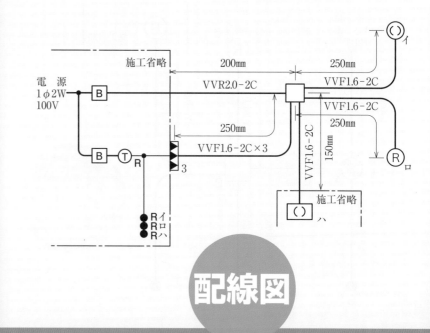

完成写真

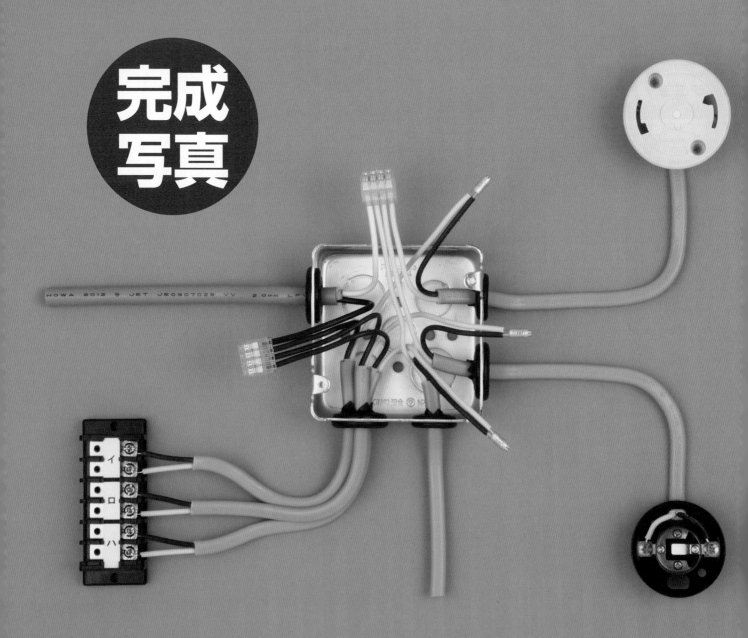

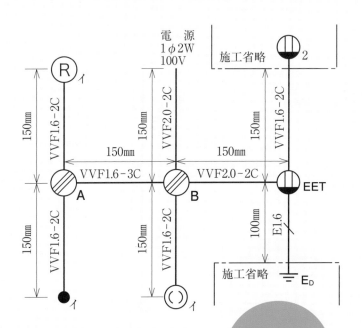

電源
1φ2W
100V

施工省略

VVF1.6-2C

150mm

VVF2.0-2C

150mm

VVF1.6-2C

150mm

Ⓡ イ

VVF1.6-3C

150mm

A

VVF2.0-2C

150mm

B

VVF2.0-2C

EET

VVF1.6-2C

150mm

VVF1.6-2C

150mm

VVF1.6-2C

150mm

イ

イ

E1.6

100mm

施工省略 ⏚ E_D

配線図

完成
写真

公表問題

No.10

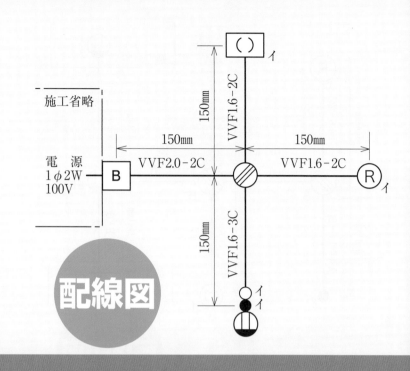

配線図

施工省略

電源
1φ2W
100V

B

VVF2.0-2C

VVF1.6-2C

VVF1.6-2C

VVF1.6-3C

150mm

150mm

150mm

150mm

( ) イ

R イ

イ
イ

完成写真

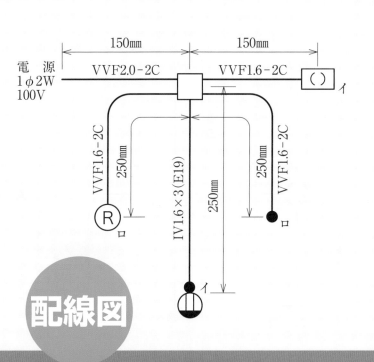

配線図

電源
1φ2W
100V

150mm　　150mm

VVF2.0-2C　　VVF1.6-2C

( )　イ

VVF1.6-2C

250mm

IV1.6×3（E19）

250mm

R　ロ

250mm

VVF1.6-2C

250mm

ロ

イ

公表
問題

No.11

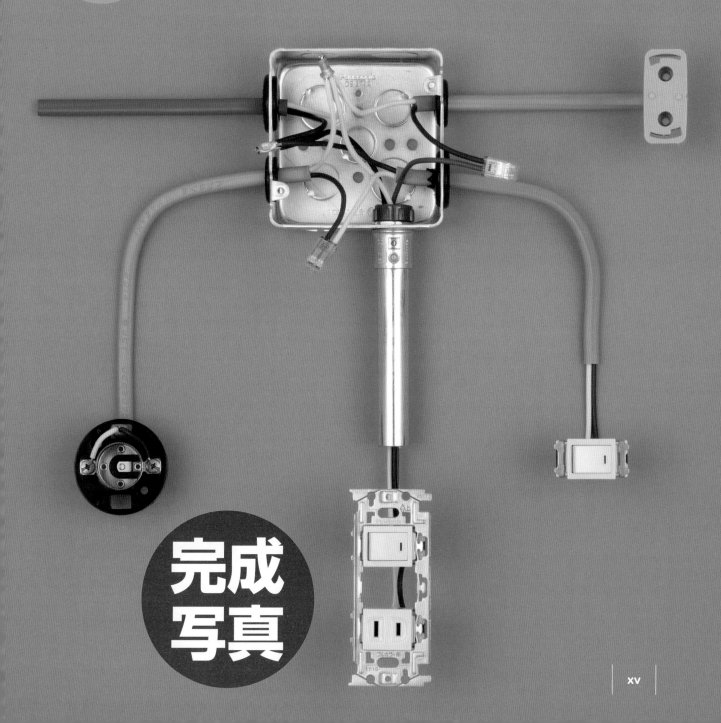

完成
写真

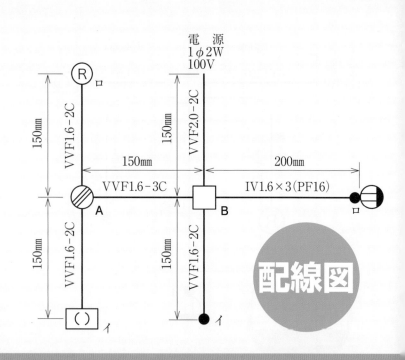

電源
1φ2W
100V

R ロ

VVF1.6-2C

150mm

150mm VVF2.0-2C

150mm

200mm

VVF1.6-3C

IV1.6×3（PF16） ロ

A

B

150mm VVF1.6-2C

150mm VVF1.6-2C

（　） イ

イ

配線図

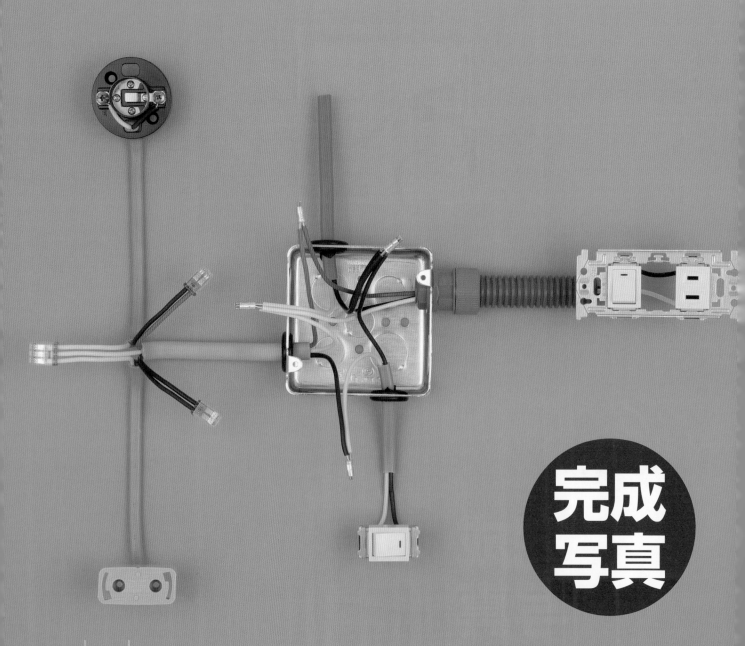

**完成
写真**

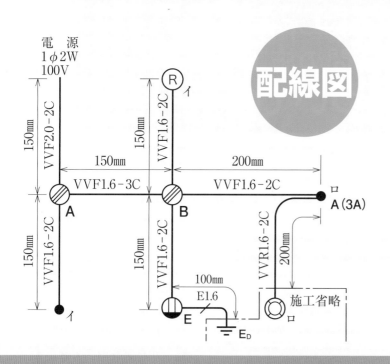

配線図

公表問題 No. 13

完成写真

【技能試験の「基本作業」】と
【公表問題13問の施工手順】の
動画視聴についての手引き

本書では，各種の基本作業及び公表問題13問の施工について，文章や写真の解説に加え，「映像（YouTube）」でもその様子を確認できます．動画を視聴することで実際の手順や作業内容を具体的にイメージできますので，ぜひご活用ください．

技能試験の「基本作業」

基本作業を正確に行えば，「欠陥」のない理想の作品ができ上がります．本書では，P.68～P.94で基本作業の手順を写真付きで解説しています．さらに，見出し横に掲載されているQRコードからインターネット（YouTube）にアクセスすることで，動画でも施工の様子を確認できます．

※一部の項目は映像がありません．また，紙面で解説する手順のうち，映像では一部を省略している場合があります．

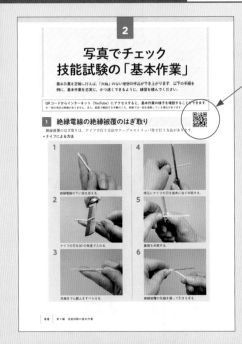

各基本作業の右上にあるQRコードからアクセスできます．

公表問題13問の施工手順

電気技術者試験センターから公表された令和6年度の「候補問題13問」を元に，予想「公表問題」を作成しました．本書では，施工条件や複線図の書き方の解説に加えて，実際の施工映像をP.232～P.233に掲載のQRコードからインターネット（YouTube）にアクセスすることで，動画でも施工の様子を確認できます．

※動画は，あくまで参考として視聴ください．なお，動画と，第5編本編（P.126～P.231）で示す解説とは一部が異なります．動画については，あくまで施工手順や作業内容をイメージするためのものとして捉えていただき，内容については本編に従って取り組んでください．

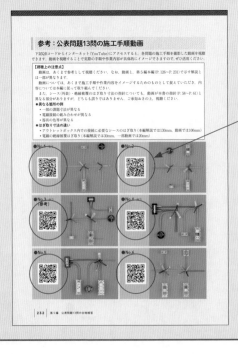

完成写真の左にあるQRコードからアクセスできます．

第 1 編

技能試験の基礎知識

1 試験実施の流れと要点
―問題・支給材料の配布から
試験開始・終了，作品の判定まで―

2 技能試験の合格基準と欠陥の判断基準

3 技能試験に合格するためには

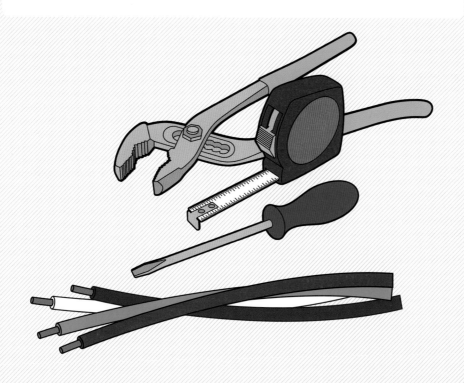

1

試験実施の流れと要点
―問題・支給材料の配布から
試験開始・終了，作品の判定まで―

1 技能試験の内容

　技能試験は，学科試験の合格者と学科試験の免除者に対して行われます．第二種電気工事士は，一般用電気工作物の工事の作業をする人のための資格試験ですので，その技能が問われる実技試験となります．

　図面（配線図）を見て正しい電気工事を行えることが基本です．そのため技能試験では，課題（単線図で与えられる配線図・施工条件等）と支給される材料から，各自が持参する工具を使って，制限時間内に課題の作品を作り上げ，その施工作品を判定して合否が決まります（作業時の施工手順等までは判定されません）．

　技能試験は，下記のように「上期」と「下期」で実施されますが，試験の内容での有利・不利はありません．

●**上期試験**　令和6年　7月20日（土）
　　　　　　　令和6年　7月21日（日）

●**下期試験**　令和6年12月14日（土）
　　　　　　　令和6年12月15日（日）

　＊2回（土・日）に分けて，各都道府県で実施されます．
　＊上期試験，下期試験の両方の受験が可能です．

● 電気工事士試験実施方法の変更について

　平成30年度から，電気工事士試験の実施方法が以下のように変更されました．

1 第二種電気工事士試験の受験機会の拡大

　平成29年度まで，第二種電気工事士試験は，当該年度の上期試験又は下期試験のいずれか一方しか受験できませんでしたが，平成30年度から，上期試験，下期試験，両方の受験が可能となりました．

2 試験地の拡大

　第一種電気工事士試験，第二種電気工事士下期試験の試験地が，47都道府県のすべてに設けられ，実施されます．

❶ 技能試験の出題範囲

第二種電気工事士の技能試験は，電気工事士法施行規則により，
「次に掲げる事項の全部又は一部について行う」と規定されています.

出題範囲

① 電線の接続
② 配線工事
③ 電気機器及び配線器具の設置
④ 電気機器，配線器具並びに
　電気工事用の材料及び工具の使用方法
⑤ コード及びキャブタイヤケーブルの取付け
⑥ 接地工事
⑦ 電流，電圧，電力及び電気抵抗の測定
⑧ 一般用電気工作物等の検査
⑨ 一般用電気工作物等の故障箇所の修理

なお，技能試験に出題される候補問題が，事前に公表されます.

❷ 技能試験の出題形式等

試験方法

持参した作業用工具により，
配線図で与えられた問題を，支給された材料で
一定時間内に完成させる方法で行う.

問題数

1 題

試験時間

40 分

電動工具以外のすべての工具（改造した工具および自作した工具を除く）を使用することができます.
ケーブルストリッパ，ワイヤストリッパ，ラジオペンチ等も使用できます. ただし，次の「指定工具」
は最低限必要と考えられるので，必ず持参しなければなりません.

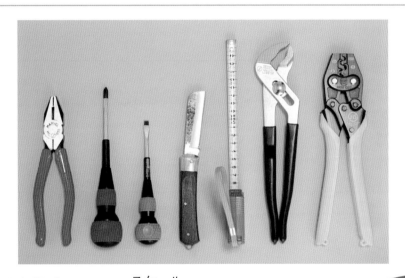

● **指定工具（左から順に）**
ペンチ
ドライバ（プラス，マイナス）
ナイフ

スケール
ウォータポンププライヤ
リングスリーブ用圧着工具
（JIS C 9711：1982・1990・1997 適合品）

作業用工具

筆記用具の制限はなく，色鉛筆，色ボールペン等を使用することができます.　**筆記用具**

2 出題の形式

❶ 試験問題と材料の配布

　ここでは，**過去に行われた技能試験の中からひとつを例**として，出題の形式とそのポイントについて説明します．

- 技能試験の「問題用紙」と「材料箱」及び作業板（板紙）が配布されます．

- 問題用紙の表面に記された「注意事項」をよく読んでください！！

問題用紙

[表面]　　試験が始まる前にこの頁に書いてあることをよく読んでください．
（裏面は試験問題になっているので，指示があるまで見てはいけません）

第二種電気工事士 技能試験 ［試験時間 ４０分］

《《 注意事項 》》
1. 受験番号札に受験番号及び氏名を記入し，試験終了後，作品にしっかりと取り付けてください。取り付け位置は，どこでも結構です。
2. 試験終了後，作業を続けている場合は，失格となります。

《《 支給材料等の確認 》》
　試験開始前に監督員が指示しますので，指示に従って与えられた材料等を下記の材料表と必ず照合し，材料の不良，破損や不足があれば監督員に申し出てください。
試験開始後の支給材料の交換には，一切応じられませんので，材料確認の時間内に必ず確認してください。
なお，監督員の指示があるまで照合はしないでください。

材　　料	
1. 600V ビニル絶縁ビニルシースケーブル平形（シース青色），2.0mm，2 心，長さ約 250mm ‥	1 本
2. 600V ビニル絶縁ビニルシースケーブル平形，1.6mm，2 心，長さ約 1650mm ‥‥‥‥‥‥	1 本
3. 600V ビニル絶縁ビニルシースケーブル平形，1.6mm，3 心，長さ約 350mm ‥‥‥‥‥‥	1 本
4. ランプレセプタクル（カバーなし）‥‥‥‥‥‥‥‥‥‥‥‥‥‥‥‥‥‥‥‥‥‥‥‥‥	1 個
5. 引掛シーリングローゼット（ボディ（角形）のみ）‥‥‥‥‥‥‥‥‥‥‥‥‥‥‥‥‥‥	1 個
6. 端子台（タイムスイッチの代用），3 極 ‥‥‥‥‥‥‥‥‥‥‥‥‥‥‥‥‥‥‥‥‥‥	1 個
7. 埋込連用タンブラスイッチ ‥‥‥‥‥‥‥‥‥‥‥‥‥‥‥‥‥‥‥‥‥‥‥‥‥‥‥‥	1 個
8. 埋込連用コンセント ‥‥‥‥‥‥‥‥‥‥‥‥‥‥‥‥‥‥‥‥‥‥‥‥‥‥‥‥‥‥‥	1 個
9. 埋込連用取付枠 ‥‥‥‥‥‥‥‥‥‥‥‥‥‥‥‥‥‥‥‥‥‥‥‥‥‥‥‥‥‥‥‥‥	1 枚
10. リングスリーブ（小）‥‥‥‥‥‥‥‥‥‥‥‥‥‥‥‥‥（予備品を含む）5 個	
11. 差込形コネクタ（2 本用）‥‥‥‥‥‥‥‥‥‥‥‥‥‥‥‥‥‥‥‥‥‥‥‥‥‥‥‥	1 個
12. 差込形コネクタ（3 本用）‥‥‥‥‥‥‥‥‥‥‥‥‥‥‥‥‥‥‥‥‥‥‥‥‥‥‥‥	1 個
13. 差込形コネクタ（4 本用）‥‥‥‥‥‥‥‥‥‥‥‥‥‥‥‥‥‥‥‥‥‥‥‥‥‥‥‥	1 個
・　受験番号札 ‥‥‥‥‥‥‥‥‥‥‥‥‥‥‥‥‥‥‥‥‥‥‥‥‥‥‥‥‥‥‥‥‥‥	1 枚
・　ビニル袋 ‥‥‥‥‥‥‥‥‥‥‥‥‥‥‥‥‥‥‥‥‥‥‥‥‥‥‥‥‥‥‥‥‥‥‥	1 枚

《《 追加支給について 》》
　ランプレセプタクル用端子ねじ，リングスリーブ及び差込形コネクタは，作業のやり直し等により不足が生じた場合，申し出（挙手をする）があれば追加支給します。

材料箱

POINT

　注意事項には，受験番号札の取り扱いや試験終了後の作業の禁止等が記載されていますので，しっかりと読んでおきましょう．注意事項に記載されていなくても，工具の貸し借りは禁止されていますので，くれぐれも持参工具の中に忘れ物がないようにしてください．また，作業は原則として着席のまま行わなければなりません．

❷ 支給材料の確認

　試験監督員の指示により，問題用紙表面の「材料表」をよく見て，支給材料を必ず確認します．材料の不具合や不足があった場合には速やかに申し出てください．

　箱を開けると，上段にケーブルとくず入れ（ビニル袋），受験番号札があります．ケーブルはまっすぐにしてから，「材料表」どおりかを確認します．

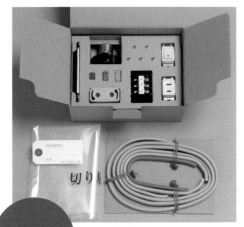
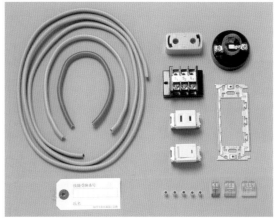

材料確認　箱の下段には配線器具等があります．不具合や不足がないかよく確認しておきましょう．試験中は，リングスリーブ，ランプレセプタクルの端子ねじ等，小さな材料をなくさないように注意してください!!

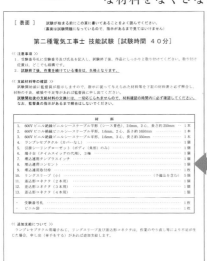

材料表

材　料	
1.　600V ビニル絶縁ビニルシースケーブル平形（シース青色），2.0mm，2 心，長さ約 250mm	1 本
2.　600V ビニル絶縁ビニルシースケーブル平形，1.6mm，2 心，長さ約 1650mm	1 本
3.　600V ビニル絶縁ビニルシースケーブル平形，1.6mm，3 心，長さ約 350mm	1 本
4.　ランプレセプタクル（カバーなし）	1 個
5.　引掛シーリング（ボディ（角形）のみ）	1 個
6.　端子台（タイムスイッチの代用），3 極	1 個
7.　埋込連用タンブラスイッチ	1 個
8.　埋込連用コンセント	1 個
9.　埋込連用取付枠	1 枚
10.　リングスリーブ（小）　　　　　　　　　　　　　　（予備品を含む）	5 個
11.　差込形コネクタ（2 本用）	1 個
12.　差込形コネクタ（3 本用）	1 個
13.　差込形コネクタ（4 本用）	1 個
・　受験番号札	1 枚
・　ビニル袋	1 枚

POINT

- リングスリーブは予備品を含んで支給されます．端子ねじ，差込形コネクタ，リングスリーブは，追加支給を受けることができます．ただし，その他の材料（電線類・器具等）の追加支給はありません．
- 配線器具の極性等も確認しておくと安心です．特にコンセントや引掛シーリングローゼットの接地側表示は確認しておきましょう!!
- 与えられた材料から問題の内容や作業手順をイメージしておくのも効果的です．
- 材料を確認しながら，作業が行いやすいように並べておきましょう．

❶ 配線図と施工条件の確認

いよいよ**試験開始**です．作業手順とそのポイントについて説明します．

試験が開始されたら，配線図と施工条件をしっかり読みます．

配線図

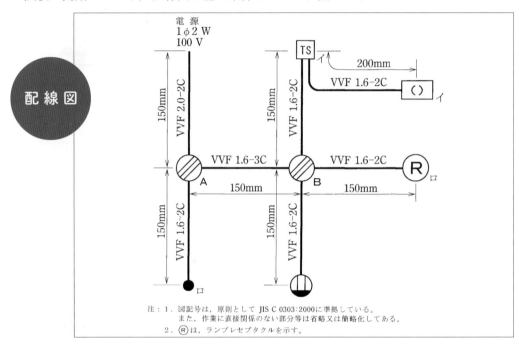

電源
1φ2W
100V

VVF 2.0-2C
150mm

VVF 1.6-2C
150mm

TS イ
200mm
VVF 1.6-2C
( ) イ

VVF 1.6-3C
A
150mm

VVF 1.6-2C
B
150mm
R ロ

VVF 1.6-2C
150mm

VVF 1.6-2C
150mm

ロ

注：1．図記号は，原則として JIS C 0303：2000に準拠している．
また，作業に直接関係のない部分等は省略又は簡略化してある．
2．Ⓡ は，ランプレセプタクルを示す．

配線図では，配線器具の位置関係やケーブルの種類，寸法等を確認しておきます．

施工条件

〈 **施工条件** 〉

1．配線及び器具の配置は，**図1**に従って行うこと．

2．タイムスイッチ代用の端子台は，**図2**に従って使用すること．

3．電線の色別（絶縁被覆の色）は，次によること．
①電源からの接地側電線には，すべて**白色**を使用する．
②電源から点滅器，コンセント及びタイムスイッチまでの非接地側電線には，すべて**黒色**を使用する．
③次の器具の端子には，**白色の電線**を結線する．
・コンセントの接地側極端子（**W**と表示）
・ランプレセプタクルの受金ねじ部の端子
・引掛シーリングローゼットの接地側極端子（接地側と表示）
・タイムスイッチ（端子台）の記号 S_2 の端子

4．VVF用ジョイントボックス部分を経由する電線は，その部分ですべて接続箇所を設け，接続方法は，次によること．
①**A部分**は，**リングスリーブ**による接続とする．
②**B部分**は，**差込形コネクタ**による接続とする．

5．**埋込連用取付枠**は，コンセント部分に使用すること．

施工条件では，作業指示を確認しておきます．特に**太字**で書かれた内容は重要です．施工条件に違反した場合は，**欠陥**になるので注意してください．

POINT

- 配線図の中で表示されているケーブルの種類や寸法をマーカーペン等でチェックしておくと，ケーブルの使用ミスや寸法ミスを防止しやすくなります．
- パイロットランプが出題されたときは，その点滅方法をマーカーペン等でチェックして，配線図にも点滅方法を記入すると，誤配線を防止しやすくなります．
- 電線の接続方法についても，差込形コネクタとリングスリーブの使用箇所の指示がある場合，配線図に記入しておくとよいでしょう．
- 施工条件は重要事項なので，違反しないように練習時から自分なりにマーカーペン等を用いて，二重三重のチェックをしておきましょう．ただし，配線図が見づらくなるときもありますので，必要最小限にしてください．

❷ 複線図への書き換え

- 配線図と施工条件をよく理解してから，単線図で示された配線図を複線図に書き換えます．

電線の色別や接続箇所に用いる材料等を書いておくのも効果的です．

POINT

- 複線図はできるだけ見やすく書くようにしましょう．色鉛筆等を使うと効果的です．
- 電線の色別は必ず書いてください．白・黒・赤またはW・B・Rです．
- リングスリーブ接続は，●の印を付けて圧着マークも記入しましょう．差込形コネクタ接続は，■の印を付けます．接続ミスを防ぐことができます．

❸ 作業と点検

- 本書の第4編, 第5編等を参考にして, 各種作業を確実に行ってください.
- ボックスへの電線管・付属品の取り付け, 配線器具の取り付け, ケーブルの切断・加工, 電線接続等, 作業時間を考えながら, なるべく同じ作業ができるよう効率的に行いましょう.
- でき上がった作品は, 施工条件等を確認しながら, 点検・手直しを行いましょう.

第4編等を参考にして, 確実に作業を行いましょう!!

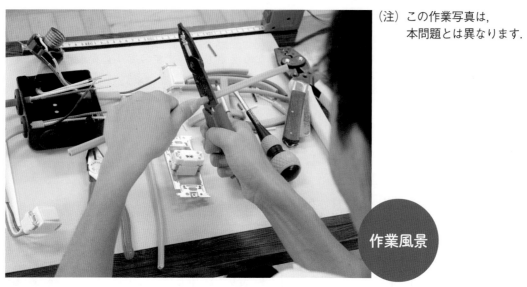

（注）この作業写真は, 本問題とは異なります.

作業風景

作品ができ上がったら, 「極性違いはないか」, 「正しい結線か」, 「正しい圧着マークになっているか」等, 最後まで気を抜かずにしっかり点検を行いましょう!!

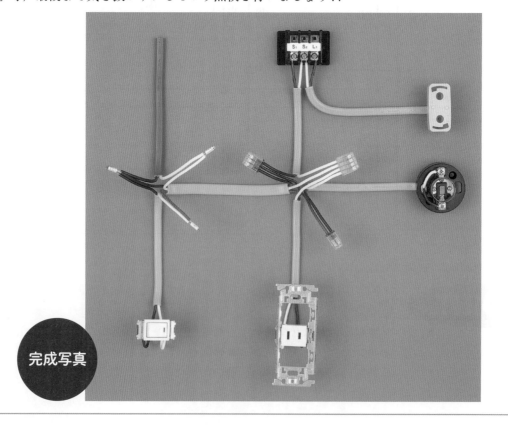

完成写真

4 指定工具以外の便利な作業用工具について

　技能試験に必ず持参しなければならない7つの工具を，「指定工具」といいます．この指定工具だけでも，試験時間40分以内に課題の作品を作ることが十分にできます．しかし，昨今の試験を見てみると，工具の持参制限がなくなったことから，「ケーブルストリッパ」等の工具の持参が目立つようになりました．8〜9割の受験者が何らかの工具をプラスしているようです．目立って多いのがペンチ式のケーブルストリッパです．

　その他，あれこれと便利な工具がありますが，受験会場の机等の広さもあり，何でも持参すればよいというものではありませんし，受験前に十分に練習しておかないと，せっかくの新兵器（工具）も台無しになります．練習を重ねて，十分に使いこなせる工具として持参しましょう．

5 時間配分の目安

　第二種電気工事士技能試験の試験時間は40分です．考える時間も作業する時間も十分な時間です．じっくり取り組むことが必要です．

　ただし，本試験は作品を完成させることが第一条件になります．限られた試験時間で作業を行っていくためには，事前の練習が必要であることはもちろんですが，効率よく作業を進めることが大事です．作業手順に決まりはありませんが，できるだけ同じ作業はまとめて行う等の工夫は必要です．以下に，技能試験の作業手順例と，時間配分の目安を示します．出題される問題によって施工内容は異なりますが，およそ以下のように作業を進めることができれば，効率よく作業ができるはずです．自分なりにイメージしながら練習しておくと，自信を持って本番に臨めるでしょう．

STEP1　　　　　　　作業時間の目安2分

● 問題の理解
・配線図をよく確認する．
・施工条件をしっかり読み，作業指示を確認する．
　確認内容：器具の配置，各種電線の使用箇所，端子台の使用箇所，スイッチ・コンセントの配線
　　　　　　方法，電線の色別指定の確認，電線相互の接続方法の指示，その他使用材料について
　　　　　　の注意事項．

STEP2　　　　　　　作業時間の目安3分

● 複線図の作成
・本書の第3編（P.35〜）を参考に，配線図の内容を適切に反映した複線図を作成する．
・電線相互の接続方法を書く．　・電線の色別を書く．

STEP3　　　　　　　作業時間の目安30分

● 問題の施工
・配線図を確認し，効率のよい作業手順を考え，施工していく．
　1 埋込連用取付枠への配線器具の取り付け
　2 ケーブルの切断，シース及び絶縁被覆のはぎ取り
　3 配線器具への結線　4 端子台への結線　5 電線相互の接続

STEP4　　　　　　　作業時間の目安5分

● 点検・手直し
・でき上がった作品の点検を行う．
　点検内容：配線器具の極性，リングスリーブの刻印，差込形コネクタの先端，電線の傷，配線器
　　　　　　具と電線の結線箇所，施工条件との合致等．
・誤りがあれば手直しをする．　・ケーブルの蛇行等を修正する．

完　成

技能試験の合格基準と欠陥の判断基準

1 技能試験の合格基準

技能試験での課題作品の成果物は，以下の合格基準に従って合否判定が行われます．

技能試験の合格基準
課題の成果物について，欠陥がないこと．

「欠陥」は，ひとつでも NO！！

　平成28年度までは，欠陥の内容によって「電気的に致命的な欠陥」，「施工上の重大な欠陥」，「施工上の軽微な欠陥」の3つに分けられていましたが，平成29年度からは「欠陥」に統一され，作品にひとつでも「欠陥」があると不合格になります．

「欠陥」は，次の欠陥の判断基準によって判定されます．

※（一財）電気技術者試験センターより発表された「技能試験における欠陥の判断基準」より，第二種電気工事士技能試験に該当する項目の一覧です．図番は，P.15の図の番号に対応します．

2 欠陥の判断基準

欠　陥	項　　目	図番
全体共通部分		
1．未完成のもの		❶
2．配置，寸法，接続方法等の相違	・配線，器具の配置が配線図と相違したもの ・寸法（器具にあっては中心からの寸法）が，配線図に示された寸法の50％以下のもの ・電線の種類が配線図と相違したもの ・接続方法が施工条件に相違したもの	❷
3．誤接続，誤結線のもの		❸
4．電線の色別，配線器具の極性が施工条件に相違したもの		❹
電線の損傷		
1．ケーブル外装（シース）を損傷したもの	・ケーブルを折り曲げたときに絶縁被覆が露出するもの ・外装（シース）縦われが20mm以上のもの ・VVRの介在物が抜けたもの	❺

欠　陥	項　　　目	図番
2．絶縁被覆の損傷で，電線を折り曲げたときに心線が露出するもの	※リングスリーブの下端から10mm以内の絶縁被覆の傷は欠陥としない	❻
3．心線を折り曲げたときに心線が折れる程度の傷があるもの		❼

リングスリーブ（E形）による圧着接続部分

欠　陥	項　　　目	図番
1．リングスリーブ用圧着工具の使用方法等が適切でないもの	・リングスリーブの選択を誤ったもの ・圧着マークが不適正のもの ・リングスリーブを破損したもの ・リングスリーブの先端又は末端で，圧着マークの一部が欠けたもの ・1つのリングスリーブに2つ以上の圧着マークがあるもの ・1箇所の接続に2個以上のリングスリーブを使用したもの	❽
2．心線の端末処理が適切でないもの	・リングスリーブを上から目視して，接続する心線の先端が一本でも見えないもの ・リングスリーブの上端から心線が5mm以上露出したもの ・絶縁被覆のむき過ぎで，リングスリーブの下端から心線が10mm以上露出したもの ・ケーブル外装（シース）のはぎ取り不足で，絶縁被覆が20mm以下のもの ・絶縁被覆の上から圧着したもの	❾

差込形コネクタによる差込接続部分

欠　陥	項　　　目	図番
1．コネクタの先端部分を真横から目視して心線が見えないもの		❿
2．コネクタの下端部分を真横から目視して心線が見えるもの		⓫

ねじ締め端子の器具への結線部分
（端子台，配線用遮断器，ランプレセプタクル，露出形コンセント等）

欠　陥	項　　　目	図番
1．心線をねじで締め付けていないもの	・電線を引っ張って外れるもの ・巻き付けによる結線にあっては，心線をねじで締め付けていないもの	⓬
2．結線部分の絶縁被覆をむき過ぎたもの	・端子台の端から心線が5mm以上露出したもの ・配線用遮断器の端から心線が5mm以上露出したもの ・ランプレセプタクル又は露出形コンセントの結線にあっては，ねじの端から心線が5mm以上露出したもの	⓭
3．絶縁被覆を締め付けたもの		⓮
4．ランプレセプタクル又は露出形コンセントへの結線で，ケーブルを台座のケーブル引込口を通さずに結線したもの		⓯

欠　陥	項　目	図番
5．ランプレセプタクル又は露出形コンセントへの結線で，ケーブル外装（シース）が台座の中に入っていないもの		⑯
6．ランプレセプタクル又は露出形コンセント等の巻き付けによる結線部分の処理が適切でないもの	・心線の巻き付けが不足（3/4周以下）したもの ・心線の巻き付けで重ね巻きしたもの ・心線を左巻きにしたもの ・心線がねじの端から5mm以上はみ出したもの ・カバーが締まらないもの	⑰

ねじなし端子の器具への結線部分（埋込連用タンブラスイッチ（片切，両切，3路，4路），埋込連用コンセント，パイロットランプ，引掛シーリングローゼット等）

1．電線を引っ張って外れるもの		⑱
2．心線が差込口から2mm以上露出したもの	※引掛シーリングローゼットにあっては，1mm以上露出したものは欠陥とする	⑲
3．引掛シーリングローゼットへの結線で，絶縁被覆が台座の下端から5mm以上露出したもの		⑳

金属管工事部分

1．構成部品が正しい位置に使用されていないもの	※金属管，ねじなしボックスコネクタ，ボックス，ロックナット，絶縁ブッシング，ねじなし絶縁ブッシングを構成部品という	㉑
2．構成部品間の接続が適切でないもの	・管を引っ張って外れるもの ・絶縁ブッシングが外れているもの ・管とボックスとの接続部分を目視して隙間があるもの	㉒
3．ねじなし絶縁ブッシング又はねじなしボックスコネクタの止めねじをねじ切っていないもの		㉓
4．ボンド工事を行っていない又は施工条件に相違してボンド線以外の電線で結線したもの		㉔
5．ボンド線のボックスへの取り付けが適切でないもの	・ボンド線を引っ張って外れるもの ・巻き付けによる結線部分で，ボンド線をねじで締め付けていないもの ・接地用取付ねじ穴以外に取り付けたもの	㉕
6．ボンド線のねじなしボックスコネクタの接地用端子への取り付けが適切でないもの	・ボンド線をねじで締め付けていないもの ・ボンド線が他端から出ていないもの ・ボンド線を正しい位置以外に取り付けたもの	㉖

欠　陥	項　目	図番
合成樹脂製可とう電線管工事部分		
1．構成部品が正しい位置に使用されていないもの	※合成樹脂製可とう電線管，コネクタ，ボックス，ロックナットを構成部品という	㉗
2．構成部品間の接続が適切でないもの	・管を引っ張って外れるもの ・管とボックスとの接続部分を目視して隙間があるもの	㉘
取付枠部分		
1．取付枠を指定した箇所以外で使用したもの		㉙
2．取付枠を裏返しにして配線器具を取り付けたもの		㉚
3．取付けがゆるく，配線器具を引っ張って外れるもの		㉛
4．取付枠に配線器具の位置を誤って取り付けたもの	・配線器具が1個の場合に，中央以外に取り付けたもの ・配線器具が2個の場合に，中央に取り付けたもの ・配線器具が3個の場合に，中央に指定した器具以外を取り付けたもの	㉜
その他		
1．支給品以外の材料を使用したもの		㉝
2．不要な工事，余分な工事又は用途外の工事を行ったもの		㉞
3．ゴムブッシングの使用が適切でないもの	・ゴムブッシングを使用していないもの ・ボックスの穴の径とゴムブッシングの大きさが相違しているもの	㉟
4．器具を破損させたもの	※ランプレセプタクル，引掛シーリングローゼット又は露出形コンセントの台座の欠けについては欠陥としない	㊱

※「欠陥」の例を P.95 〜 102 に，写真で示してあります．

MEMO

❷ 技能試験の判断基準の一例

❶〜㊱の番号は，P.11〜P.14の図番の番号に対応します．

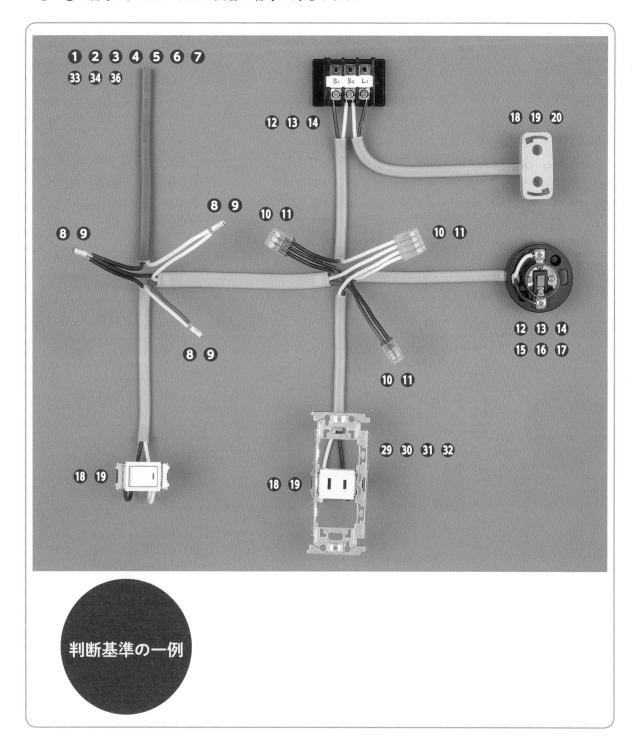

判断基準の一例

　上記のように多くの項目にわたり，欠陥の有無が判断されます．しかし，正しい基本作業を身につけておけば心配はいりません．本書の第4編等を参考にして，しっかりとした基本作業を身につけてください．

　また，電気的な欠陥がなくても，施工条件に書かれている内容に違反すると，施工上の欠陥になってしまいます．練習のときから与えられた施工条件をしっかり読む習慣をつけましょう．

技能試験に合格するためには

技能試験に合格するためには，**次の3項目**について，確実に実行できるようにしなければなりません．

●単線図から複線図を書けるようにすること

　公表された問題の配線図は，電線の本数に関係なく1本の線で書かれた単線図で示されます．間違いなく配線するためには，実際の電線の本数で示される複線図に直す必要があります．複線図を書くことは義務づけられていませんが，複線図を書くことによって，作業の途中で迷ったときの道しるべになります．また，作品が完成した後の，配線のチェックにも使用できます．

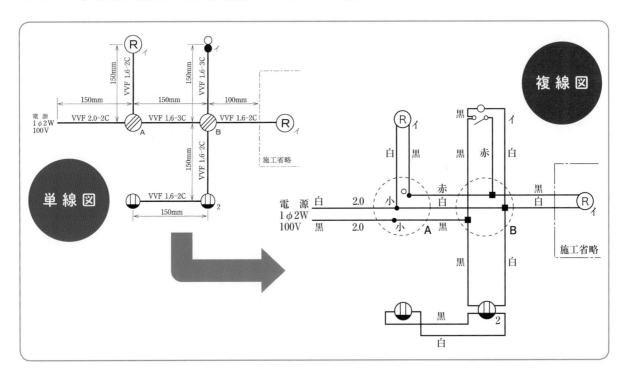

●基本作業を確実に身につけていること

　合否を決定する判断基準は，基本作業を身につけているかどうかをチェックする内容になっています．**電線相互の接続方法，器具への結線方法，電線の色**の選定等正しい作業を身につけることが何よりも大切なことは，いうまでもありません．

●作品を時間内に完成させること

　時間内に完成させないと採点の対象になりません．

　基本作業を身につけたら，できるだけ速く作業を進められる練習をしましょう．ケーブルストリッパ等の便利な工具を使用したり，スピードアップを図る裏技を身につけると，作業時間を大幅に短縮することができます．

　どうしても作業が遅い人は，見栄えを犠牲にしても，完成させることに力を注いでください．できた作品の見栄えが悪くても，判定に変わりはありません．

第 2 編

技能試験の支給材料

1 電線
2 ボックス等
3 電線管等
4 配線器具等
5 電線接続材料

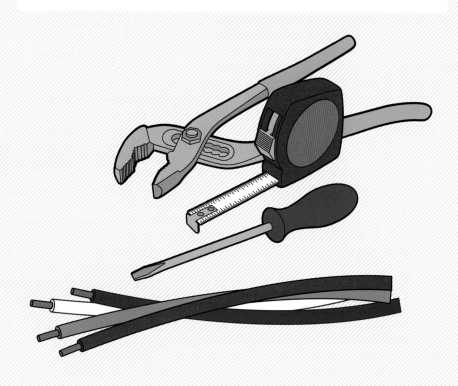

電　線

1 600Vビニル絶縁電線

600V ビニル絶縁電線	文字記号
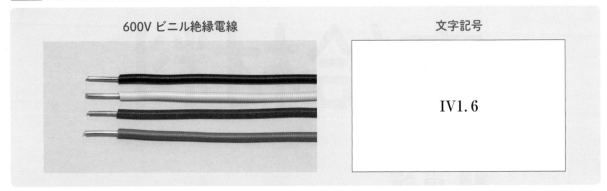	IV1.6

600V ビニル絶縁電線は，100V回路では絶縁被覆の色によって次のように使い分けます．

白：接地側電線（接触しても感電しない電線）

黒：非接地側電線（接触すると感電する電線）

緑：接地線

2 600Vビニル絶縁ビニルシースケーブル平形

600V ビニル絶縁ビニルシースケーブル平形	文字記号
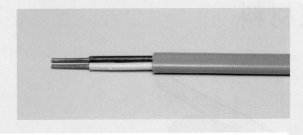	VVF1.6-2C VVF1.6-3C VVF2.0-2C VVF2.0-3C

600V ビニル絶縁ビニルシースケーブル平形（VVFケーブル）は，線心数が2心，3心，4心のものがあります．また，心線の太さは1.6mm，2.0mmのものがあります．

一般のVVFケーブルの絶縁被覆の色は，次のような組み合わせになります．

2心：黒，白

3心：黒，白，赤

4心：黒，白，赤，緑

シース（外装）の色は，灰色と青色のものがあり，同じ線心数で心線の太さが異なる場合，太い方の2.0mmのケーブルのシースが青色で支給されます．

ケーブルの構造

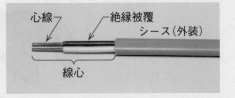
心線　絶縁被覆　シース（外装）　線心

シースが青色のケーブル

3 600Vビニル絶縁ビニルシースケーブル丸形

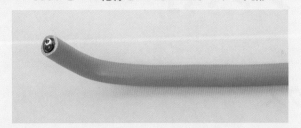

600Vビニル絶縁ビニルシースケーブル丸形	文字記号
	VVR1.6-2C VVR2.0-2C

600Vビニル絶縁ビニルシースケーブル丸形は，VVRケーブルといわれています．
線心数は2心と3心があり，導体の太さは1.6mm又は2.0mmです．

4 600Vポリエチレン絶縁耐燃性ポリエチレンシースケーブル平形

600Vポリエチレン絶縁耐燃性 ポリエチレンシースケーブル平形	文字記号
	EM-EEF1.6-2C EM-EEF2.0-2C

600Vポリエチレン絶縁耐燃性ポリエチレンシースケーブル平形は，エコケーブルといわれています．絶縁被覆とシース（外装）にポリエチレンが使用されています．燃焼時に有害ガスを発生しない，煙の発生量が少ない，リサイクルをしやすい等の特徴があります．

シースにはEEF/Fと表示されており，シースの色はメーカによって差違があります．

5 ボンド線

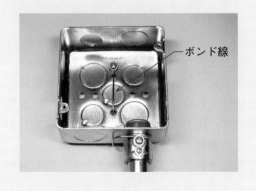

ボンド線

ボンド線

ボンド線は裸の軟銅線で，金属管とアウトレットボックスを電気的に接続する場合に使用します．

ボックス等

1 VVF用ジョイントボックス

VVF用ジョイントボックス	図記号

　VVF用ジョイントボックスは，VVFケーブルの接続箇所を収めるボックスです．技能試験では，**省略されて支給されません．**

2 アウトレットボックスとゴムブッシング

アウトレットボックス

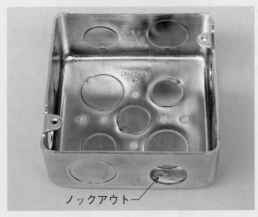

ノックアウト

アウトレットボックスの図記号

ゴムブッシング

25mm　　　　　19mm

施工例

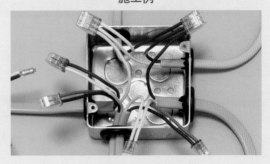

　アウトレットボックスは，ケーブルや絶縁電線を接続するのに使用するボックスです．技能試験では，施工に必要なノックアウト（穴）が開いた状態で支給されます．

　ゴムブッシングは，ノックアウトに取り付けて，ケーブルのシースを保護するものです．ケーブルを通せるように，ナイフで切り込みを入れて使用します．

3 電線管等

1 合成樹脂製可とう電線管（PF管）とボックスコネクタ

合成樹脂製可とう電線管（PF管）

文字記号

（PF16）

合成樹脂製可とう電線管（PF管）は，合成樹脂の一種で，絶縁電線を収めるものです．アウトレットボックスに接続するときは，合成樹脂製可とう電線管用ボックスコネクタを用います．

合成樹脂製可とう電線管用
ボックスコネクタ

2 ねじなし電線管・ねじなしボックスコネクタ・絶縁ブッシング

ねじなし電線管

文字記号

（E19）

ねじなし電線管は，絶縁電線を収めるものです．ねじなしボックスコネクタを用いて，アウトレットボックスに接続します．

ねじなし電線管に絶縁電線を通線するとき，絶縁被覆を損傷しないように，ねじなしボックスコネクタには絶縁ブッシングを取り付けて保護します．

ねじなしボックスコネクタ

絶縁ブッシング

4 配線器具等

1 接地側電線と非接地側電線

　100V回路で電源からの2本の電線には，**接地側電線**と**非接地側電線**があります．接地側電線は接触しても感電しない電線で，非接地側電線は接触すると感電する電線です．施工条件で，**電源からの接地側電線は白色，電源からの非接地側電線は黒色**の電線を使用するように指定されます．

　また，配線器具等に電線を結線する場合に，施工条件で接地側電線の白色の電線をどの端子に結線するかを指定されますので，注意しなければなりません．

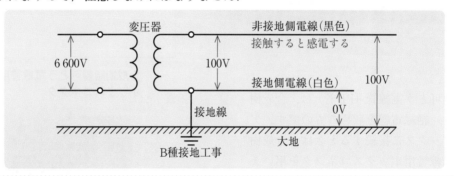

2 スイッチ

● 埋込連用タンブラスイッチ（片切スイッチ）

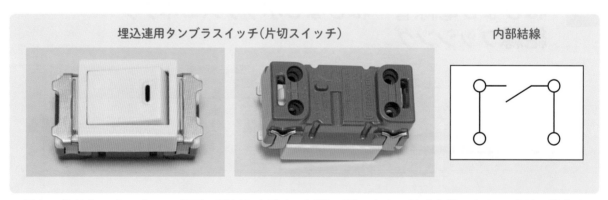

　最も一般的なスイッチで，1箇所で電灯を点滅する回路に用います．電球交換のときに感電を防止するために，電源からの非接地側電線をスイッチに結線して，スイッチから電灯へ結線します（これを非接地側点滅といいます）．

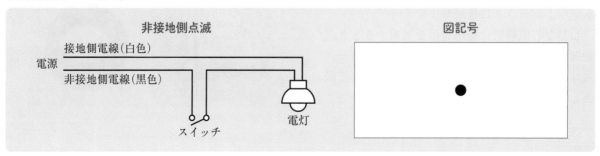

● 埋込連用タンブラスイッチ（3路スイッチ）

埋込連用タンブラスイッチ（3路スイッチ）

内部結線

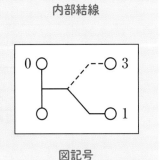

3路スイッチは，2個を組み合わせて，2箇所で任意に電灯を点滅することができるスイッチです．

接点の接続が，0－1又は0－3と切り替わります．

3路スイッチ「0」の端子には電源側又は負荷側の電線を結線し，記号「1」と「3」の端子にはスイッチ相互間の電線を結線します．このとき，スイッチ記号「1」及び「3」を相互に揃える必要はありません．

図記号

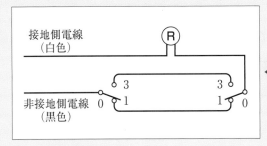

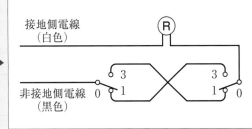

● 埋込連用タンブラスイッチ（4路スイッチ）

埋込連用タンブラスイッチ（4路スイッチ）

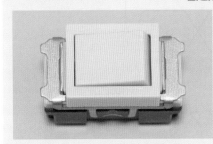
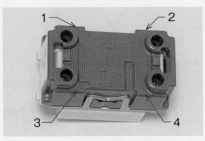

4路スイッチは，3箇所以上で任意に電灯を点滅する場合に，3路スイッチ2個と組み合わせて使用するスイッチです．

スイッチの側面には，「E4路」と記載されたシールが貼ってあります．接点は，「1－2」「3－4」又は「1－4」「3－2」と切り替わります．

図記号

内部結線

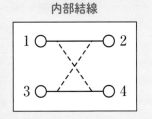

3路スイッチと4路スイッチを組み合わせた配線方法は，3路スイッチの記号「0」の端子に電源又は負荷側の電線を結線して，記号「1」と「3」端子に4路スイッチの間の電線を結線します．その方法は，下図のようにいろいろあります．

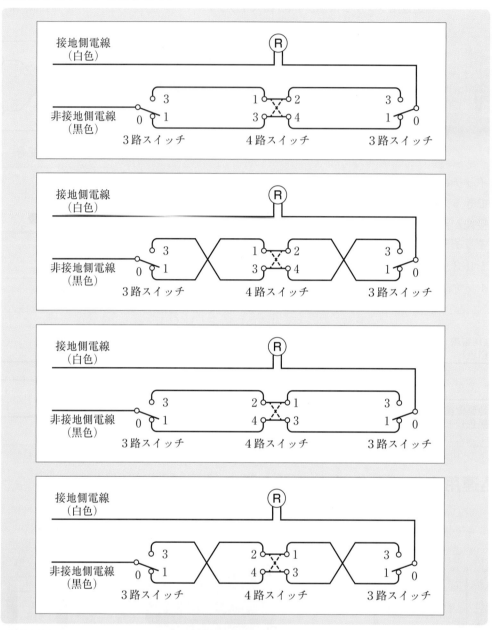

● 埋込連用タンブラスイッチ（位置表示灯内蔵スイッチ）

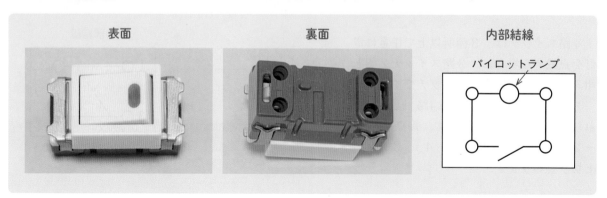

位置表示灯内蔵スイッチは，スイッチの内部に電圧検知形のパイロットランプが組み込まれたもので，パイロットランプとスイッチの接点が並列に接続されています．

スイッチに組み込まれたパイロットランプは，小形ネオンランプに50kΩ程度の大きな抵抗が直列に接続されており，内部抵抗が非常に大きいものです．

図記号

スイッチを「入」にすると，パイロットランプの両端の電圧が0Vになって消灯し，電灯には100Vの電圧が加わって点灯します．

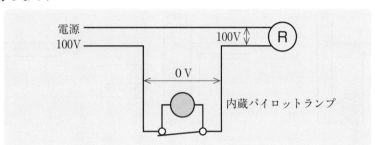

スイッチを「切」にすると，電灯とパイロットランプが直列に接続された回路となります．パイロットランプの内部抵抗が電灯に比べて非常に大きいため，パイロットランプには電源とほぼ同じ100Vが加わって点灯します．電灯には，ほぼ0Vの電圧しか加わらないため消灯します．電灯が消灯して部屋が暗くなっても，スイッチに組み込まれたパイロットランプが点灯して，スイッチの位置が分かる便利なスイッチです．

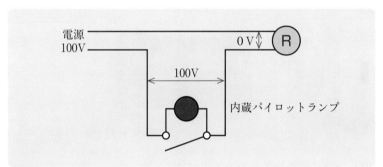

3 埋込連用パイロットランプ

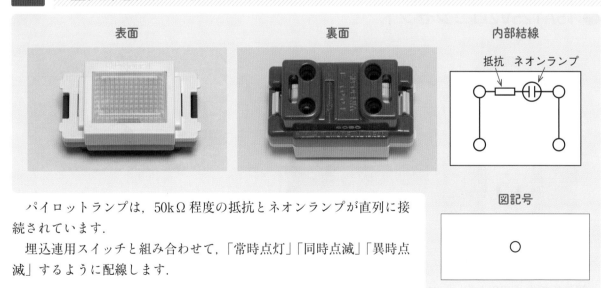

パイロットランプは，50kΩ程度の抵抗とネオンランプが直列に接続されています．

埋込連用スイッチと組み合わせて，「常時点灯」「同時点滅」「異時点滅」するように配線します．

「常時点灯」は，スイッチの「入」「切」とは関係なく，電源が届いている状態では常に点灯するようにした配線です．「同時点滅」は，パイロットランプを電灯と並列に結線して，スイッチを「入」にすると電灯とパイロットランプが同時に点灯し，スイッチを「切」にすると電灯とパイロットランプが同時に消灯する配線です．「異時点滅」は，パイロットランプをスイッチと並列に結線して，スイッチを「入」にすると電灯が点灯してパイロットランプが消灯し，スイッチを「切」にすると電灯が消灯してパイロットランプが点灯する配線です．

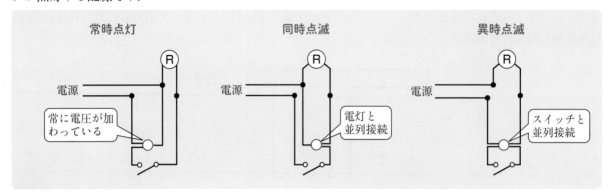

4 コンセント

● 埋込連用15A125Vコンセント

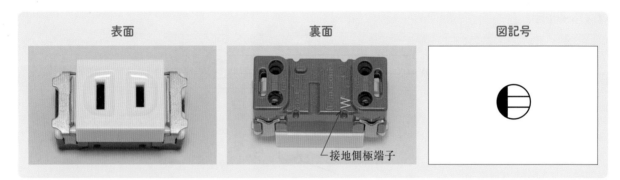

　埋込連用取付枠に取り付けて施設するコンセントです．
　接地側極端子（Wと表示）に，接地側電線を結線します．

● 15A125V2口コンセント

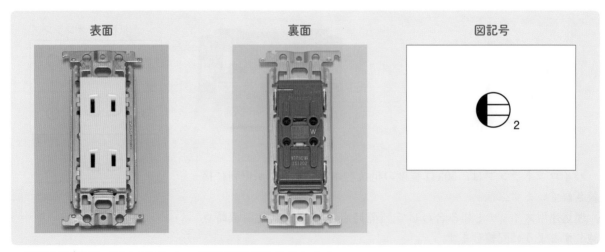

　接地側極端子（Wと表示）に，接地側電線を結線します．

● 埋込連用15A125V接地極付コンセント

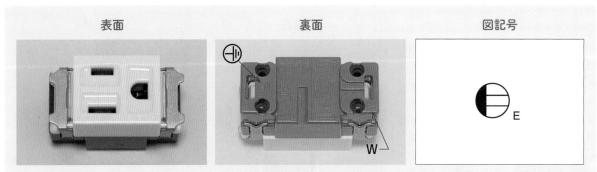

表面	裏面	図記号

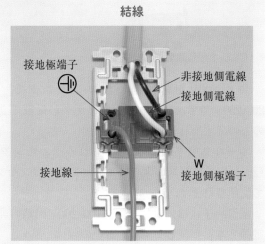

結線

　埋込連用15A125V接地極付コンセントは，電源を接続する端子の他に接地線を接続する接地極端子があります．接地極付プラグを差し込むと，電気器具の接地が確保されます．

　接地側電線（白色）はWと表示のある接地側極端子に結線し，非接地側電線（黒色）はその上にある端子に結線します．

　接地線（緑色）は，⏚の表示のある接地極端子に結線します．端子は上下にありますが，内部でつながっており，どちらに結線しても構いません．

接地極端子
非接地側電線
接地側電線
接地線
W
接地側極端子

● 15A125V接地極付接地端子付コンセント

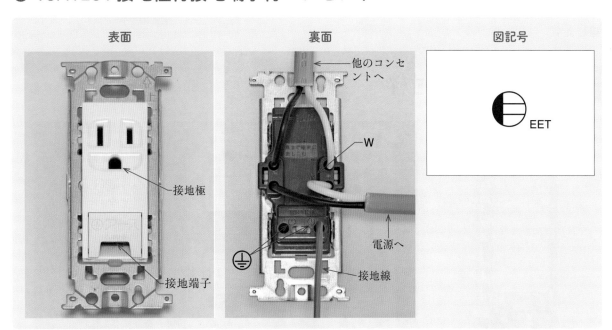

表面	裏面	図記号

他のコンセントへ
接地極
W
接地端子
電源へ
接地線
EET

　15A125V接地極付接地端子付コンセントは，接地極付プラグを差し込んだり電気機器からの接地線をねじで結線できるコンセントです．

　接地端子と接地極は，内部でつながっていますので，接地線は⏚の記号のある接地極端子に結線するだけです．

● 20A250V接地極付コンセント

表面	裏面	図記号
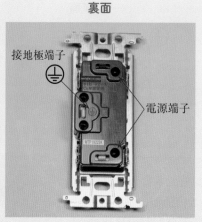		

接地極端子

電源端子

E
20A250V

単相200V用の接地極付コンセントで、定格は20A250Vです。15Aと20Aのプラグが接続できる兼用のものです。

オール電化住宅等で用いられるクッキングヒータ（200V用）や容量の大きいエアコン等のコンセントとして使用されます。

電源端子には、単相3線式100/200V回路の非接地側電線2本を接続しますが、電線の色は「黒」と「赤」が一般的です。電源端子には極性はありませんので、どの端子にどの色の電線を接続しても構いません。⏚の表示がある接地極端子には、接地線の「緑」の電線を結線します。

結線

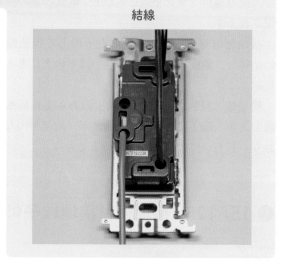

5 埋込連用取付枠

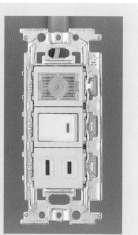

埋込連用取付枠は、埋込連用形のスイッチやコンセント等を取り付けるものです。

器具の取り付けにはマイナスドライバを使用し、器具が1個の場合は中央に、器具が2個の場合は中央を空けて上下に取り付けます。

6 自動点滅器

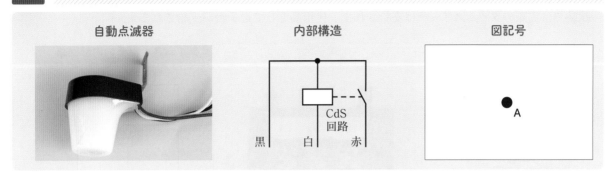

自動点滅器 　　　　　　　内部構造 　　　　　　　図記号

自動点滅器は，屋外灯等に使用されます．周囲が暗くなると自動的に点灯させ，明るくなると消灯させるスイッチです．リード線式は黒，白，赤の3本リード線が出ています．

自動点滅器の内部には，光の強さで抵抗値が変わるCdS（硫化カドミウム光導電セル）が入っています．明るいときには，CdSの働きで接点を開いて消灯します．暗くなると接点を閉じて，電灯を点灯させます．この回路を，CdS回路といいます．

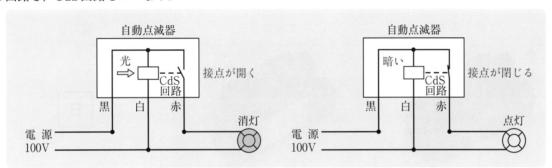

試験では，実際の自動点滅器は支給されません．代用品として端子台が支給されて，自動点滅器の内部回路が示されます．

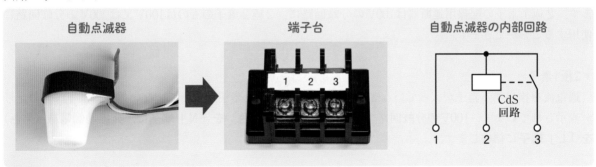

自動点滅器 　　　　　　　端子台 　　　　　　　自動点滅器の内部回路

7 タイムスイッチ

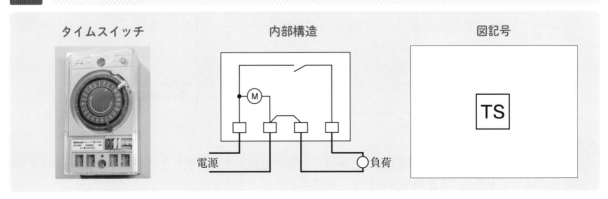

タイムスイッチ 　　　　　　　内部構造 　　　　　　　図記号

タイムスイッチは，ON・OFFの時間を設定すると，24時間の間に定められたパターンでON・OFFを繰り返します．

　試験では実際のタイムスイッチは支給されず，代用品として端子台が支給されます．

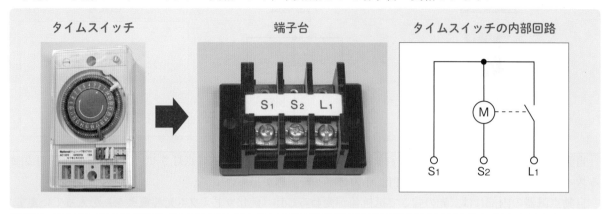

8 配線用遮断器

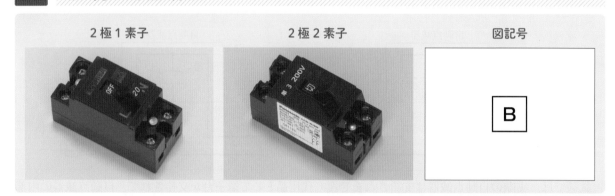

　住宅の分電盤で，分岐回路に使用されている配線用遮断器には，**2極1素子と2極2素子**のものがあります．2極1素子の配線用遮断器は100Vの分岐回路に，2極2素子のものは100V又は200Vの分岐回路に使用することができます．

●2極1素子

　過電流を検出する素子が入っている端子には「L」の記号，素子が入っていない端子には「N」の記号が表示されています．100Vの分岐回路では，**接地側電線（白色）を「N」端子に，非接地側電線（黒色）を「L」端子**に結線します．

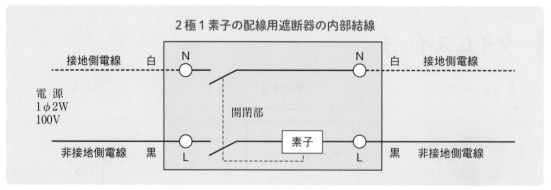

●2極2素子

　2極2素子の配線用遮断器は，開閉部が2極で，過電流を検出する素子も2個のものです．どちらの極に過電流が流れても動作する配線用遮断器で，極性の表示はありません．

単相3線式100/200Vから，200Vの分岐回路を取る場合は，必ず2極2素子の配線用遮断器を用いなければなりません.

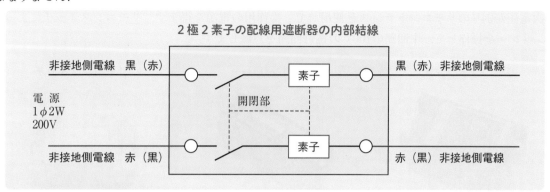

2極2素子の配線用遮断器の内部結線

9 漏電遮断器

漏電遮断器は，配線や電気機器等が漏電した場合に，回路を遮断するものです．過負荷保護付漏電遮断器は，回路に過電流や短絡電流が流れた場合でも動作します.

電灯・コンセント回路の分岐回路用の漏電遮断器には，単相100V用と単相100V・200V兼用のものがあります．単相100V用の漏電遮断器は，2極1素子で端子に極性が表示してあります．**Nの表示がある端子には接地側電線（白色）を結線**し，**Lの表示のある端子には非接地側電線（黒色）を結線**しなければなりません．100V・200V兼用のものは，2極2素子で極性の表示がありません.

三相200V用には，3極3素子の過負荷保護付漏電遮断器を使用して，R相・S相・T相の電線を結線します.

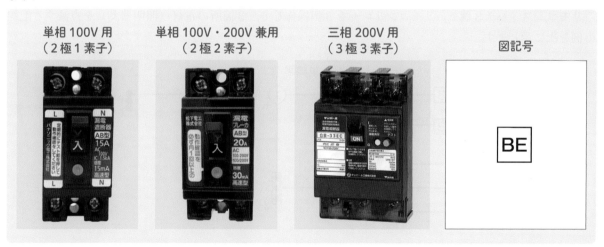

漏電遮断器は，次のような端子台で代用されて出題されます.

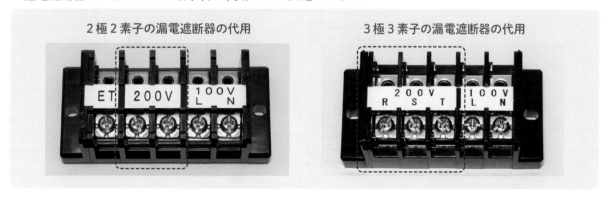

10 リモコンリレー回路

　二次電圧が24Vのリモコントランスを使用して，操作用の電源を得ます．リモコンスイッチによってリモコンリレーを操作して，主回路の100Vの電灯回路を点滅します．

リモコントランス　　　　　　リモコンリレー　　　　　　リモコンスイッチ

器具名	図記号
リモコントランス	Ⓣ_R
リモコンリレー	▲ リモコンリレーを集合して取り付ける場合は，▲▲▲▲を用い，リレー数を傍記する．（例）▲▲▲▲₃
リモコンスイッチ	●_R

　リモコンスイッチ3個で，リモコンリレーを3個操作して，3箇所の電灯（照明器具）を点滅する配線の例を次に示します．

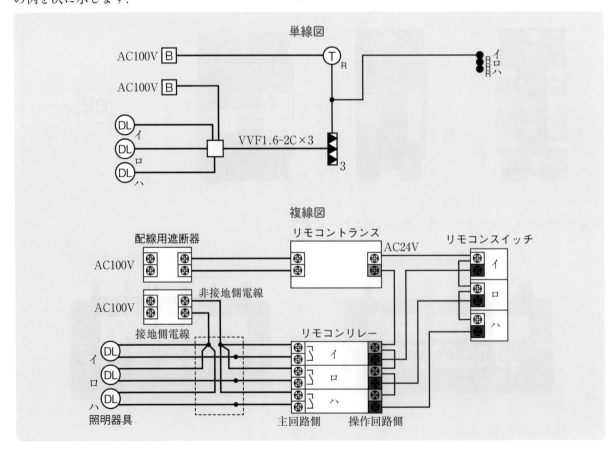

11 引掛シーリングローゼット

　引掛シーリングローゼットは，コンセントと同様に極性があります．接地側極端子には「接地側」又は「W」の表示がありますので，接地側の白色の電線を結線しなければなりません．

● 引掛シーリングローゼット（角形）

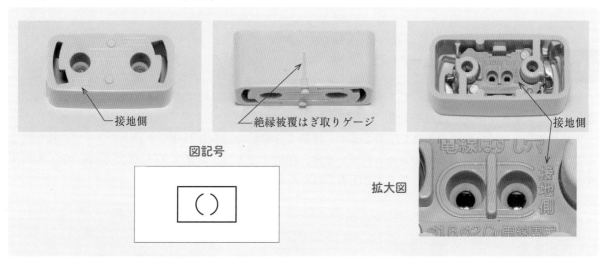

接地側

絶縁被覆はぎ取りゲージ

接地側

図記号

拡大図

● 引掛シーリングローゼット（丸形）

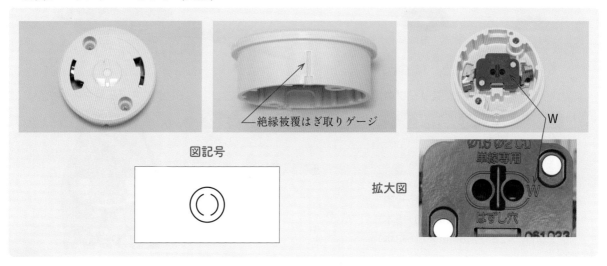

絶縁被覆はぎ取りゲージ

W

図記号

拡大図

12 ランプレセプタクル

　ランプレセプタクルに電線を結線するときには，極性に注意しなければなりません．感電を防止するために，接触しやすい受金ねじ部の端子には，接地側の白色の電線を結線します．

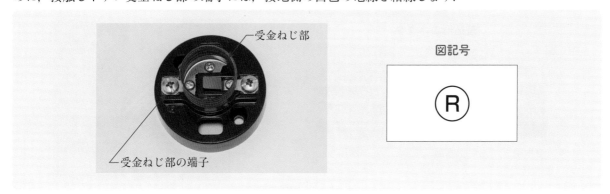

受金ねじ部

受金ねじ部の端子

図記号

Ⓡ

電線接続材料

1 リングスリーブ

　リングスリーブは大きさによって，小，中，大の3種類があり，接続する電線の組み合わせによって，適合するリングスリーブを選択します．

　リングスリーブは，専用の工具で圧着します．接続する電線の組み合わせやリングスリーブの種類によって，どのダイスで圧着するかが定められています．圧着すると，リングスリーブに○，小，中，大の圧着マークが刻印されるため，どのダイスで圧着されたかがわかります．

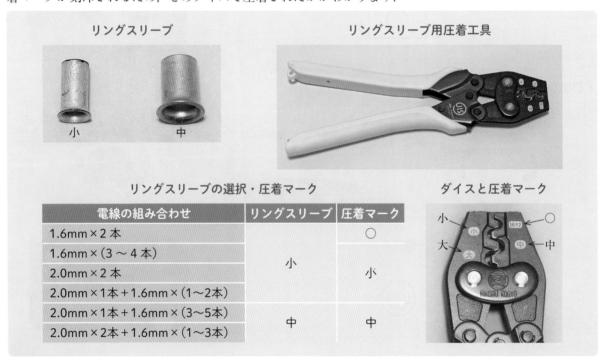

リングスリーブ　　　　　　　リングスリーブ用圧着工具

小　　　中

リングスリーブの選択・圧着マーク

電線の組み合わせ	リングスリーブ	圧着マーク
1.6mm×2本		○
1.6mm×（3〜4本）	小	小
2.0mm×2本	小	小
2.0mm×1本+1.6mm×（1〜2本）		
2.0mm×1本+1.6mm×（3〜5本）	中	中
2.0mm×2本+1.6mm×（1〜3本）	中	中

ダイスと圧着マーク

2 差込形コネクタ

　差込形コネクタで電線を接続する場合は，1.6mm又は2.0mmの電線の絶縁被覆をゲージ（約12mm）に合わせてはぎ取って差し込みます．

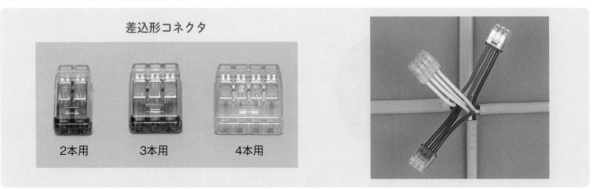

差込形コネクタ

2本用　　　3本用　　　4本用

単線図から複線図への書き換え

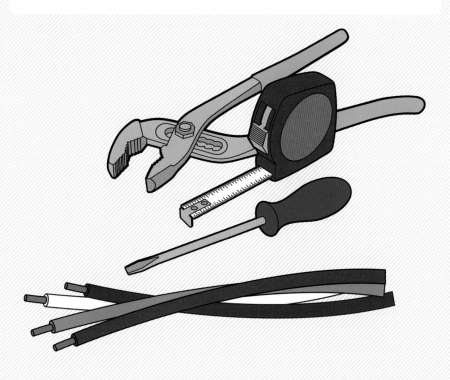

単線図から複線図を書くポイント

1 配線の基本

● 接地側電線と非接地側電線

変圧器の低圧側で，B種接地工事を施してある電線を**接地側電線**といい，絶縁被覆が白色の電線が使用されます．B種接地工事を施していない電線を**非接地側電線**といい，絶縁被覆が黒色または赤色の電線が使用されます．

100V回路では，一般的に2極1素子（2P1E）の配線用遮断器が用いられます．この場合，素子の入っていない接地側極端子（Nと表示）に，接地側電線（白色）を結線しなければなりません．

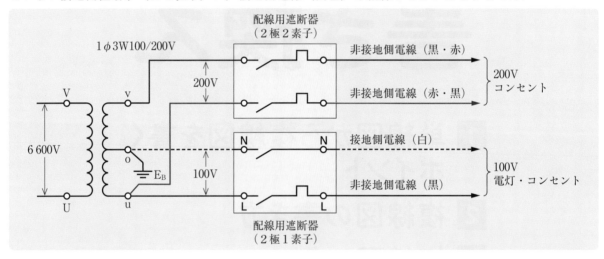

● 非接地側点滅

スイッチを接地側電線に結線すると，スイッチを切っても電源からの非接地側電線が電灯に接続されているため，ランプを交換する場合に感電する恐れがあります．

スイッチを非接地側電線に結線した場合，スイッチを切れば感電する電線が電灯に接続されなくなるので，感電の危険性がなくなります．

スイッチを非接地側電線に結線する方式を「**非接地側点滅**」といい，安全性の高いこの方式が施工条件として示されます．

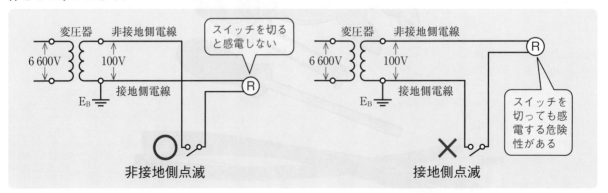

2 基本回路の展開接続図

　複線図を書くには，電灯・コンセント回路の基本的な回路をしっかりとマスターしておかなければなりません．基本回路の複線図を考える場合の手がかりは，下に示す展開接続図です．

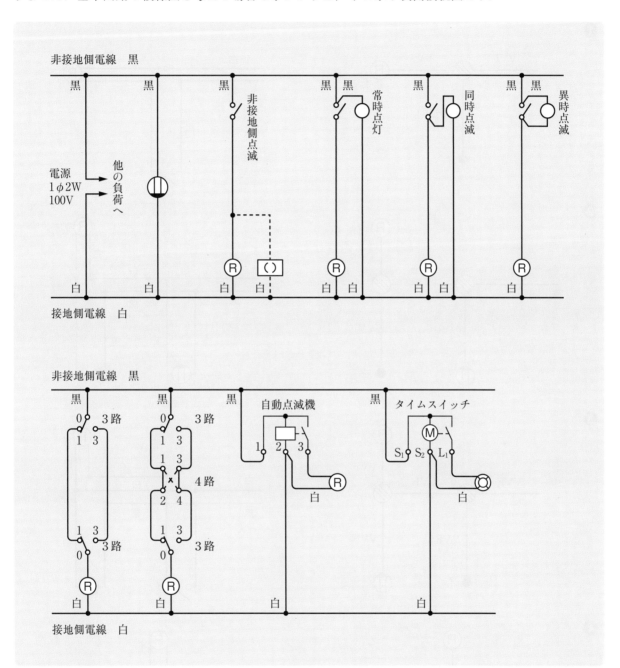

ポイント
- 「他の負荷」及び「コンセント」は，電源からの黒，白の2線が行く．
- 2灯同時に点滅する場合は，電灯を並列に接続する．
- 常時点灯は，パイロットランプに常に電圧が加わるように接続する．
- 同時点滅は，パイロットランプと電灯を並列に接続する．
- 異時点滅は，パイロットランプとスイッチを並列に接続する．

3 基本回路の単線図と複線図

電線に示した色は，施工条件で示されるものです．

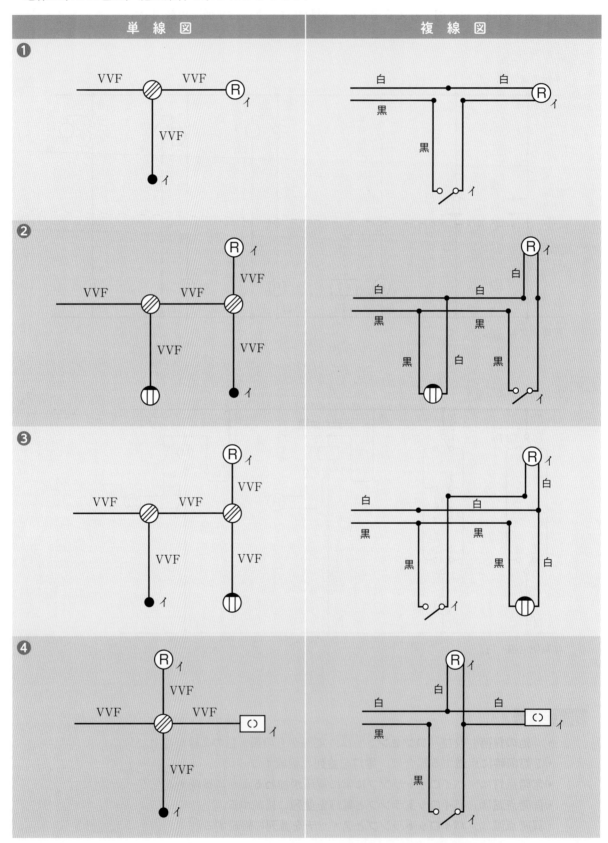

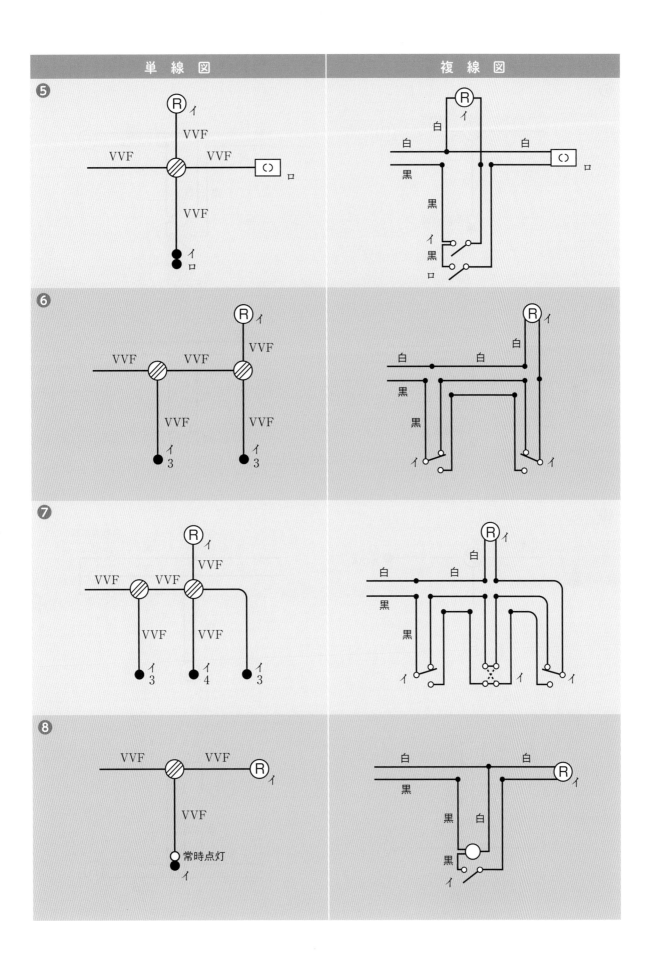

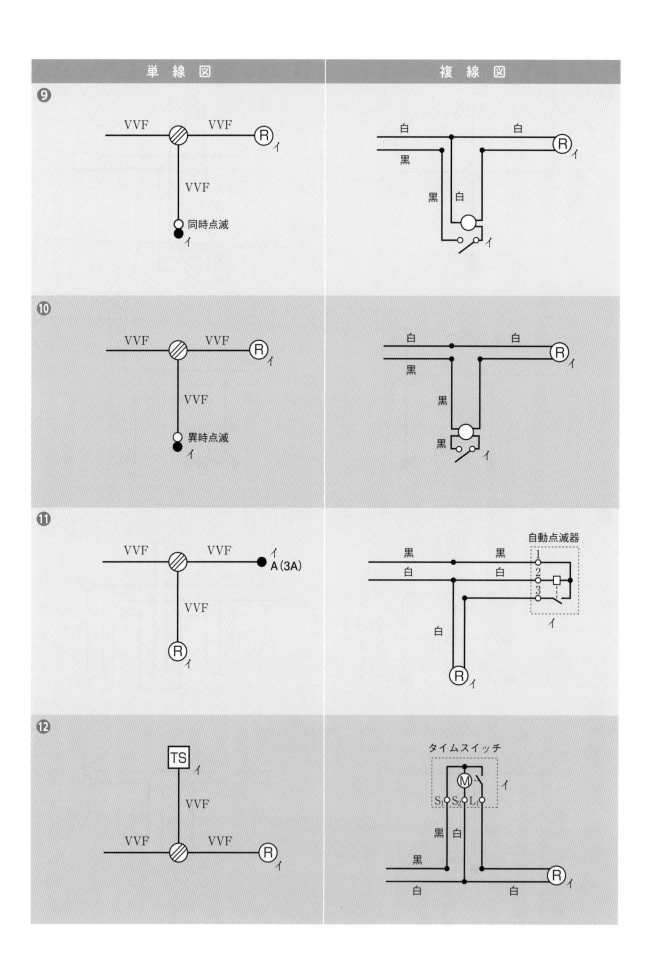

単 線 図	複 線 図

⑨

VVF VVF Ⓡイ

VVF

○ 同時点滅
● イ

白 白 Ⓡイ

黒

黒 白

イ

⑩

VVF VVF Ⓡイ

VVF

○ 異時点滅
● イ

白 白 Ⓡイ

黒

黒

黒 イ

⑪

VVF VVF イ ●A(3A)

VVF

Ⓡイ

自動点滅器

黒 黒 1
白 白 2
3

白 イ

Ⓡイ

⑫

TS イ

VVF

VVF VVF Ⓡイ

タイムスイッチ

Ⓜ イ
S₁ S₂ L

黒 白

黒 Ⓡイ

白 白

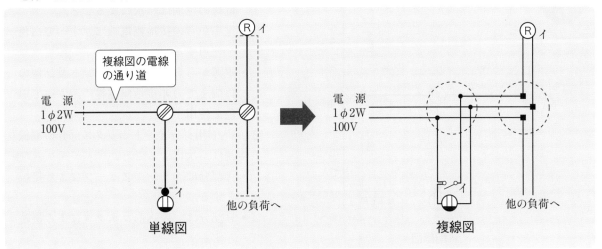

4 複線図を書くときに知っておくべきこと

● 電線の通り道を単線図と同じにする.

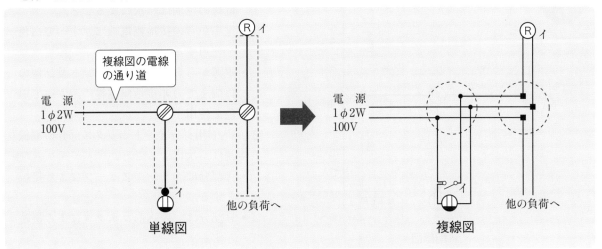

単線図

複線図

● スイッチが単線図の下にある場合は，電源からの非接地側電線（黒）を下側にして書く.

電源からの非接地側電線（黒）を下にして複線図を書くと，線の交差が少なくなります.

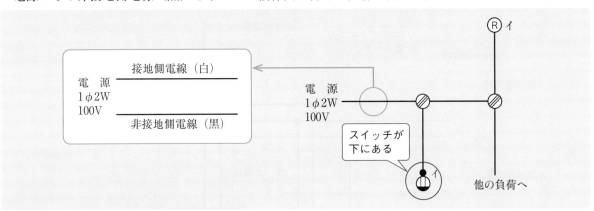

● 2.0mmの電線は，太さを記入する.

● 電線の接続箇所は，次のマークを付ける.

   リングスリーブ…………● 差込形コネクタ…………■

● リングスリーブの接続箇所には，圧着マーク（○，小，中）を付ける.

接続電線の太さ・本数		リングスリーブ	圧着マーク
1.6mm	2本	小	○
	3〜4本		小
2.0mm	2本		
2.0mm×1本＋1.6mm×（1〜2)本		中	中
2.0mm×1本＋1.6mm×（3〜5)本			
2.0mm×2本＋1.6mm×（1〜3)本			

● 電線の色は，施工条件に従って次の順に決める.

  接地側電線（白）→電源からの非接地側電線（黒）→接地線（緑）→残った電線

【一般のケーブルの線心の色】

  2心…………黒，白

  3心…………黒，白，赤

単線図を複線図に直した例を次に示します.

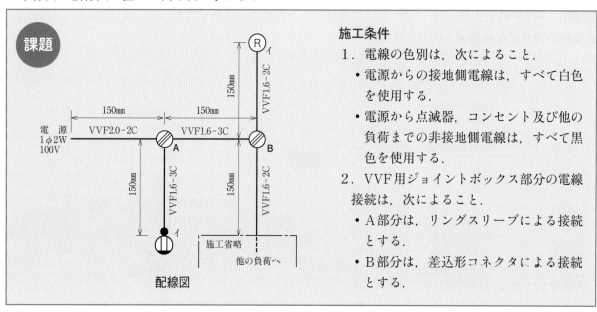

課題

配線図

施工条件
1. 電線の色別は，次によること.
  ・電源からの接地側電線は，すべて白色を使用する.
  ・電源から点滅器，コンセント及び他の負荷までの非接地側電線は，すべて黒色を使用する.
2. VVF用ジョイントボックス部分の電線接続は，次によること.
  ・A部分は，リングスリーブによる接続とする.
  ・B部分は，差込形コネクタによる接続とする.

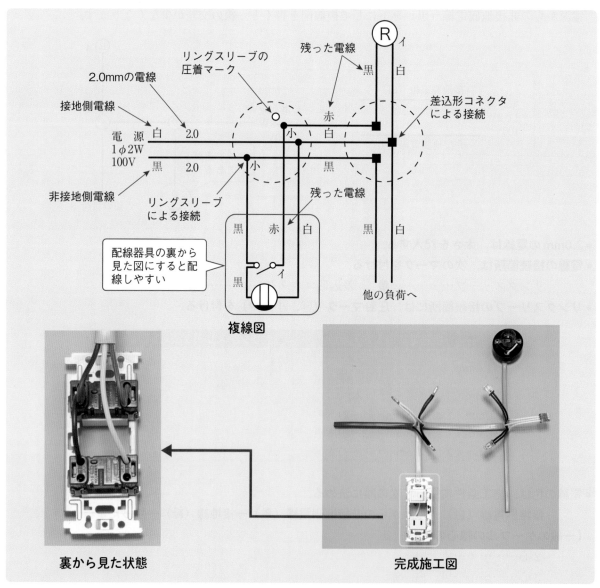

複線図

裏から見た状態

完成施工図

複線図の書き方

1 回路を付け加えて書く方法

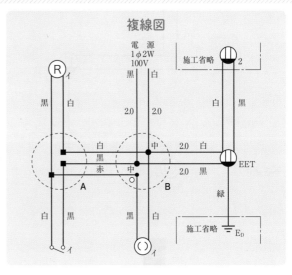

施工条件

❶電線接続

    A：差込形コネクタ   B：リングスリーブ

❷電線の色別

    接地側電線：白色   電源からの非接地側電線：黒色   接地線：緑色

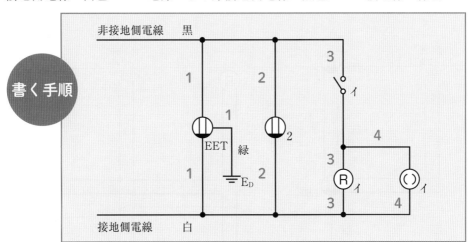

1 接地極付接地端子付コンセントに電源と接地線を配線する.

2 2口コンセントの電源を配線する.

3 電源からの非接地側電線からスイッチへ，スイッチからランプレセプタクルへ，ランプレセプタクルから接地側電線に配線する.

4 引掛シーリングローゼットをランプレセプタクルと並列に接続する.

手順 1 電源から接地極付接地端子付コンセントへ配線し，コンセントの接地線を配線する．

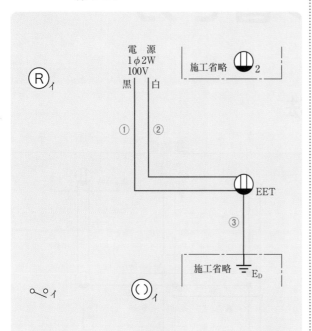

手順 2 接地極付接地端子付コンセントから2口コンセントへ配線する．

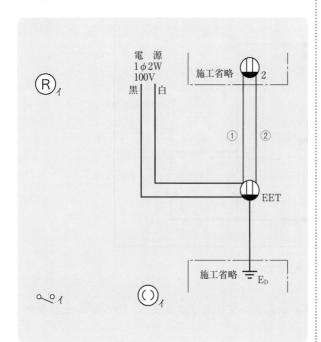

手順 3 スイッチでランプレセプタクルを点滅する回路を配線する．

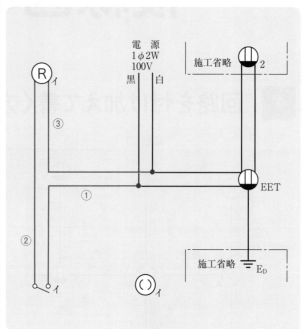

手順 4 引掛シーリングローゼットをランプレセプタクルと並列に接続する．

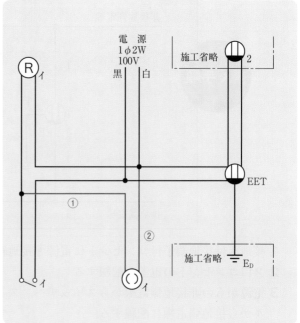

手順 5 2.0mm の電線を記入する.

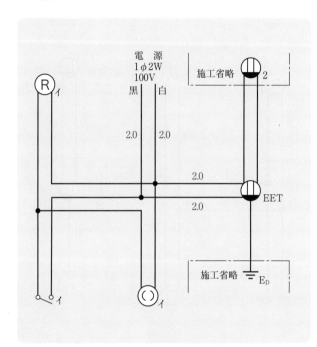

手順 7 リングスリーブに圧着マークを記入する.

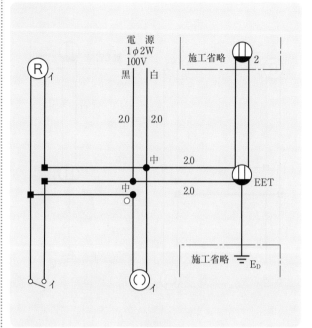

手順 6 接続点に印を付ける.

リングスリーブ……………●
差込形コネクタ……………■

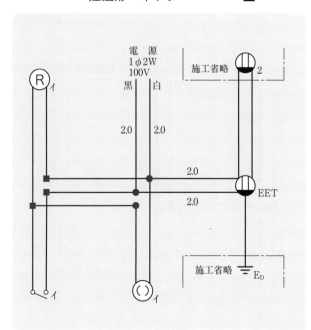

手順 8 接地側電線に,「白」を記入する.

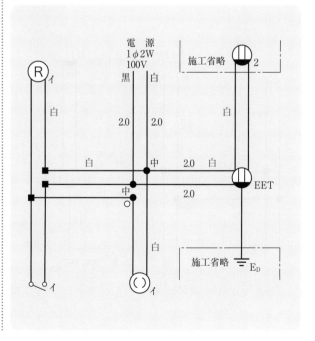

手順9 電源からの非接地側電線に，「黒」を記入する．

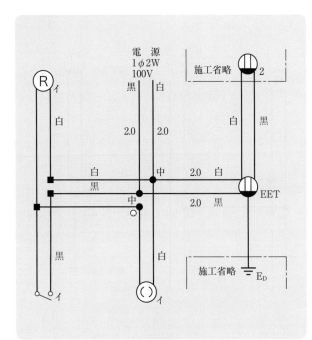

手順10 接地線に，「緑」を記入する．

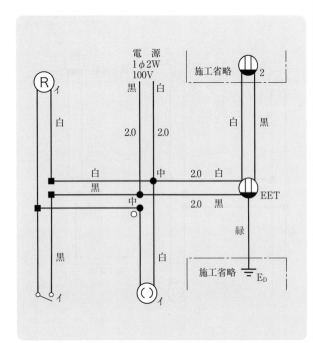

手順11 残った電線に，色を記入する．

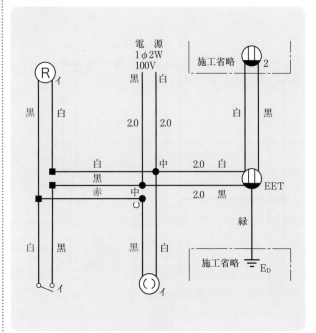

手順12 VVF用ジョイントボックスを記入する（省略してもよい）．

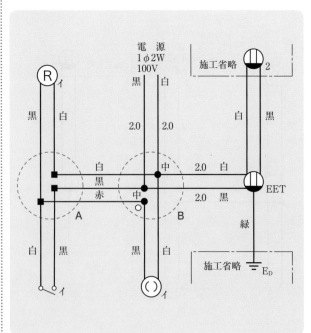

2 接地側電線（白色）から書く方法

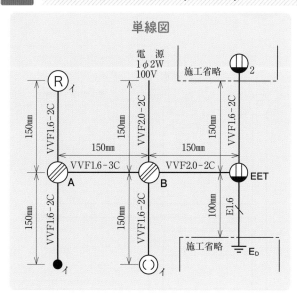

単線図

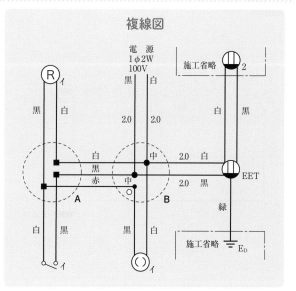

複線図

施工条件

❶電線接続

　　A：差込形コネクタ　　　B：リングスリーブ

❷電線の色別

　　接地側電線：白色　　　　電源からの非接地側電線：黒色　　　　接地線：緑色

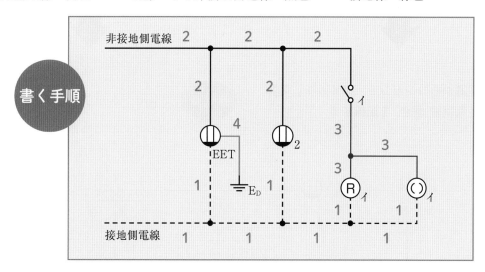

書く手順

1 接地側電線（白色）をコンセント，電灯に配線する．

2 電源からの非接地側電線（黒色）をコンセント，スイッチに配線する．

3 スイッチからランプへ配線する．

4 接地線を配線する．

電源から電灯，コンセントへ接地側電
線（白色）を配線する．

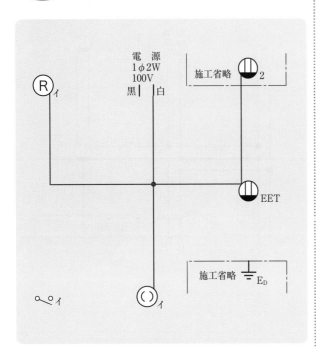

⬇

電源からコンセント，スイッチに非接
地側電線(黒色)を配線する．

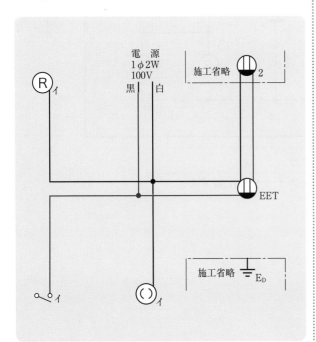

スイッチから電灯に配線する．

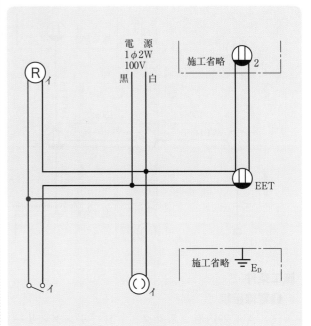

⬇

コンセントから接地線を配線する．

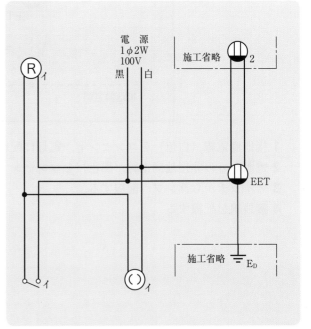

手順 5 2.0mmの電線を記入する.

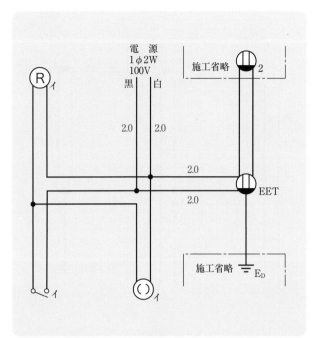

手順 6
接続点に印を付ける.
リングスリーブ‥‥‥‥‥‥ ●
差込形コネクタ‥‥‥‥‥ ■

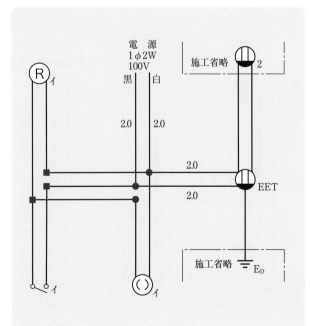

手順 7 リングスリーブに圧着マークを記入する.

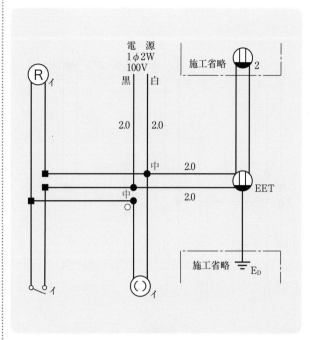

手順 8 接地側電線に,「白」を記入する.

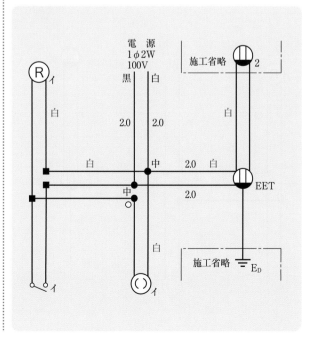

手順9 電源からの非接地側電線に，「黒」を記入する．

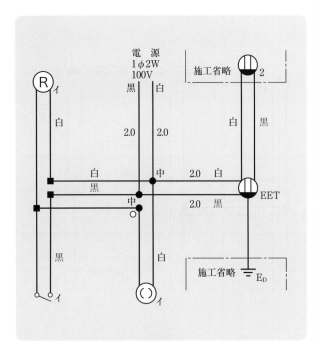

手順10 接地線に，「緑」を記入する．

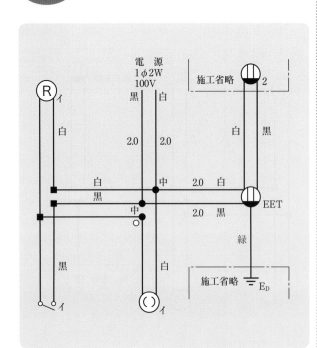

手順11 残った電線に，色を記入する．

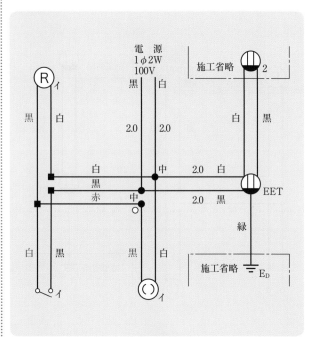

手順12 VVF用ジョイントボックスを記入する（省略してもよい）．

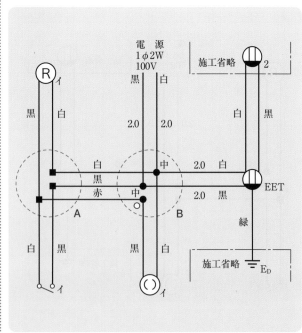

複線図の例

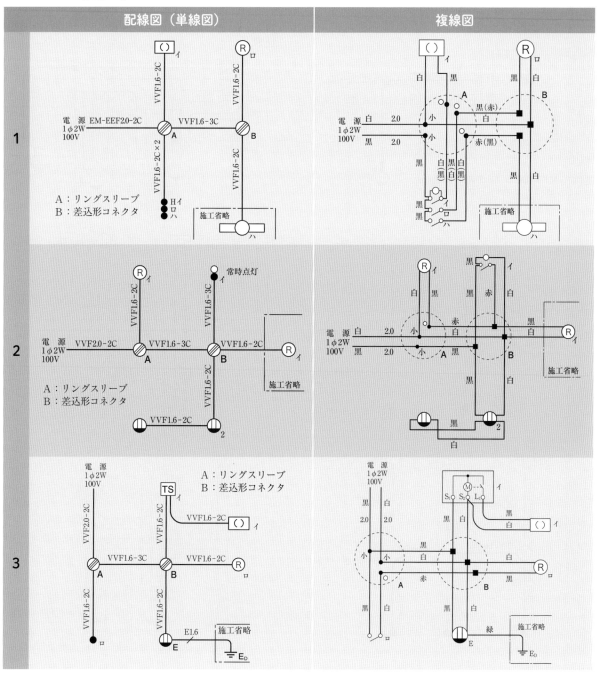

令和6年に公表された候補問題の複線図の例を，次に示します．

施工条件

電線の色別は，次によること．

- 電源からの接地側電線は，すべて**白色**を使用する．
- 電源から点滅器，コンセント，自動点滅器，タイムスイッチ及び他の負荷までの非接地側電線は，すべて**黒色**を使用すること．

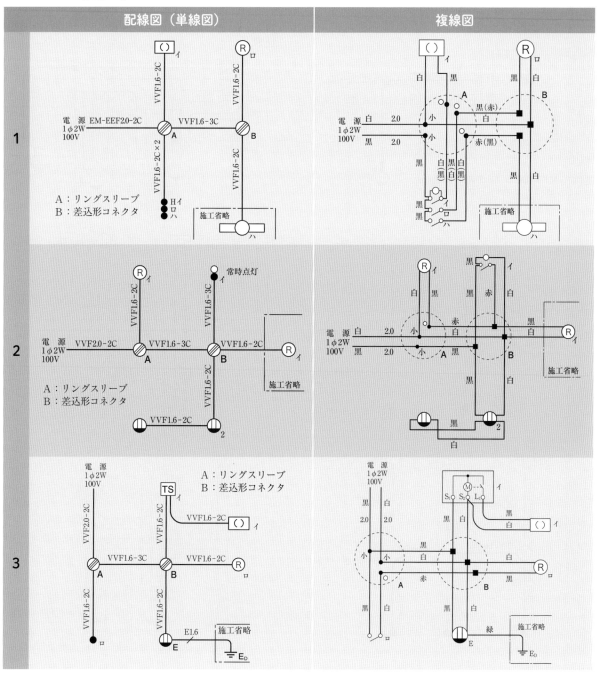

配線図（単線図）	複線図

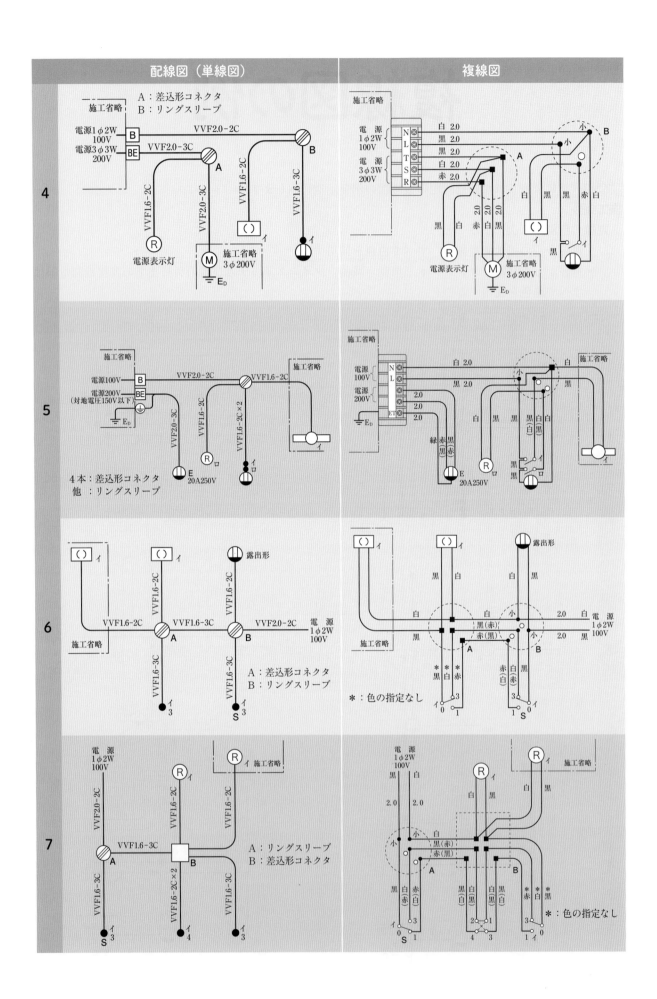

4

A：差込形コネクタ
B：リングスリーブ
施工省略

電源1φ2W 100V
電源3φ3W 200V
VVF2.0-2C
VVF2.0-3C
VVF1.6-2C
VVF1.6-2C
VVF1.6-3C
B A B
R 電源表示灯
M 施工省略 3φ200V
E_D
イ

5

施工省略
電源100V
電源200V（対地電圧150V以下）
E_D
VVF2.0-2C
VVF2.0-3C
VVF1.6-2C
VVF1.6-2C
VVF1.6-2C×2
B BE
E 20A250V
R ロ
イ ロ
施工省略
イ

4本：差込形コネクタ
他　：リングスリーブ

6

（　）イ
（　）イ
露出形
VVF1.6-2C
VVF1.6-2C
VVF1.6-2C
VVF1.6-3C
VVF1.6-3C
VVF2.0-2C
電源1φ2W 100V
施工省略
A B
イ 3
S イ 3

A：差込形コネクタ
B：リングスリーブ
＊：色の指定なし

7

電源1φ2W 100V
R イ 施工省略
VVF2.0-2C
VVF1.6-2C
VVF1.6-2C
VVF1.6-3C
VVF1.6-2C×2
VVF1.6-3C
A B
S イ 3
イ 4
イ 3

A：リングスリーブ
B：差込形コネクタ
＊：色の指定なし

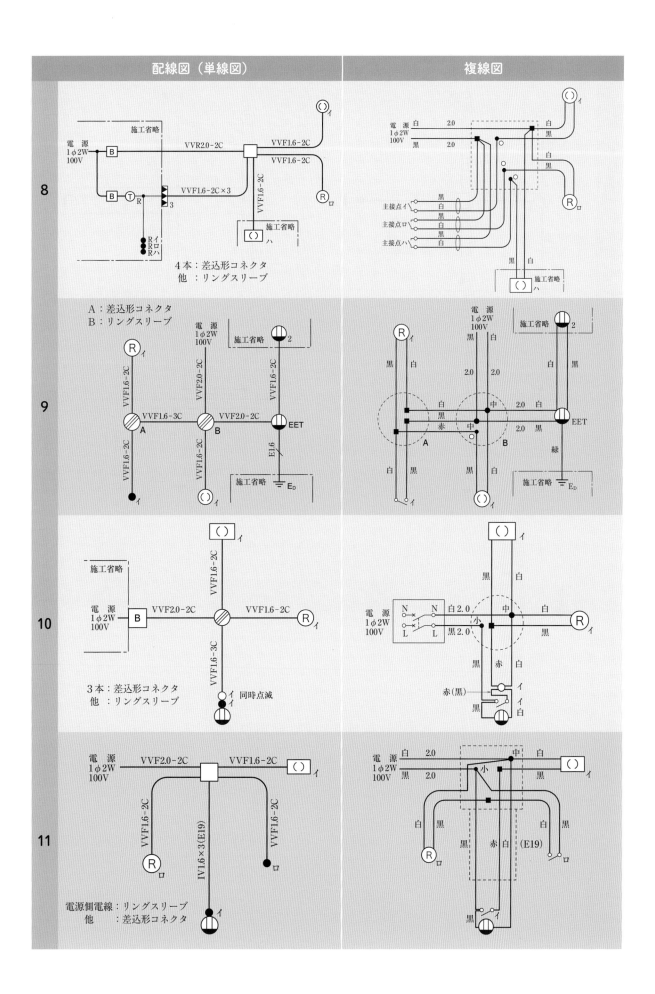

配線図（単線図）	複線図

配線図（単線図）	複線図

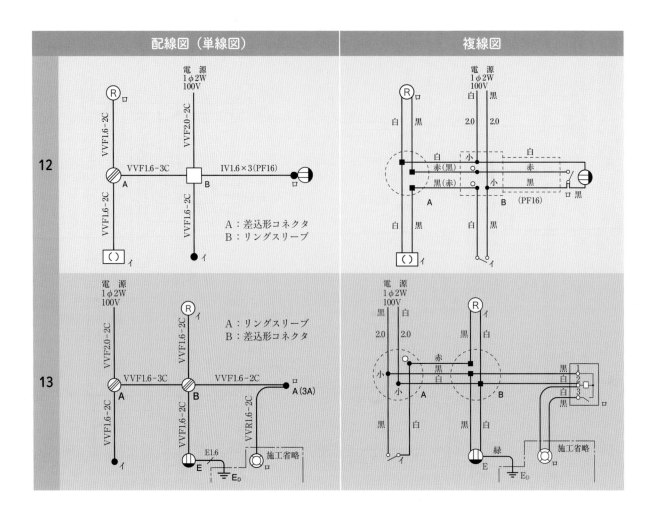

12

配線図（単線図）:
電源 1φ2W 100V
R ロ
VVF1.6-2C
VVF1.6-3C
A：差込形コネクタ
IV1.6×3(PF16)
A
VVF1.6-2C
VVF1.6-2C
B
A：差込形コネクタ
B：リングスリーブ
（ ）イ
イ

複線図:
電源 1φ2W 100V
R ロ
白 黒　白 黒
白 2.0 2.0
白　小　　白
赤(黒)　　赤
黒(赤)　小　黒
A　　B (PF16) ロ 黒
白 黒　白 黒
（ ）イ　イ

13

配線図（単線図）:
電源 1φ2W 100V
VVF2.0-2C
R イ
VVF1.6-2C
VVF1.6-3C
VVF1.6-2C
A　　B
VVF1.6-2C
VVF1.6-2C
VVR1.6-2C
A：リングスリーブ
B：差込形コネクタ
A(3A) ロ
E1.6
E
ED
施工省略

複線図:
電源 1φ2W 100V
黒 白　　イ
R
2.0 2.0　　黒 白
赤
小　黒　黒 1
小　白　白 2
A　　B　白 3
黒
黒 白　黒 白
緑
E
ED
施工省略

第 **4** 編

技能試験の基本作業

1 課題寸法の考え方

2 写真でチェック
技能試験の「基本作業」

3 欠陥べからず集

4 よくある質問（FAQ）

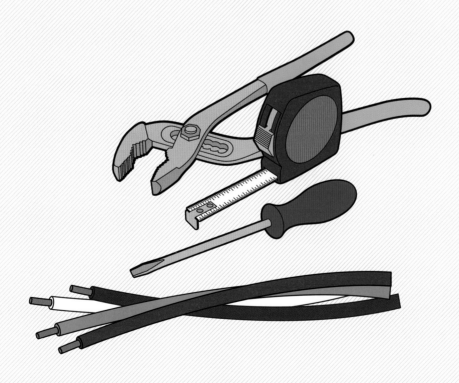

課題寸法の考え方

1 寸法とは

技能試験問題の配線図には，寸法が示されています．

その示された寸法は，ケーブルのシース（外装）の長さや器具の端からジョイントボックスまでの寸法を示すものではなく，次のものを示します．

- 器具の中心からVVF用ジョイントボックス，アウトレットボックスの中心
- VVF用ジョイントボックスの中心からアウトレットボックスの中心
- 電線の端からアウトレットボックスの中心

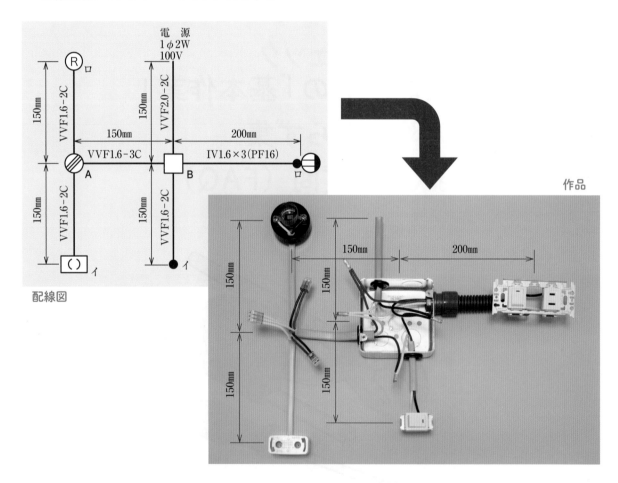

配線図

作品

シースのはぎ取り寸法や作業の進め方等には，指導者によって多少の差異がありますが，あまり気にすることはありません．寸法で欠陥になるものは，示された寸法の50％以下の場合です．

重要なことは，「寸法が示された寸法の50％を超えるようにして，欠陥にならないようにする」「やりやすい方法で，速く作業を進める」ことの2点です．

● 作業手順による違い

作品を示された寸法に作成するための作業手順は，次の方法があります．
- ケーブルを必要な長さに切断してから，器具付けをする方法
- ケーブルに器具付けをしてから，必要な長さに切断する方法

● ケーブルを必要な長さに切断してから，器具付けをする方法

配線図に「示された寸法」に，「器具に結線するのに必要な長さ」と「電線を接続するのに必要な長さ」を加え，必要な長さを計算してケーブルを切断します．ケーブルを切断した後に，電線を器具に結線して，VVF用ジョイントボックスやアウトレットボックスで，電線を接続できるように加工します．

前ページのランプレセプタクルに結線するケーブルは，次の手順で加工します．

1 支給されたVVF1.6-2Cを，計算した必要な長さに切断する．

必要な長さ＝示された寸法150mm＋器具に結線するのに必要な長さ50mm
＋電線を接続するのに必要な長さ100mm＝300mm

2 ランプレセプタクルに結線して，電線を接続できるようにする．

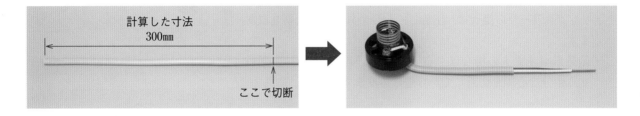

● ケーブルに器具付けをしてから，必要な長さに切断する方法

支給されたケーブルを器具に結線してから，電線を接続できるように切断します．

前ページのランプレセプタクルに結線するケーブルは，次の手順で加工します．

1 支給されたVVF1.6-2Cを，ランプレセプタクルに結線する．

2 ランプレセプタクルの中心から示された寸法150mmに，電線を接続するのに必要な100mmを加えた値で電線を切断して，電線を接続できるようにする．

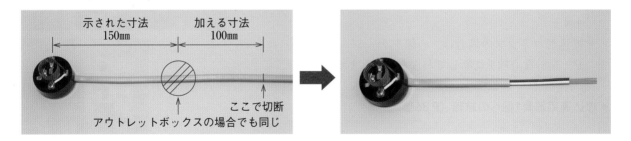

● 作業手順による特徴

作業手順	特　徴
必要な長さに切断してから，器具付けをする	・狭いところでも作業がしやすい． ・寸法の計算は簡単である． ・示された寸法と多少の誤差を生じる場合がある．
ケーブルに器具付けをしてから，必要な長さに切断する	・切断する寸法を計算する必要がない． ・示された寸法のとおりに作ることができる． ・長いままケーブルを扱うので作業がしにくい．

2 | 本書で採用する

シース（外装）・絶縁被覆のはぎ取り寸法の基本／ケーブルの切断寸法

　ケーブルの切断寸法やシースのはぎ取り寸法の決め方にはいろいろありますが，本書では初心者にわかりやすい，次の方法によって解説しています．

● シースと絶縁被覆のはぎ取り寸法

●VVF用ジョイントボックス内での接続（P.76参照）

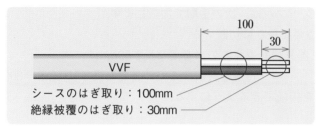

シースのはぎ取り：100mm
絶縁被覆のはぎ取り：30mm

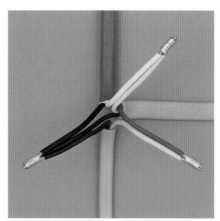

- リングスリーブの場合は，圧着してから余分な心線を切り取ります．
- 差込形コネクタの場合は，心線をゲージ（約12mm）に合わせ，余分な心線を切断してから差し込みます．

●アウトレットボックス内での接続（P.77参照）

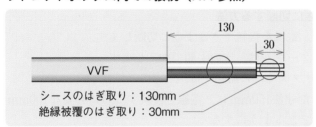

シースのはぎ取り：130mm
絶縁被覆のはぎ取り：30mm

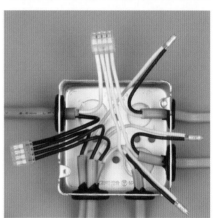

- リングスリーブの場合は，圧着してから余分な心線を切り取ります．
- 差込形コネクタの場合は，心線をゲージ（約12mm）に合わせ，余分な心線を切断してから差し込みます．

●埋込連用器具1個への結線（P.86参照）

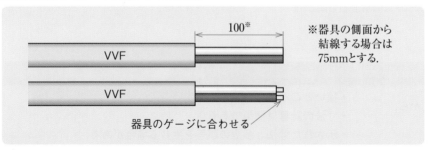

※器具の側面から
結線する場合は
75mmとする．

器具のゲージに合わせる

- 埋込連用コンセント・タンブラスイッチは，シースを100mmはぎ取り，ゲージに合わせて絶縁被覆をはぎ取って結線します．

● 埋込連用器具2個以上への結線（P.87～88参照）

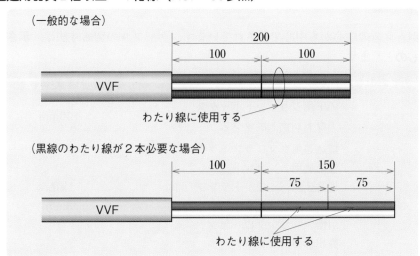

（一般的な場合）

200
100 | 100

VVF

わたり線に使用する

（黒線のわたり線が2本必要な場合）

100 | 150
75 | 75

VVF

わたり線に使用する

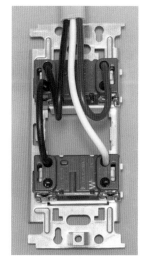

● 露出形器具等への結線

1 ランプレセプタクル（P.80～81参照）
（ケーブルストリッパで輪づくり）

45
25 | 20

VVF

輪づくりをする

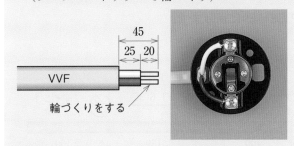

2 露出形コンセント（P.82参照）
（ケーブルストリッパで輪づくり）

30
10 | 20

VVF

輪づくりをする

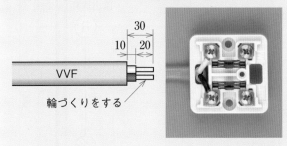

3 引掛シーリングローゼット（P.83～84参照）
（角形・丸形）

30
5

VVF

ゲージ（パナソニック10mm）
に合わせて心線を切断し，
端子に差し込む

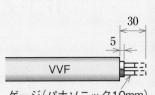

4 配線用遮断器（P.89参照）

50

VVF

12

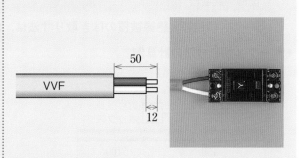

5 端子台（P.90参照）

50

VVF

端子台の座金から
1～2mm程度出る長さ
（約12mm）

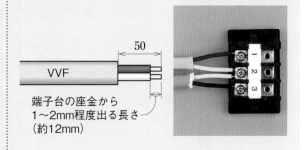

> P.58～59をコピーして，作品作りの際，手元に置いて活用すると便利です．

● ケーブルの切断寸法

課題の寸法は，器具やボックスの中心から中心で示されています．ケーブルの切断寸法は，**示された寸法に次の表の値を加えたもの**とします．

ケーブルを接続するボックス・結線する器具		加算する寸法
ジョイントボックス	VVF用ジョイントボックス アウトレットボックス	100mm
埋込器具 （スイッチボックス） 露出器具	埋込連用タンブラスイッチ 埋込連用コンセント 埋込連用パイロットランプ ランプレセプタクル 引掛シーリングローゼット 露出形コンセント	1箇所 50mm
わたり線	一般	100mm
	黒線のわたり線が2本必要	150mm
端子台	タイムスイッチ等の代用	加算しない
配線用遮断器		

シース（外装）・絶縁被覆のはぎ取り寸法は，P. 58～59によります．

● ケーブル切断寸法の計算例

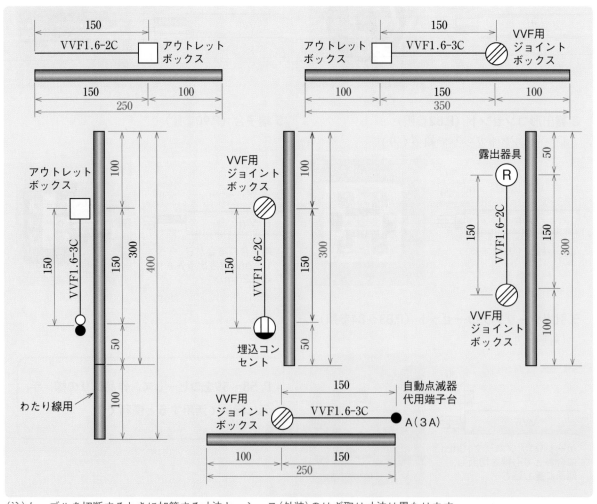

(注)ケーブルを切断するときに加算する寸法と，シース(外装)のはぎ取り寸法は異なります．
　　ケーブルの切断寸法の計算は，あらかじめケーブルを切断した後に器具を取り付け・結線する場合の目安の寸法です．

● ケーブルの切断寸法とシースのはぎ取り寸法

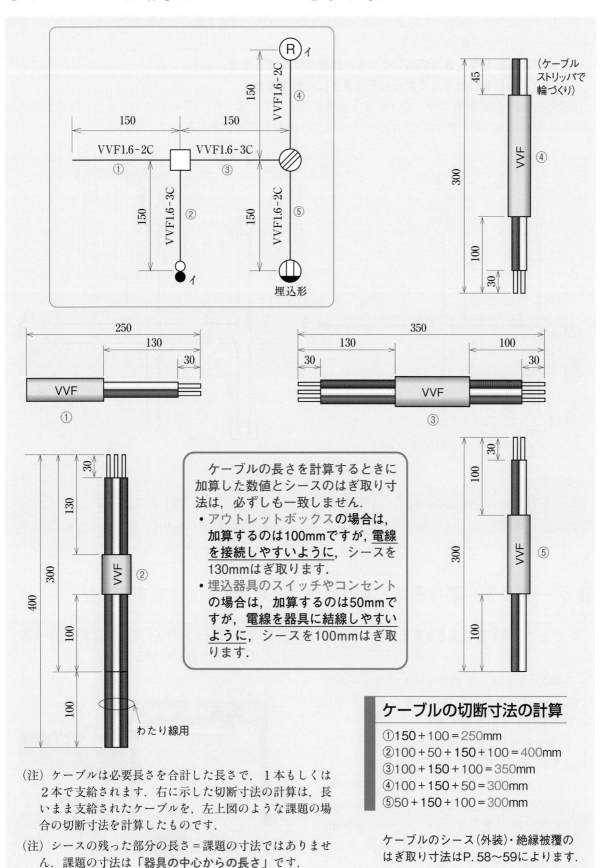

ケーブルの切断寸法の計算

①150 + 100 = 250mm
②100 + 50 + 150 + 100 = 400mm
③100 + 150 + 100 = 350mm
④100 + 150 + 50 = 300mm
⑤50 + 150 + 100 = 300mm

ケーブルのシース（外装）・絶縁被覆の
はぎ取り寸法はP.58～59によります。

ケーブルの長さを計算するときに加算した数値とシースのはぎ取り寸法は，必ずしも一致しません．
• アウトレットボックスの場合は，加算するのは100mmですが，電線を接続しやすいように，シースを130mmはぎ取ります．
• 埋込器具のスイッチやコンセントの場合は，加算するのは50mmですが，電線を器具に結線しやすいように，シースを100mmはぎ取ります．

（注）ケーブルは必要長さを合計した長さで，1本もしくは2本で支給されます．右に示した切断寸法の計算は，長いまま支給されたケーブルを，左上図のような課題の場合の切断寸法を計算したものです．

（注）シースの残った部分の長さ＝課題の寸法ではありません．課題の寸法は「器具の中心からの長さ」です．

ケーブル等の切断寸法を，どのようにして決めていくかで，作業手順が異なります．ここでは，次の2つの例について作業手順を示します．

1 ケーブルを必要な長さに切断してから，器具付けをする方法

2 ケーブルに器具付けをしてから必要な長さに切断する方法

本書のNo.1～13の解答については前者**1**の方法によっていますが，**2**の方法でもよく，作業手順は制約されるものではありませんので，自分にあった効率的な方法で試験に臨んでください．

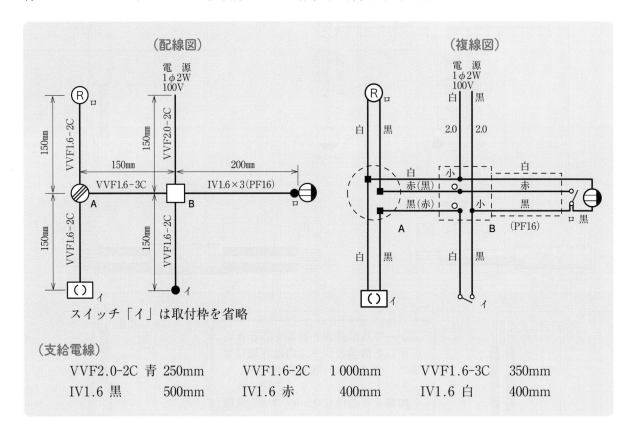

（支給電線）

VVF2.0-2C 青	250mm	VVF1.6-2C	1 000mm	VVF1.6-3C	350mm
IV1.6 黒	500mm	IV1.6 赤	400mm	IV1.6 白	400mm

❶ ケーブルを必要な長さに切断してから，器具付けをする方法

1 ケーブルの必要な長さを算出する．

本書の「ケーブルの切断寸法」（P.60）に基づいて，各部分のケーブルの必要な長さをあらかじめ算出しておきます．

必要な長さは，配線図に示された寸法に次の値を加算します．

- ・ジョイントボックス　　　　100mm
- ・埋込器具，露出器具　　　　50mm
- ・わたり線（一般）　　　　　100mm

2 アウトレットボックスにゴムブッシング及びPF管を取り付ける．

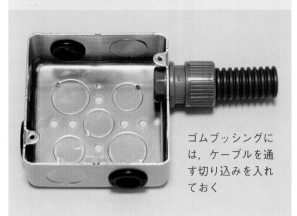

ゴムブッシングには，ケーブルを通す切り込みを入れておく

3 取付枠にタンブラスイッチ「ロ」及びコンセントを取り付ける.

4 電源からアウトレットボックスへのケーブル（VVF2.0-2C）を用意する.

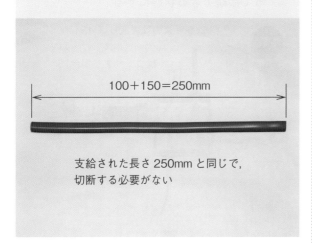

100＋150＝250mm

支給された長さ250mmと同じで，
切断する必要がない

5 4のケーブルのシース及び絶縁被覆をはぎ取って，アウトレットボックスに挿入する.

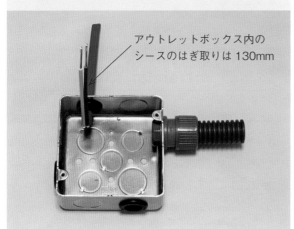

アウトレットボックス内の
シースのはぎ取りは130mm

6 取付枠に取り付けたタンブラスイッチ「ロ」及びコンセントに絶縁電線（IV）を結線する.

7 絶縁電線をPF管に通線する. アウトレットボックス内の絶縁電線を150mm残して切断し，絶縁被覆をはぎ取る.

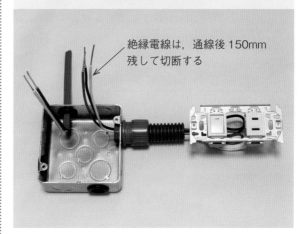

絶縁電線は，通線後150mm
残して切断する

8 単極スイッチ「イ」からアウトレットボックスへのケーブル（VVF1.6-2C）を切断する.

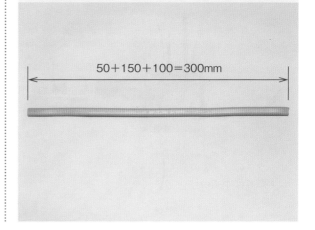

50＋150＋100＝300mm

9 8のケーブルにタンブラスイッチを結線し，反対側のシース及び絶縁被覆をはぎ取ってアウトレットボックスに挿入する．

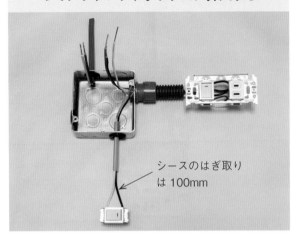

シースのはぎ取り
は 100mm

10 アウトレットボックスからVVF用ジョイントボックスに至るケーブル（VVF1.6-3C）を用意する．

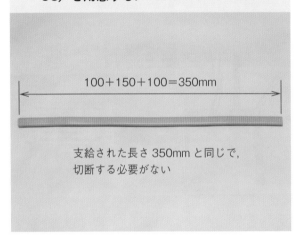

100＋150＋100＝350mm

支給された長さ 350mm と同じで，
切断する必要がない

11 10のケーブルの両端のシース及び絶縁被覆をはぎ取って，アウトレットボックスに挿入する．

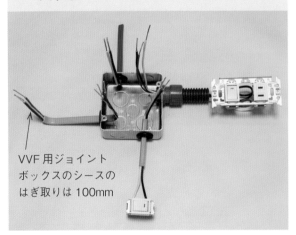

VVF 用ジョイント
ボックスのシースの
はぎ取りは 100mm

12 ランプレセプタクルからVVF用ジョイントボックスに至るケーブル（VVF1.6-2C）を切断する．

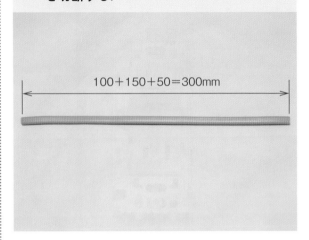

100＋150＋50＝300mm

13 12のケーブルにランプレセプタクルを結線し，反対側のシース及び絶縁被覆をはぎ取って接続できる状態にする．

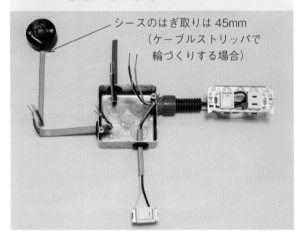

シースのはぎ取りは 45mm
（ケーブルストリッパで
輪づくりする場合）

14 引掛シーリングローゼットからVVF用ジョイントボックスへのケーブル（VVF1.6-2C）を切断する．

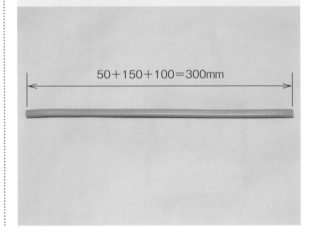

50＋150＋100＝300mm

15 14のケーブルに引掛シーリングローゼットを結線し，反対側のシース及び絶縁被覆をはぎ取って接続できる状態にする．

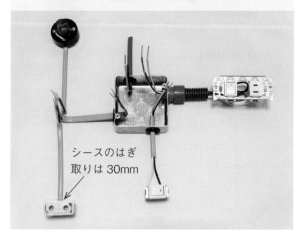

シースのはぎ取りは 30mm

16 電線を接続する．

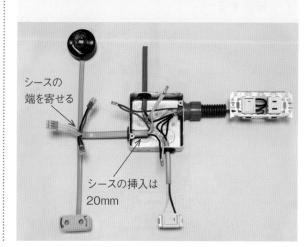

シースの端を寄せる

シースの挿入は 20mm

❷ ケーブルに器具付けをしてから，必要な長さに切断する方法

1 アウトレットボックスにゴムブッシング及びPF管を取り付ける．

ゴムブッシングには，ケーブルを通す切り込みを入れておく

3 電源からアウトレットボックスへのケーブル（VVF2.0-2C）を用意する．

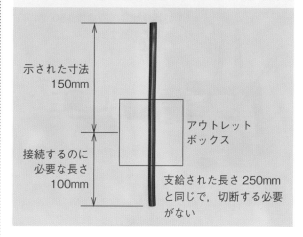

示された寸法 150mm

接続するのに必要な長さ 100mm

アウトレットボックス

支給された長さ 250mmと同じで，切断する必要がない

2 取付枠にタンブラスイッチ「ロ」及びコンセントを取り付ける．

4 3のケーブルのシース及び絶縁被覆をはぎ取って，アウトレットボックスに挿入する．

アウトレットボックス内のシースのはぎ取りは 130mm

5 取付枠に取り付けたタンブラスイッチ「ロ」及びコンセントに絶縁電線（IV）を結線する.

6 絶縁電線をPF管に通線する. アウトレットボックス内の絶縁電線を150mm残して切断し, 絶縁被覆をはぎ取る.

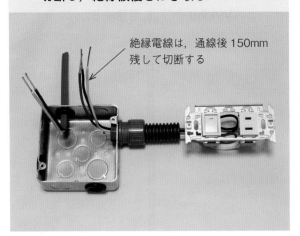

絶縁電線は, 通線後150mm残して切断する

7 タンブラスイッチに「イ」にケーブル（VVF1.6-2C）を結線する.

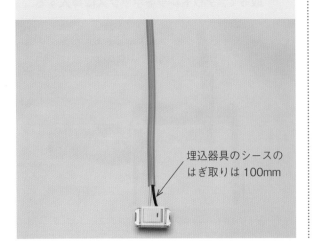

埋込器具のシースのはぎ取りは100mm

8 7のケーブルを必要な長さで切断する.

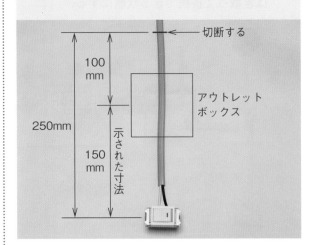

切断する

100mm

アウトレットボックス

250mm

示された寸法

150mm

9 反対側のシース及び絶縁被覆をはぎ取ってアウトレットボックスに挿入する.

10 アウトレットボックスからVVF用ジョイントボックスに至るケーブル（VVF1.6-3C）を用意する.

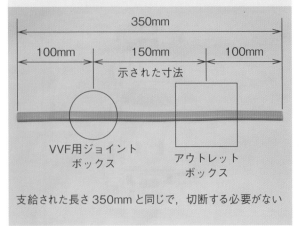

350mm

100mm　　150mm　　100mm

示された寸法

VVF用ジョイントボックス

アウトレットボックス

支給された長さ350mmと同じで, 切断する必要がない

11 10のケーブルの両端のシース及び絶縁被覆をはぎ取って，アウトレットボックスに挿入する．

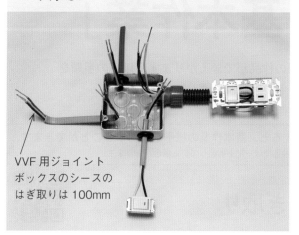

VVF用ジョイントボックスのシースのはぎ取りは100mm

12 ランプレセプタクルにケーブル（VVF1.6-2C）を結線して，必要な長さで切断する．

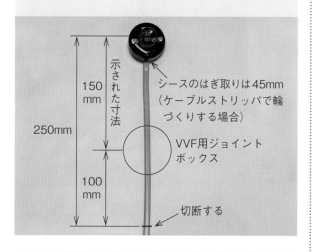

250mm
示された寸法
150mm
100mm
シースのはぎ取りは45mm（ケーブルストリッパで輪づくりする場合）
VVF用ジョイントボックス
切断する

13 12のケーブルのシース及び絶縁被覆をはぎ取って，接続できる状態にする．

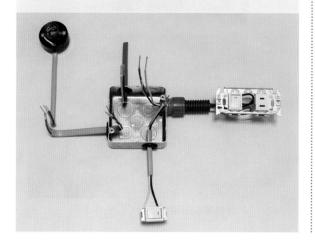

14 引掛シーリングローゼットにケーブル（VVF1.6-2C）を結線して，必要な長さで切断する．

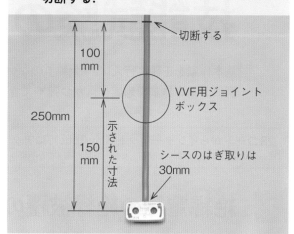

100mm
250mm
示された寸法
150mm
切断する
VVF用ジョイントボックス
シースのはぎ取りは30mm

15 14のケーブルのシース及び絶縁被覆をはぎ取って，接続できる状態にする．

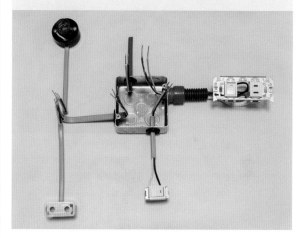

16 電線を接続する．

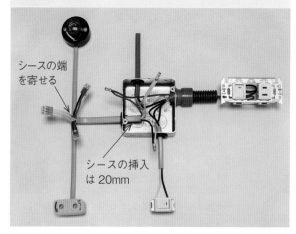

シースの端を寄せる
シースの挿入は20mm

写真でチェック 技能試験の「基本作業」

基本作業を正確に行えば，「欠陥」のない理想の作品ができ上がります．以下の手順を例に，基本作業を忠実に，かつ速くできるように，練習を積んでください．

QRコードからインターネット（YouTube）にアクセスすると，基本作業の様子を確認することができます．
※一部の項目は映像がありません．また，紙面で解説する手順のうち，映像では一部を省略している場合があります．

1 絶縁電線の絶縁被覆のはぎ取り

絶縁被覆のはぎ取りは，ナイフで行う方法やケーブルストリッパ等で行う方法があります．

● ナイフによる方法

1

絶縁電線の下に指を添える．

2

ナイフの刃を30°の角度で入れる．

3
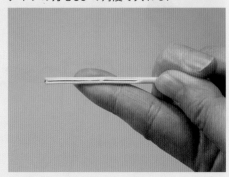
先端まで心線上をすべらせる．

4
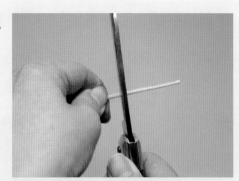
根元にナイフの刃を直角に当て半周する．

5
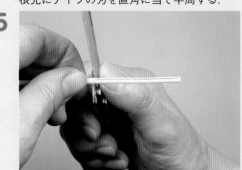
裏側も半周する．

6
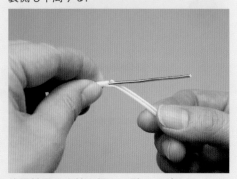
絶縁被覆の先端を握って引きちぎる．

● ケーブルストリッパによる方法1

1

絶縁電線を適切な刃の位置に入れる.

2

ケーブルストリッパの柄をしっかり握ることで絶縁被覆のみが切れる.

3

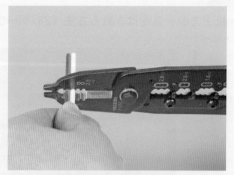

ケーブルストリッパの柄を少し開く.

4

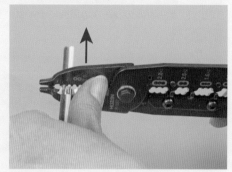

絶縁電線を持っている方の親指でケーブルストリッパを押し,絶縁被覆をはぎ取る.

● ケーブルストリッパによる方法2

1

ケーブルストリッパの外側の刃に,絶縁被覆をはぎ取りたい長さで挟む.

2

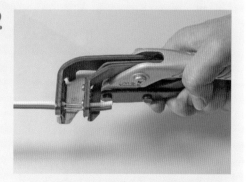

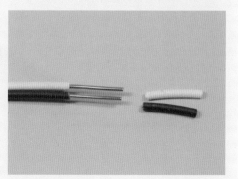

ケーブルストリッパのレバーを強く握り,絶縁被覆をはぎ取る.

2 VVFケーブルのシースのはぎ取り

● 机上でシースをはぎ取る方法（2心ケーブルの場合）

1

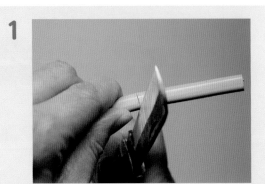

ケーブルのシースの周囲にナイフの刃を入れる.

2

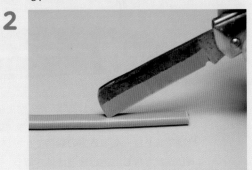

ナイフの刃先をケーブルのシースの中心に当てる.

3

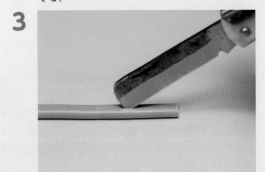

ナイフの刃先を2mm程度押し込み，ケーブルのシースの先端方向に移動させる.

4

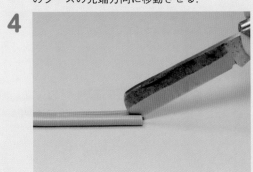

ケーブルのシース先端の手前約3cmのところでナイフの刃を深く押し込む.

5

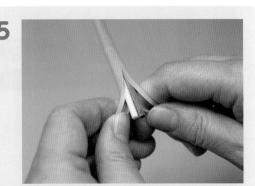

ケーブルのシースと絶縁電線に振り分ける.

6

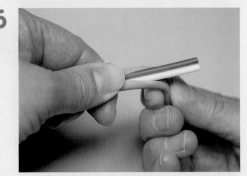

ケーブルのシースを下方向に引く.

7

シースを引きちぎる.

8

作業中，電線が多少曲がるので，まっすぐ伸ばす.

● ケーブルストリッパによる方法1

1

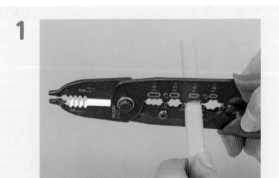

ケーブルを適切な刃の位置に入れる.

2

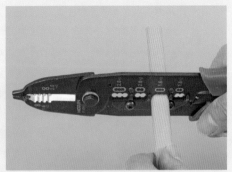

ストリッパの柄をしっかり握ることでケーブルのシースのみが切れる.

3

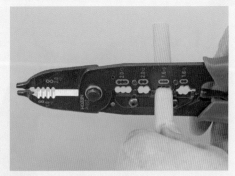

ストリッパの柄を少し開く.

4

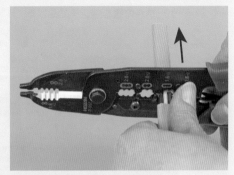

ケーブルを持っている方の親指でストリッパを押し，シースをはぎ取る.

● ケーブルストリッパによる方法2

1

ストリッパの内側の刃に，ケーブルのシースをはぎ取りたい長さで挟む.

2

ストリッパのレバーを強く握り，ケーブルのシースをはぎ取る.

3

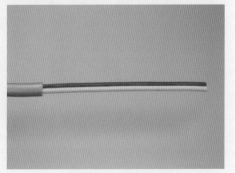

ケーブルのシースのはぎ取り完了.

3 VVRケーブルのシースのはぎ取り

1

ケーブルのシースの内側が抜けないように，ケーブルの端をペンチで曲げる．

2

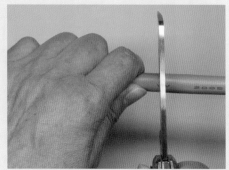

ケーブルのシースの周囲にナイフの刃を入れる．

3

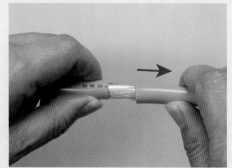

シースを引っ張って抜き取る．抜き取れない場合は，**4～6**の手順による．

4

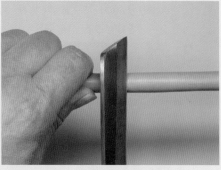

ナイフの刃を，約30°の角度で入れる．

5

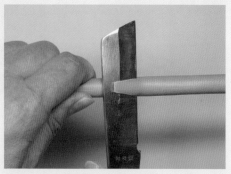

先端まで，中にある介在物に合わせてケーブルのシースをそぎ取る．

6

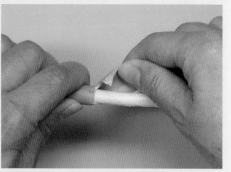

根本からケーブルのシースをはぎ取る．

7

ペンチで介在物を，根元から切り取る．

8

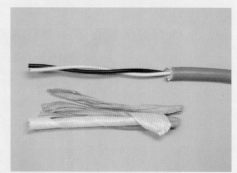

介在物を取り去って完成．

リングスリーブによる電線接続

圧着ペンチのダイスの押し間違いがあると，許容電流を確保できなくなります．

1

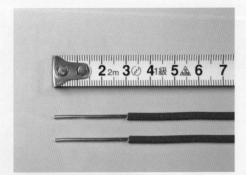

絶縁被覆を約3cmはぎ取る．

2

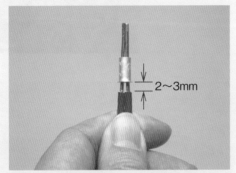

2～3mm

絶縁被覆の先端を揃え，リングスリーブの広がった方を下にして挿入する．

3

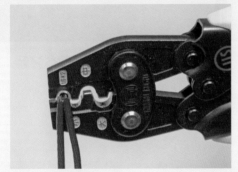

圧着ペンチの適合するダイスで挟む．

接続電線の太さ・本数とリングスリーブ・圧着ペンチ

接続電線の太さ・本数		リングスリーブ	圧着ペンチの刻印
1.6mm	2本		○
	3～4本		
2.0mm	2本	小	小
2.0mm×1本 ＋1.6mm×（1～2）本			
2.0mm×1本 ＋1.6mm×（3～5）本		中	中
2.0mm×2本 ＋1.6mm×（1～3）本			

4

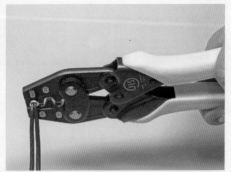

圧着ペンチの柄を再度開くまで強く握る．

5

刻印→

リングスリーブの刻印が適合していることを確認する．

6

ペンチで余分な心線を1～2mm程度残して切断する．

7

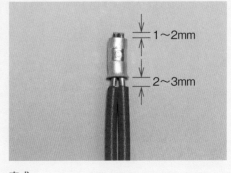

1～2mm

2～3mm

完成

リングスリーブによる圧着接続

● 電線の太さ・本数とリングスリーブ・圧着ペンチの組み合わせ

接続する電線の 太さ・本数		リング スリーブ	圧着ペンチ	
			ダイス	刻 印
1.6mm	2本	小	(1.6 × 2) (小)	○
	3〜4本		(小)	小
2.0mm	2本			
2.0mm×1本 +1.6mm×(1〜2)本				
2.0mm×1本 +1.6mm×(3〜5)本		中	(中)	中
2.0mm×2本 +1.6mm×(1〜3)本				

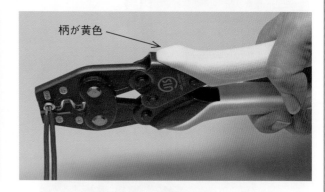

小スリーブ

中スリーブ

柄が黄色

リングスリーブ用圧着ペンチ

● 圧着ペンチの刻印

5mm 未満

10mm 未満

○
(1.6mm×2本)

小
(1.6mm×3本)

中
(2.0mm×1本＋1.6mm×3本)

5 差込形コネクタによる電線接続

差込形コネクタによる電線接続は，ストリップゲージに合わせて心線を切断します．短い場合はコネクタから電線が抜けたり接触不良を起こします．長い場合は充電部がコネクタから出てしまいます．

1

絶縁被覆を約3cmはぎ取る（ストリップゲージに合わせて被覆をはぎ取ってもよい）．

2

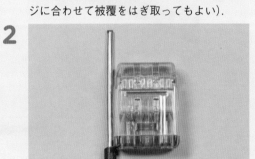

ストリップゲージに合わせる．

3

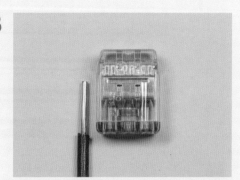

ストリップゲージに合わせて心線を切断する．

4

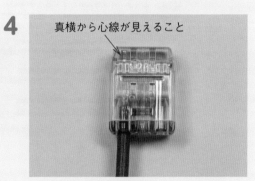

真横から心線が見えること

差込形コネクタに心線を挿入して完成．

＜欠陥の例1　心線が短すぎる場合＞

真横から心線が見えない

＜欠陥の例2　心線が長すぎる場合＞

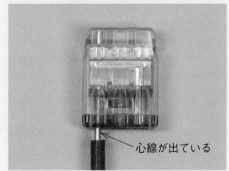

心線が出ている

6 VVF用ジョイントボックスを用いた電線接続

● リングスリーブで接続する場合

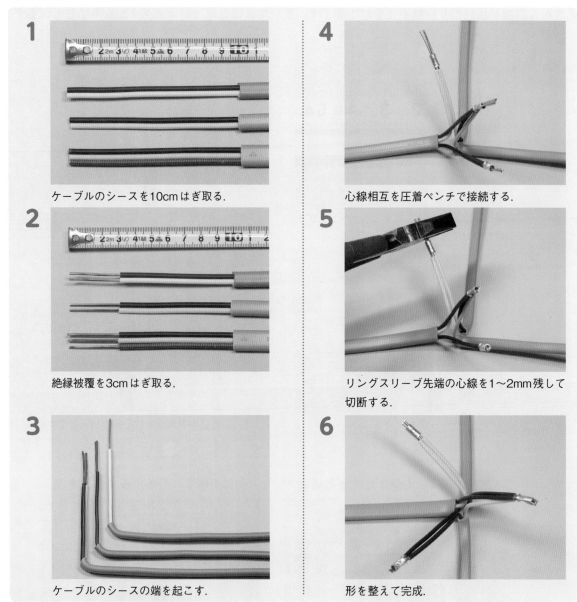

1 ケーブルのシースを10cmはぎ取る.

2 絶縁被覆を3cmはぎ取る.

3 ケーブルのシースの端を起こす.

4 心線相互を圧着ペンチで接続する.

5 リングスリーブ先端の心線を1〜2mm残して切断する.

6 形を整えて完成.

● 差込形コネクタで接続する場合

心線を差し込む前に，差込形コネクタのストリップゲージ（約12mm）に合わせて切断します．

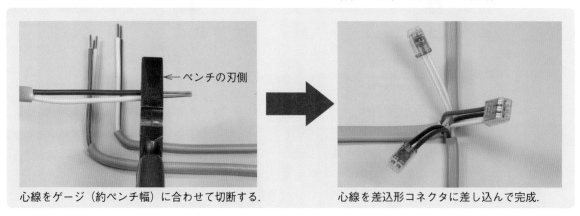

←ペンチの刃側

心線をゲージ（約ペンチ幅）に合わせて切断する.

心線を差込形コネクタに差し込んで完成.

アウトレットボックスを用いた電線接続

1

ゴムブッシングに，ケーブルを通す切り込み
を入れる．

2

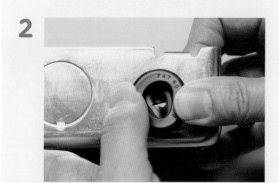

ゴムブッシングを，アウトレットボックスの
ノックアウトに取り付ける．

3

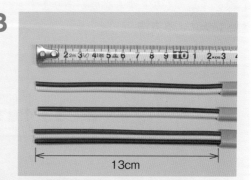

ケーブルのシースを13cmはぎ取る．

4

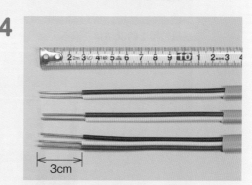

絶縁被覆を3cmはぎ取る．

5

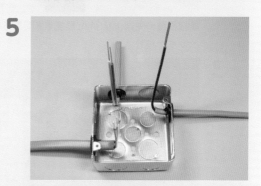

ケーブルをアウトレットボックスに引き込ん
で，ケーブルの絶縁電線部分を起こす．

6

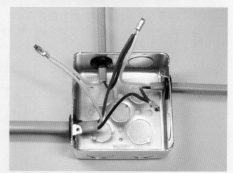

心線相互を圧着ペンチで接続し，ケーブルの
シースを2cm程度ボックス内に挿入して形を
整えて完成．

8 輪づくり

ランプレセプタクルや露出形コンセントへの結線は「ねじ止め」で行います. そのためには, 前もって心線を「輪づくり」する必要があります.

● ペンチによる方法

1

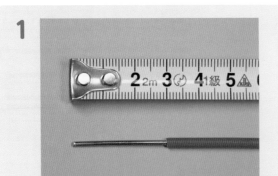

絶縁被覆を約3cmはぎ取る.

2

絶縁被覆の先端より3mm程度すき間をあけてペンチで挟む.

3

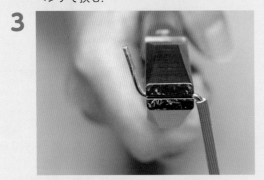

クランク状に心線を折り曲げる.

4

心線の先端2mmぐらい曲がったところで切る.

5

ペンチを持つ手首を外側に90°ねじる.

6

ペンチの先端で心線の先端を挟む.

7

手首を元の状態に戻す力を利用する.

8

輪を作り, 絶縁被覆より2mmくらい上のところに心線をつけて完成.

● ケーブルストリッパによる方法

1

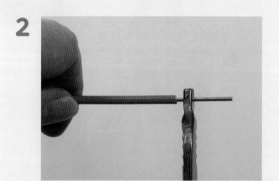

絶縁被覆を約2cmはぎ取る.

2

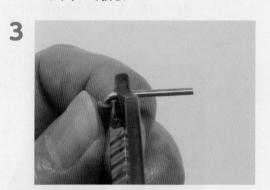

絶縁被覆の先端より3mm程度すき間をあけて
ストリッパで挟む.

3

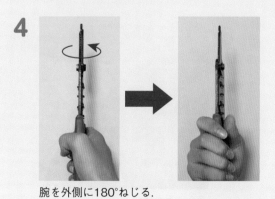

心線を直角に折り曲げる.

4

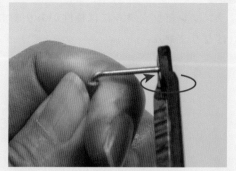

腕を外側に180°ねじる.

5

ストリッパで心線の先端を挟み，左側に巻き
付けるようにねじる.

6

心線を1回巻き付ける.

7

形を整えて完成.

ランプレセプタクルには極性があります.受金ねじ部の端子には,接地側電線(白色)を結線しなければなりません.

1

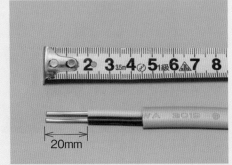

シースを45mmはぎ取る.

2

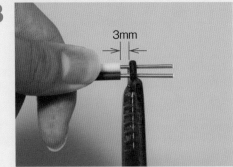

絶縁被覆を20mmはぎ取る.

3

絶縁被覆の先端より3mm程度すきまを開けてストリッパで挟む.

4

心線を直角に曲げる.

5

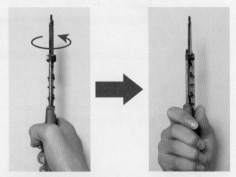

腕を外側に180°ねじる.

6

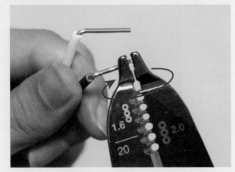

心線の先端をストリッパの先端の右端に揃えて,しっかりと挟む.

心線の先端をここに揃える

7

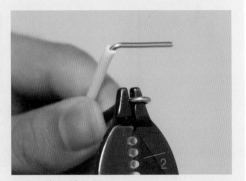

ストリッパの先端に心線を巻き付ける.

8

完全に巻き付ける.

9 他の心線も同様にして輪づくりをして，形を整える．

10 ランプレセプタクルのねじを外す．

11 受金ねじ部の端子

白色

極性に注意して電線を振り分ける．

12 心線が右巻きになることを確認する．

13 ねじを締め付ける．

14 ケーブルの形を整える．

● 2本まとめて輪づくりをする方法

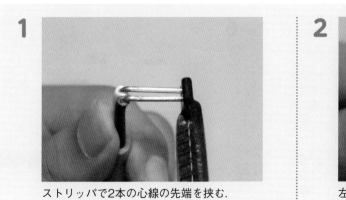

1 ストリッパで2本の心線の先端を挟む．

2 左側に巻き付けるようにねじる．

10 露出形コンセントへの結線（ケーブルストリッパによる方法）

露出形コンセントには極性があります．器具に表示されているWという文字の方に接地側電線（白色）を結線しなければなりません．

1

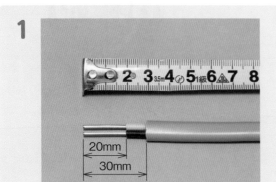

ケーブルのシースを30mm，絶縁被覆を20mmはぎ取る．

2 絶縁被覆の先端より3mm程度すき間をあけてストリッパで挟み，ケーブルを直角に曲げる

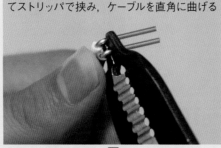

↓

ストリッパを外側に180°回転させて，心線の先端を挟む

↓

ストリッパの先端に心線を巻き付ける

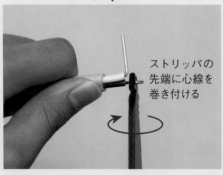

ランプレセプタクルの場合と同様にして輪づくりをする．

3

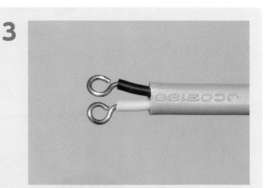

2本とも輪づくりをして，形を整える．

4

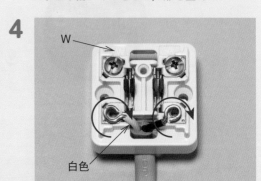

ねじを外して，心線が右巻きになるようにし，極性に注意して電線を振り分ける．

5

ねじを締め付ける．

6

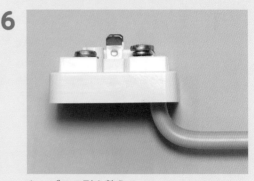

ケーブルの形を整える．

11 引掛シーリングローゼットへの結線（角形）

　角形引掛シーリングローゼットには極性があります．器具に表示されているW又は接地側という文字の方に接地側電線（白色）を結線します．また，この器具は差込タイプなので，ストリップゲージに合わせて絶縁被覆をはぎ取らなくてはなりません．

1

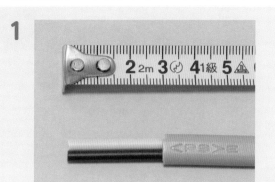

ケーブルのシースを約3cmはぎ取る．

2

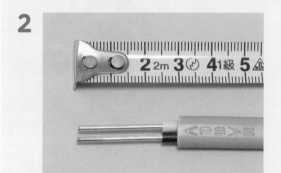

絶縁被覆を約5mm残してはぎ取る．

3

ストリップゲージに合わせる．

4

ストリップゲージの長さで，心線を切断する．

5

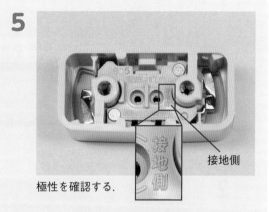

極性を確認する．

接地側

6

極性に合わせて，心線を挿入する．

7

外れないように奥まで差し込む．

8

ケーブルの形を整えて完成．

12 引掛シーリングローゼットへの結線（丸形）

　丸形引掛シーリングローゼットも角形引掛シーリングローゼットと同じように極性があります．接地側極端子には，Wの文字が表示してあり，白色の接地側電線を結線しなければなりません．

1

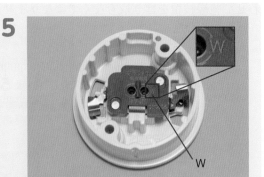

ケーブルのシースを約3cmはぎ取る．

2

絶縁被覆を約5mm残してはぎ取る．

3

ストリップゲージに合わせる．

4

ストリップゲージの長さで，心線を切断する．

5

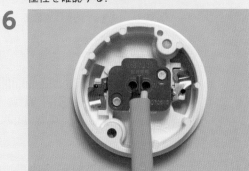

W

極性を確認する．

6

極性に合わせて，心線を挿入する．

7

外れないように奥まで差し込む．

8

ケーブルの形を整えて完成．

13 埋込連用取付枠への配線器具の取り付け

埋込連用配線器具を取り付ける場合は，まず埋込連用取付枠に配線器具を取り付けます．

1

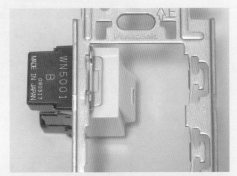

埋込連用取付枠の表裏と上下に注意する．文字のある方が表で，矢印で上になる方向を示している．

2

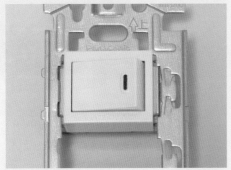

埋込連用取付枠の表面にある上を示す矢印の方向を上にし，左側にある突起部を配線器具側面の金具穴に入れる．配線器具が1個の場合は中央に，2個の場合は上下に，3個の場合は上下と中央に取り付ける．

3

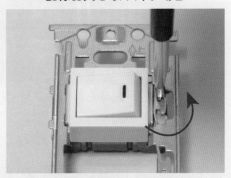

埋込連用取付枠の右側にある金具穴に⊖ドライバを差し込み，左右にドライバを回して配線器具を固定する．

＜配線器具を取り外す場合＞

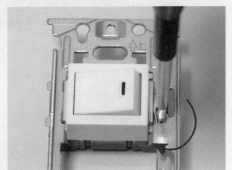

上の穴に⊖ドライバの刃を入れ左に回す（このとき配線器具が外れる場合もある）．

下の穴に⊖ドライバの刃を入れ右に回すと，配線器具が外れる．

MEMO

14 埋込連用配線器具への結線（器具1個）

埋込連用配線器具1個を埋込連用取付枠に取り付ける場合は，中央の位置に取り付けます．

● コンセント | ● スイッチ

1
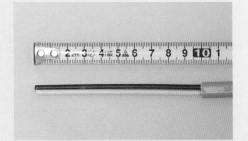
ケーブルのシースを約10cmはぎ取る．

1
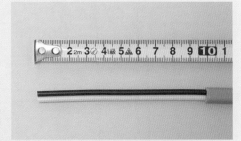
ケーブルのシースを約10cmはぎ取る．

2

絶縁被覆の先端をストリップゲージ分だけはぎ取る．

2

絶縁被覆の先端をストリップゲージ分だけはぎ取る．

3

Wの表示のある端子穴に白色電線（接地側電線）を結線する．

3

スイッチには極性がなく，左右どちらの穴に白色・黒色電線を結線してもよい．

4
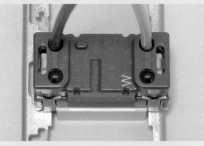
反対側の端子に黒色電線（非接地側電線）を結線する．

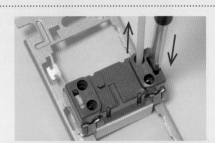
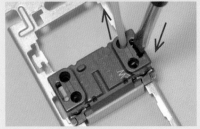

＜電線を引き抜く方法＞
－ドライバを器具の真上から押しつけると同時に，電線を引っ張ると抜ける．

埋込連用配線器具2個を埋込連用取付枠に取り付ける場合は，上と下に取り付けます．また，埋込連用配線器具2個の結線では，必ず「わたり線」が必要となります．

1

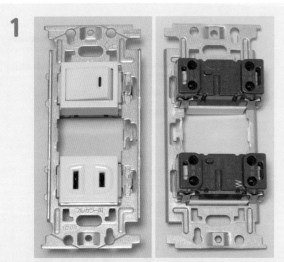

埋込連用取付枠に，タンブラスイッチとコンセントを上下に取り付ける．

2

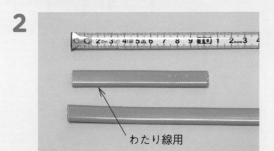

わたり線用

わたり線用のケーブルを約10cm確保する．

3

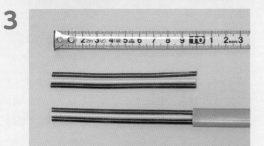

ケーブルのシースを約10cmはぎ取る．

4

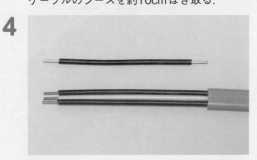

器具のストリップゲージに合わせて絶縁被覆をはぎ取る．

5

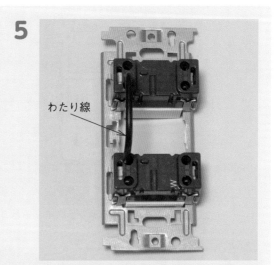

わたり線

タンブラスイッチとコンセントにわたり線を結線する．

6

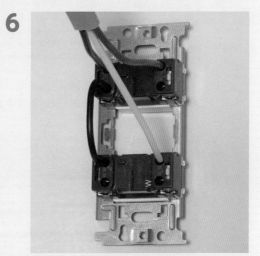

電源側・負荷側の電線を結線する．コンセントには，Wの表示のある端子穴に白色の接地側電線を結線する．

7

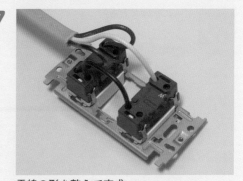

電線の形を整えて完成．

埋込連用配線器具3個を埋込連用取付枠に取り付け，わたり線が2本の場合は，次のようにします．

1

埋込連用取付枠に，タンブラスイッチとコンセントを取り付ける．

2

わたり線用にケーブルを約15cm確保する．

3

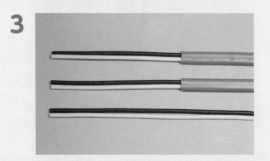

器具に結線するケーブルのシースを約10cmはぎ取る．また，わたり線用のケーブルのシースをはぎ取る．

4

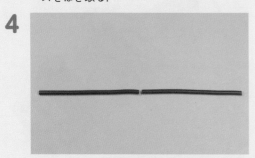

わたり線用の絶縁電線を半分に切断する．

5

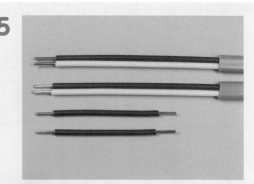

器具のストリップゲージに合わせて，絶縁被覆をはぎ取る．

6

わたり線を2本曲げる．

7

器具に結線する．コンセントには，Wの表示のある端子穴に白色の接地側電線を結線する．

8

電線の形を整えて完成．

17 配線用遮断器への結線

　100V用の2極1素子（2P1E）の配線用遮断器には，極性があります．過電流を検出する素子のない接地側となるN極には，白色の電線を結線します．

ケーブルのシースを約5cmはぎ取る．

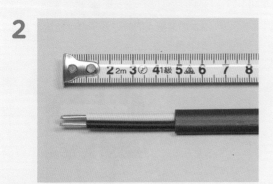

絶縁被覆を約12mmはぎ取る．

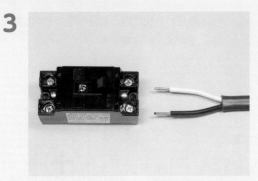

配線用遮断器の端子に，電線を結線しやすいように形を整える．

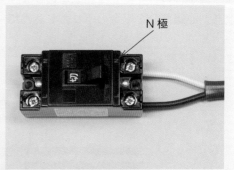

接地側となるN極に，白色電線の心線を差し込み，端子のねじを締め付ける．

配線用遮断器の電線差込口から，心線が見えるか見えない程度がよい．

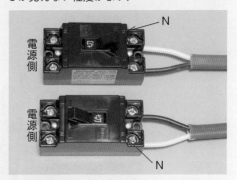

配線用遮断器の電源側の向きは，どちらにしてもよい．

MEMO

18 端子台への結線

配線用遮断器，自動点滅器及びタイムスイッチの代用として端子台が使用されることがあります．

端子台への結線は，ランプレセプタクルや露出形コンセントのように輪づくりをする必要はありません．端子台に付いている座金がありますので，図のように座金より2〜3mm長く絶縁電線の被覆をはぎ取り，心線部分を座金の下に差し込んで，ねじを締め付けます．

1

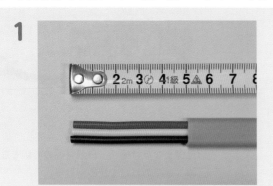

ケーブルのシースを約5cmはぎ取る．

2

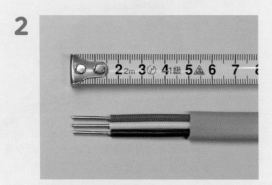

先端部分の絶縁被覆を約15mmはぎ取る．

3

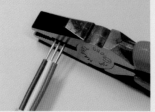

端子台の座金の長さより2〜3mm長く（約12mm）なるよう，心線をそろえて切断する．

4

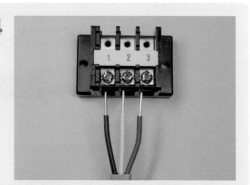

3本の電線が同時に端子台へ結線できるよう形を整える．

5

取り付け完成例（絶縁被覆の上から締め付けないように注意する）．

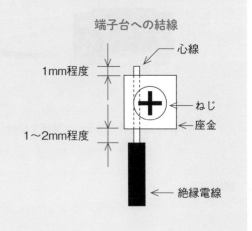

端子台への結線

心線

1mm程度

ねじ

座金

1〜2mm程度

絶縁電線

19 PF管とアウトレットボックスの接続

技能試験に出題されているPF管（合成樹脂製可とう電線管）は，合成樹脂管（VE管，PF管，CD管）のひとつです．

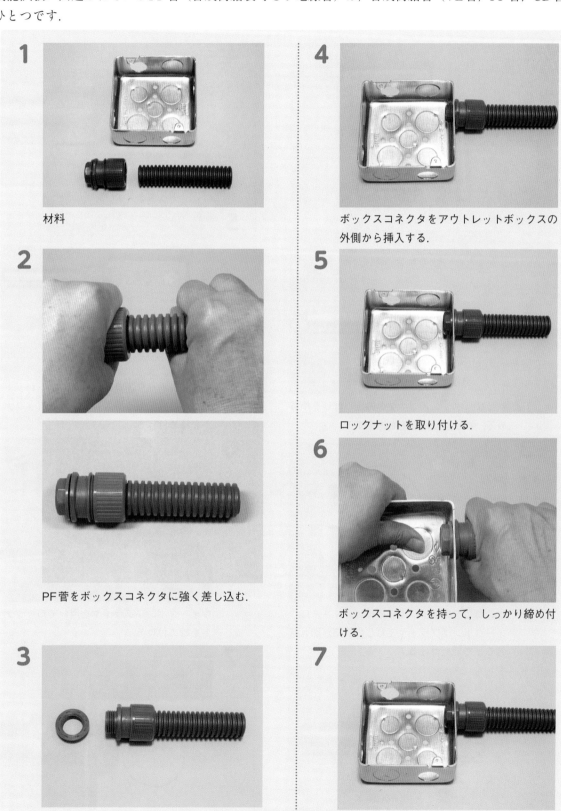

1 材料

2 PF管をボックスコネクタに強く差し込む．

3 ロックナットを外す．

4 ボックスコネクタをアウトレットボックスの外側から挿入する．

5 ロックナットを取り付ける．

6 ボックスコネクタを持って，しっかり締め付ける．

7 完成．

20 ねじなし電線管とアウトレットボックスの接続

ねじなし電線管とアウトレットボックスを接続するために，ねじなしボックスコネクタを使用します．また電線を保護するために絶縁ブッシングを使用します．

1

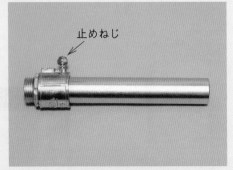

材料

2

止めねじ

ねじなしボックスコネクタの止めねじをゆるめて，ねじなし電線管を挿入する．

3

止めねじをドライバで締め付けて，さらにウォータポンププライヤでねじの頭部が切れ落ちるまで締め付ける．

4

ロックナットを外す．

5

ねじなしボックスコネクタをアウトレットボックスの外側から挿入して，指でロックナットを締め付ける．

6

ウォータポンププライヤを用いてロックナットを締め付ける．

7

絶縁ブッシングを取り付け，ウォータポンププライヤで軽く締め付ける．

21 ボンド線の取り付け

　金属管工事では，アウトレットボックスと金属管をボンド線（裸軟銅線）で，電気的に接続する場合があります．アウトレットボックスにボンド線をねじ止めして，ねじなしボックスコネクタにある接地端子にボンド線を結線します．

1

材料（ボンド線，接地用ビス）．

2

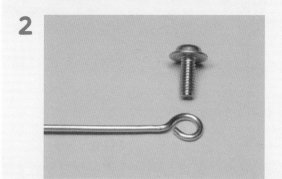

ボンド線の先端に輪づくりを施す．他端はそのままで，輪づくりの必要はない．

3

ボンド線をアウトレットボックスの底にある穴（どの穴でもよい）から外に出す．

4

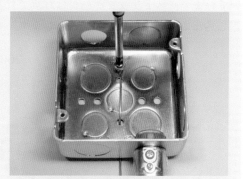

アウトレットボックスの底にねじが切ってある小さな穴が1カ所だけあるので，そこにボンド線をねじ止めする．

5

ねじなしボックスコネクタの接地端子用ねじを（＋）ドライバでゆるめ，ボンド線を接地端子用ねじから5mm程度出して締め付ける．

6

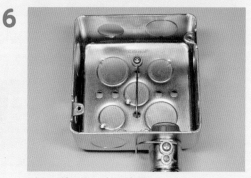

ボンド線の取り付け完了．

MEMO

22 絶縁被覆のはぎ取りゲージ

● 配線器具のストリップゲージ

　電線の心線を差し込んで結線する配線器具には，絶縁被覆をはぎ取る長さを示す**ストリップゲージ**がついています．ストリップゲージは写真では見にくいですが，少しへこんだ形になっており，ここに電線を差し込んで被覆はぎ取りの長さとします．

200V 接地極付コンセント

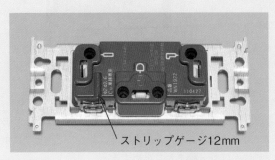
ストリップゲージ12mm

● 主な配線器具の例

　パナソニック製の配線器具のストリップゲージは，次のようになっています．

単極スイッチ

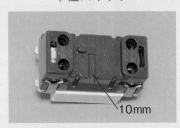
10mm

３路スイッチ

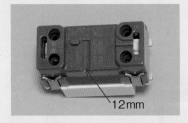
12mm

４路スイッチ

10mm

コンセント

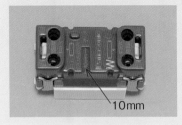
10mm

接地極付コンセント

12mm

接地端子

10mm

パイロットランプ

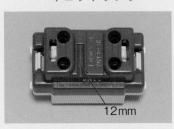
12mm

引掛シーリングローゼット角形

10mm

引掛シーリングローゼット丸形

10mm

欠陥べからず集

技能試験の合格の基準は，課題作品の成果物について電気的に施工上の「**欠陥**」がないことです．

したがって，「欠陥」がひとつでもあると不合格になります．

受験者の皆様が電気工事士として最低限習得すべき技能レベルとその水準を理解することにより，電気工事士としての技術力及び安全意識を向上する目的として，「欠陥」の判断基準が公表されています．

「欠陥」とは，①未完成，②配置・寸法相違，③回路の誤り，④電線の色別・配線器具の極性が施工条件に相違したもの等です．すべてを紹介することはできませんが，過去問題の施工条件等を参考にして，主な欠陥例を写真で掲げます．

P.68〜94では，各種の基本作業の手順を写真で紹介しましたが，以下に示すような「欠陥」がないように，それぞれの作業が十分に，また決められた時間内でスムーズにできるよう，腕を磨いておかなければなりません．

以下に掲げたものは**欠陥例（悪い例）**です．これらを念頭に置いて，まずは練習に励んで試験に臨んでください．

1 「欠陥」の例

❶ 寸法の相違

● 示された寸法の50%以下のもの

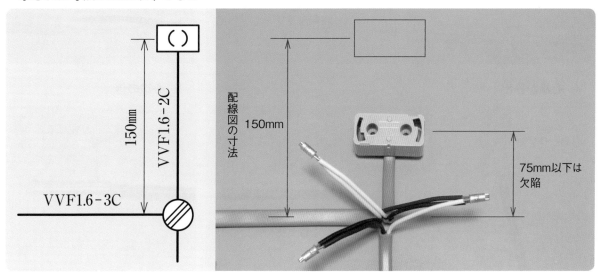

❷ 電線の色別・配線器具等の極性の相違

1 ランプレセプタクル

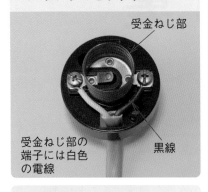

受金ねじ部

受金ねじ部の
端子には白色
の電線

黒線

2 埋込連用コンセント

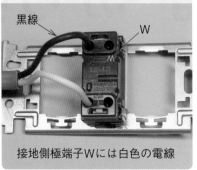

黒線

W

接地側極端子Wには白色の電線

3 引掛シーリングローゼット

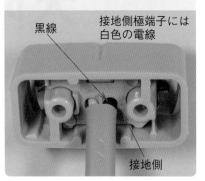

黒線

接地側極端子には
白色の電線

接地側

4 露出形コンセント

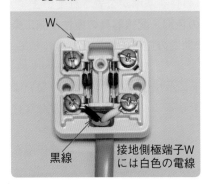

W

黒線

接地側極端子W
には白色の電線

5 接地極付コンセント

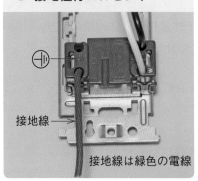

W

接地線

接地線は緑色の電線

6 配線用遮断器

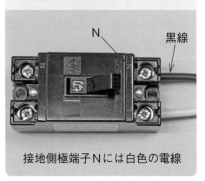

N

黒線

接地側極端子Nには白色の電線

❸ 電線の損傷

1 ケーブルの縦われ

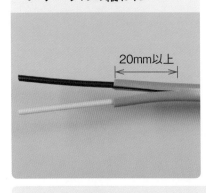

20mm以上

2 絶縁被覆が露出

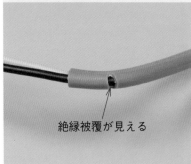

絶縁被覆が見える

3 介在物の抜け

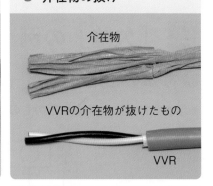

介在物

VVRの介在物が抜けたもの

VVR

4 心線が露出

心線が見える

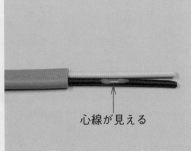

心線が見える

5 心線の傷

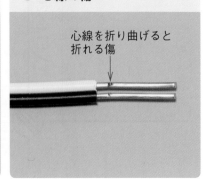

心線を折り曲げると
折れる傷

❹ リングスリーブによる圧着接続

1 スリーブ選択の誤り

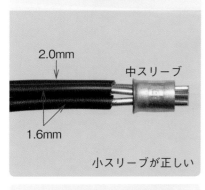

2.0mm
中スリーブ
1.6mm
小スリーブが正しい

2 圧着マークの不適切

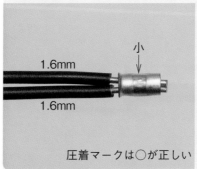

1.6mm
小
1.6mm
圧着マークは○が正しい

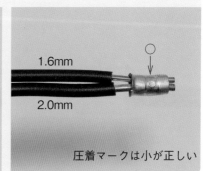

1.6mm
○
2.0mm
圧着マークは小が正しい

3 リングスリーブの破損

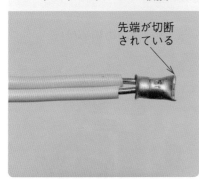

先端が切断
されている

4 圧着マークの欠け

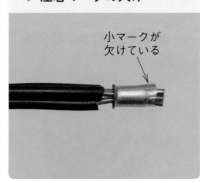

小マークが
欠けている

5 2つ以上の圧着マーク

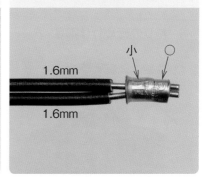

1.6mm
小
○
1.6mm

6 1箇所の接続に2個以上の
リングスリーブを使用

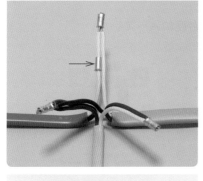

7 心線の先端が見えない

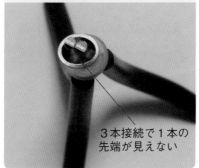

3本接続で1本の
先端が見えない

8 先端の露出が長い

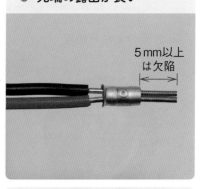

5mm以上
は欠陥

9 絶縁被覆のむき過ぎ

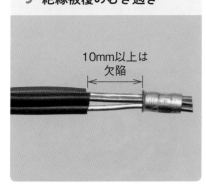

10mm以上は
欠陥

10 シース（外装）のはぎ取り
不足

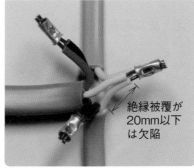

絶縁被覆が
20mm以下
は欠陥

11 絶縁被覆の上から圧着

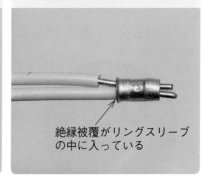

絶縁被覆がリングスリーブ
の中に入っている

❺ 差込形コネクタによる接続

1 心線の挿入不足

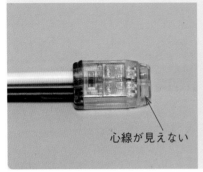

心線が見えない

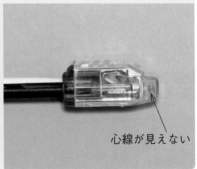

心線が見えない

2 心線の露出

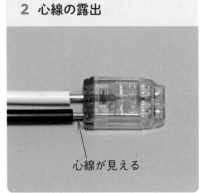

心線が見える

❻ ランプレセプタクル・露出形コンセントへの結線

1 ねじの締め付け不足

ねじを締め付けていない

2 絶縁被覆のむき過ぎ

5mm以上は欠陥

3 絶縁被覆の締め付け

絶縁被覆を締め付けている

4 台座の上から結線

5 ケーブルのシース（外装）が台座に入っていない

シースが台座の中に入っていない

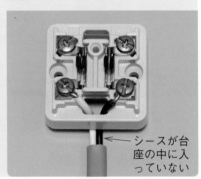

シースが台座の中に入っていない

6 結線部分の不適切（巻き付け不足・重ね巻き・左巻き）

3/4周以下

重ね巻き

左巻き

7 カバーが締まらない

 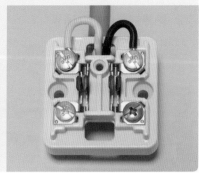

❼ 引掛シーリングローゼットへの結線

1 心線の挿入不足

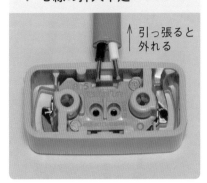

引っ張ると外れる

2 心線の露出

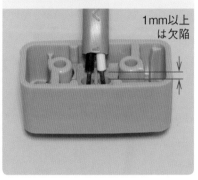

1mm以上は欠陥

3 シース（外装）のはぎ取り過ぎ

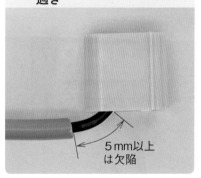

5mm以上は欠陥

❽ 埋込連用取付枠への取り付け・結線

1 取付枠を裏側にして取り付け

2 取付枠に配線器具の位置を誤って取り付け

1個の場合は中央に取り付ける

2個の場合は上と下に取り付ける

3 電線の挿入不足

電線を引っ張ると外れる

4 心線の露出

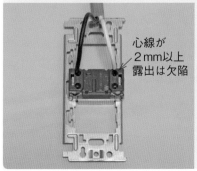

心線が2mm以上露出は欠陥

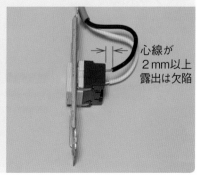

心線が2mm以上露出は欠陥

❾ 配線用遮断器への結線

1 ねじの締め付け不足

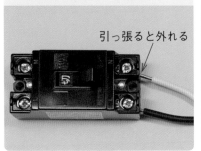

引っ張ると外れる

2 絶縁被覆のむき過ぎ

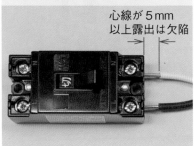

心線が5mm
以上露出は欠陥

3 絶縁被覆の締め付け

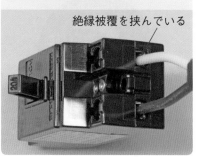

絶縁被覆を挟んでいる

❿ 端子台への結線

1 ねじの締め付け不足

引っ張ると外れる

2 絶縁被覆のむき過ぎ

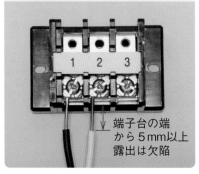

端子台の端
から5mm以上
露出は欠陥

3 絶縁被覆の締め付け

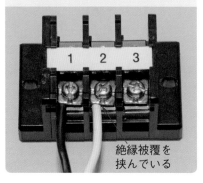

絶縁被覆を
挟んでいる

⓫ ゴムブッシング

1 未使用

2 大きさの相違

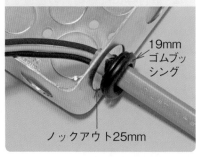

19mm
ゴムブッ
シング

ノックアウト25mm

⓬ 金属管工事

1 ボックスとボックスコネクタの未接続

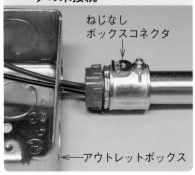

ねじなし
ボックスコネクタ

アウトレットボックス

2 ボックスコネクタと管の未接続

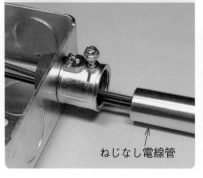

ねじなし電線管

3 ロックナットをボックスの外側に取り付け

ロックナット

4 ロックナットの未使用

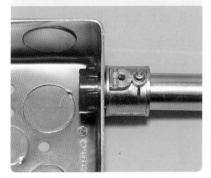

5 絶縁ブッシングの未使用

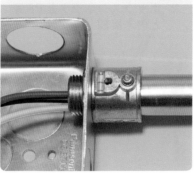

6 ボックスと管との接続がゆるい

隙間がある

7 絶縁ブッシングの外れ

8 止めねじをねじ切っていない

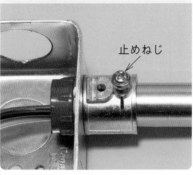

止めねじ

9 ボンド線を接地用取付ねじ穴以外に取り付けたもの

10 ボンド線の締め付け不足

接地用端子ねじ
のゆるみ　　　ボンド線

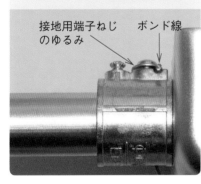

11 ボンド線の挿入不足

他端に出ていない

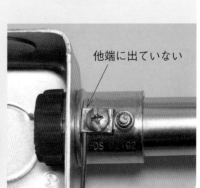

他端に出ていない

⓭ 合成樹脂製可とう電線管工事（PF管工事）

1 ボックスとボックスコネクタの未接続

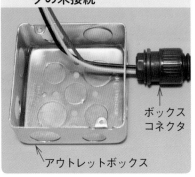

ボックスコネクタ

アウトレットボックス

2 ボックスコネクタとPF管との未接続

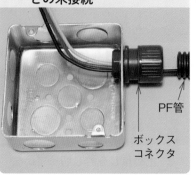

PF管

ボックスコネクタ

3 ロックナットの外れ

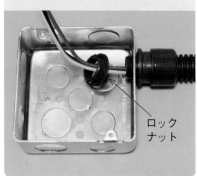

ロックナット

4 管を引っ張ると外れる

5 ロックナットの締め付け不足

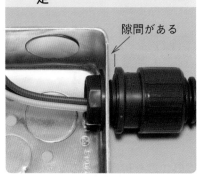

隙間がある

⓮ 器具破損

1 ねじの頭を切断したもの

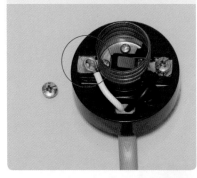

2 埋込形配線器具の破損

⓯ 欠陥とならない破損

台座の欠損

よくある質問（FAQ）

Q ❶ 単極スイッチには，電源からの非接地側電線（黒色）はどちらに結線したらよいのでしょうか？

A　単極スイッチの裏側には，単極スイッチの記号である└╲┘等が表示されています．充電部分が露出したナイフスイッチでは，感電防止を考慮して，電源側に固定極を結線し，負荷側には可動極を結線します．

　しかし，単極スイッチは，充電部分が合成樹脂で覆われていますので感電の心配はなく，**電源からの非接地側の「黒色」の電線はどちらの端子穴に結線しても結構です．**

　スイッチの裏面の図記号は，単極スイッチを表すものだと考えてください．

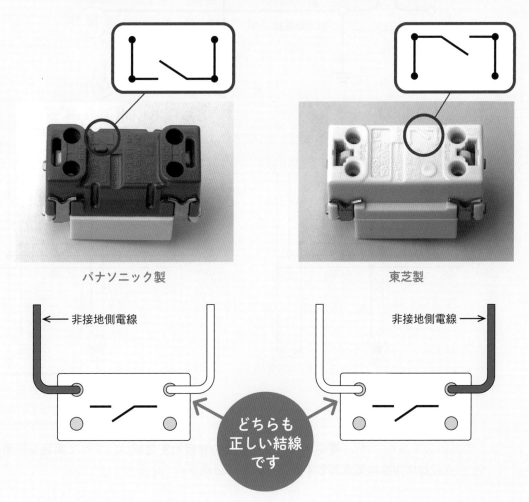

パナソニック製　　　　　　　　　　　　　　　東芝製

← 非接地側電線　　　　　　　　　　　　非接地側電線 →

どちらも
正しい結線
です

❷ 「非接地側点滅」とは，どのような意味でしょうか？

A

　単相2線式100Vの配線は，電源側の変圧器でB種接地工事を施した端子からの**接地側電線**と，接地していない端子からの**非接地側電線**とがあります．技能試験では，**電源からの接地側電線は白色，電源からの非接地側電線は黒色**と示されています．

　「非接地側点滅」とは，**電源からの非接地側電線の途中にスイッチを施設して，電灯を点滅する**方式のことです．

　内線規程では，電源からの非接地側電線のことを電圧側電線といい，「点滅器は電路の電圧側に施設するのがよい」とされています．技能試験でも，点滅器は非接地側点滅とするものとして出題されています．

　点滅器を電源からの非接地側電線に施設することにより，スイッチを「切」にすると，照明器具のランプを交換するときの感電や漏電事故を防止することができます．

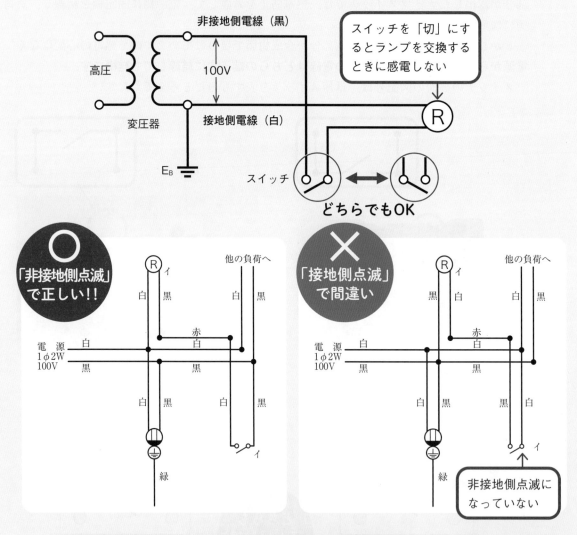

　問題の施工条件には，「**電源から点滅器までの非接地側電線は，すべて黒色を使用する**」や，「**点滅器は非接地側点滅とすること**」と，記載されています．

Q ❸ 3路スイッチの配線で，端子の番号を揃える必要はあるのでしょうか？

A 配線が正しく行われていれば，番号を揃える必要はありません．

3路スイッチの裏面には，写真のように端子に「0」「1」「3」の番号が付けてあり，内部結線は図のようになっています．配線が正しく行われていれば，**2つのスイッチの「1」「3」の番号は揃えても揃えなくても結構です．**

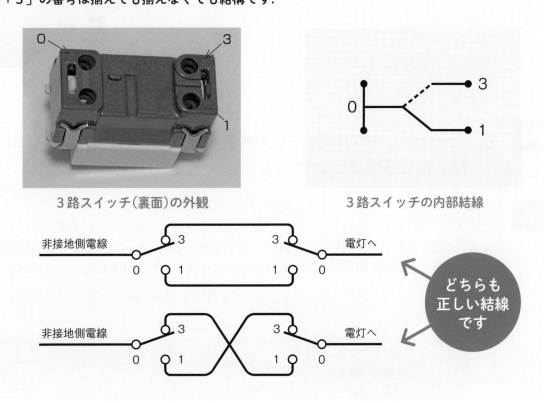

3路スイッチ（裏面）の外観　　　　　　　　　　3路スイッチの内部結線

どちらも正しい結線です

Q ❹ 電線の圧着接続は，絶縁被覆の端を揃えなければならないのでしょうか？

A 電線の絶縁被覆の端は，**できるだけ揃えた方がよいのですが，あまりこだわることはありません．** 揃っていなくても，リングスリーブの端から絶縁被覆までの長さが，10mm未満であれば，「欠陥」にはなりません．

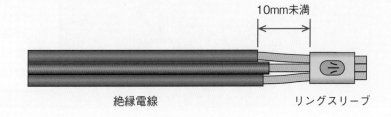

10mm未満

絶縁電線　　　　　　　　　　　　　　　リングスリーブ

Q ❺ 電線の導体の傷は，どの程度まで許容されますか？

A 　絶縁被覆をはぎ取るときに，**ナイフで傷がつく程度では心配する必要はありません**．ペンチを使って絶縁被覆をはぎ取る場合は，傷が深くなることがありますので注意が必要です．

　絶縁電線の絶縁被覆のはぎ取りには，ナイフかワイヤストリッパ（もしくはケーブルストリッパ）を使用するべきです．

Q ❻ 寸法で，ケーブルのシース（外装）の寸法が50％以下になると「欠陥」になるのでしょうか？

A 　寸法は，器具の中心から器具の中心や器具の中心からボックスの中心までを表します．シース（外装）の長さは一般的に示された寸法より短くなり，**ケーブルのシース（外装）の長さが，課題（単線図）の寸法の50％以下になっても欠陥にはなりません**．ジョイントボックスや器具の中心から器具の中心までの寸法が50％以下になると，「欠陥」になりますので注意しましょう．

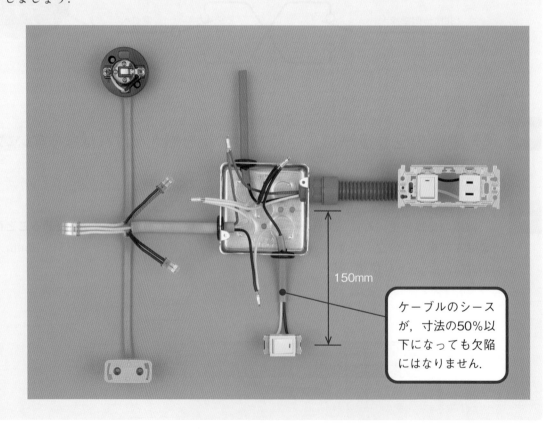

150mm

ケーブルのシースが，寸法の50％以下になっても欠陥にはなりません．

Q **❼ スイッチやコンセントのわたり線の色を，どうしたらよいかわかりません.**

A 　わたり線は，ひとつのスイッチボックスにスイッチやコンセントを2個以上取り付ける場合に必要になります. **わたり線の色が施工条件で示されたら，それに従わなければなりません.**

　一般的には，施工条件で次のように指定されます.
- 電源からの接地側電線は，すべて**白色**を使用する.
- 電源から点滅器，パイロットランプ及びコンセントまでの非接地側電線は，すべて**黒色**を使用する.

　ケーブル配線を例にして，この指定条件に従って配線すると次のようになります（いずれの図も器具の裏から見たものです）.

スイッチとコンセント

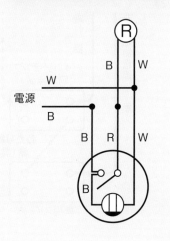

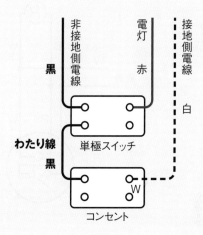

スイッチ2個

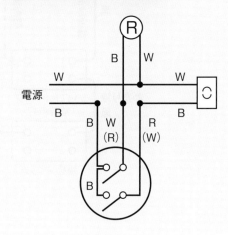

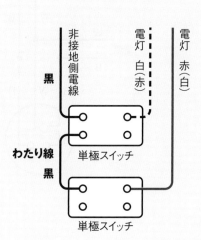

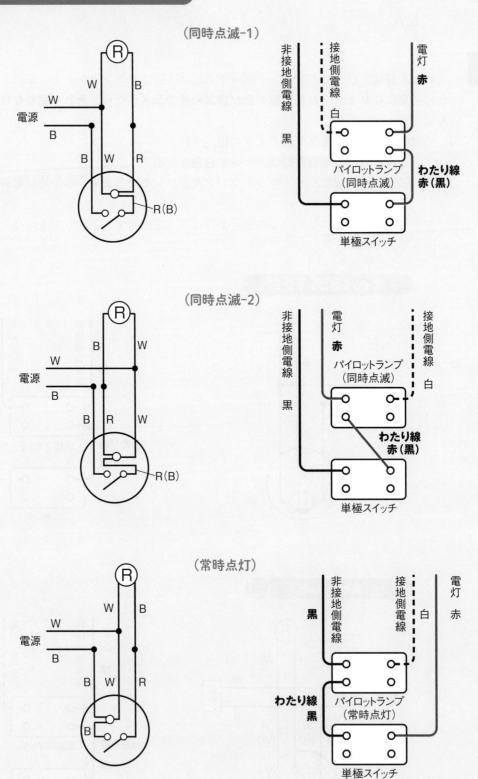

（同時点滅-1）

（同時点滅-2）

（常時点灯）

Q ❽ ランプレセプタクルの「受金ねじ部の端子」とは，どの部分のことでしょうか？

A 「受金ねじ部の端子」は，写真に示した端子です．受金ねじ部は，接触しやすい部分で，感電を防止するために**接地側電線の**「**白色**」の電線を結線します．

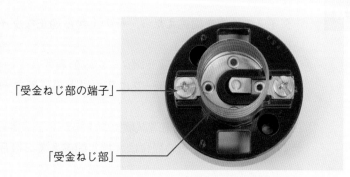

「受金ねじ部の端子」————

「受金ねじ部」————

Q ❾ 電線を端子台の端子やランプレセプタクルのねじに結線する場合，電線の充電部分は，どの程度まで出したらよいでしょうか？

A ランプレセプタクルはねじの端から1～2mm程度，端子台は座金の端から1～2mm程度まで出します．あまり出し過ぎますと欠陥になりますから注意しましょう．

ランプレセプタクルの結線

1～2mm

端子台の結線

S_1　S_2　L_1

1～2mm

Q ❿ できた作品の見栄えは採点に影響するのでしょうか？

A 作品の見栄えが良いか悪いかは，直接採点には影響しません．課題の配線図と施工条件どおり正しく施工されていれば問題ありません．

Q ⓫ 圧着接続で，ダイスの位置を間違えて圧着したら，その上から適正なダイスでやり直せますか？

A 　ダイスの位置を間違えたら，その上から適正なダイスで圧着をやり直すことは認められていません．

　（一財）電気技術者試験センターから公表されている「技能試験における欠陥の判断基準」では，「**1つのリングスリーブに2つ以上の圧着マークのあるもの**」は「**欠陥**」に該当します．

　また，（一財）電気技術者試験センターから公表されている「技能試験の概要と注意すべきポイント」でも，圧着の際には「**押し間違えて2度圧着しないようにする**」と述べられています．

　圧着のダイスを間違えたら，速やかに接続箇所を切断して，もう一度適正なダイスで圧着して接続してください．

 ダイスの位置を間違えて圧着した　→　 接続箇所を切断してやり直す

Q ⓬ 圧着接続で，リングスリーブの先端はペンチで切りっぱなしでよいのでしょうか？

A 　圧着接続で，**リングスリーブの先端に出た電線は，ペンチで切り落とすだけで構いません**．実際の仕事では，ビニルテープを巻く際に先端でビニルテープが破れないように，ヤスリで突起を削り落として丸く仕上げなければなりませんが，技能試験では省略されています．

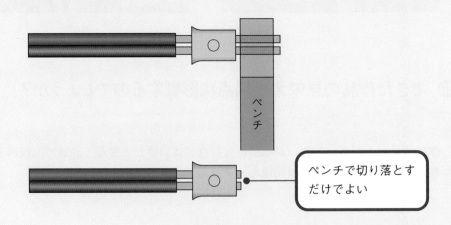

ペンチで切り落とすだけでよい

Q ⑬ 差込形コネクタの外し方を教えてください．また，外した差込形コネクタは，再使用できますか？

A 　接続のやり直しを行う場合は，差込形コネクタの下部から電線を切断して，追加支給された新たな差込形コネクタを用いて，正しく接続し直してください．

　電線を外して再使用しますと，心線に傷が付いて折れてしまう可能性がありますので，やめましょう．

　差込形コネクタから電線を外すには，コネクタを左右に回しながら電線1本を引っ張ります．すぐには外れませんが，しばらく続けると外れます．複数の電線を外すには，1本ずつ外します（電線が2〜3本の場合は，まとめて同時に外すことも可能です）．

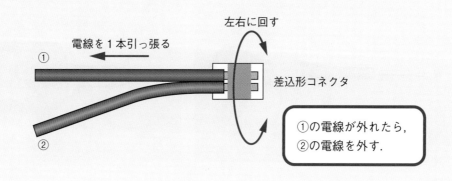

左右に回す

電線を1本引っ張る

① 　　　　　　　　　　　　差込形コネクタ

②

①の電線が外れたら，
②の電線を外す．

Q ⑭ 配線の省略部分は，どのような処理をしたらよいのでしょうか？

A 　寸法に合わせて**ケーブルや絶縁電線を切断する**だけで結構です．

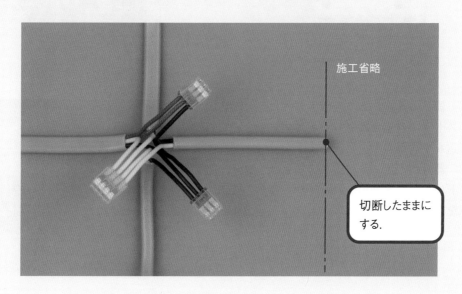

施工省略

切断したままにする．

A　無理に器具から電線を外そうとしますと，器具が破損してしまいます．注意しましょう．基本的には，**電線外し穴にマイナスドライバを差し込んで取り外します**．

　主な器具から，電線を外す方法を示します．

● **取り外しに必要な工具**

　マイナスドライバは，刃先の幅が5.5mmのものが適します．また，器具から電線を外すことができるプレートはずしキもパナソニックから販売されています．

マイナスドライバ　　　　　　　　プレートはずしキ

● **埋込器具**

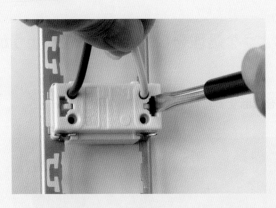
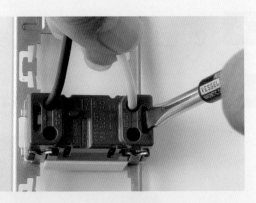

　器具の両端にある電線外し穴に，マイナスドライバまたはプレートはずしキを差し込んで，電線を引き抜きます．

　器具がパナソニック製の場合は，プレートはずしキを使用したほうが，器具の破損を防止できます．

● 引掛シーリングローゼット

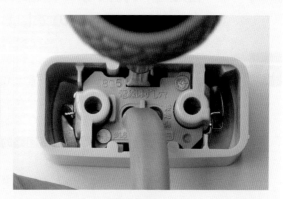
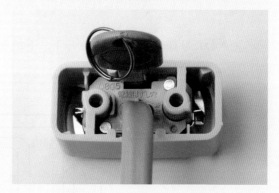

　器具の中央上端または下端にある電線外し穴に，マイナスドライバまたはプレートはずしキを差し込んで，電線を引き抜きます.

Q ⑯ ゴムブッシングをアウトレットボックスに取り付ける場合に，裏表があるのでしょうか？

A　ゴムブッシングには，裏表はありますが，**どのように取り付けても結構です**.

ゴムブッシングの形状

⓱ 埋込連用器具等の結線で，ときどき本書と異なる結線を見かけます．どれが正しいのでしょうか？

A

　本書では，いろいろな複線図が考えられる場合や絶縁被覆の色が別でもよい場合でも，原則ひとつの複線図しか示していません．これは，あれこれたくさんの例（別の複線図）を示すと，読者の皆様方の混乱の元となるからです．

　下記に示すような場合は，**電気回路的には正しい結線なので，いずれも正しいことになります**．

　この違いは，試験実施者である（一財）電気技術者試験センターの実施後に発表される解答速報でも，複線図に注釈が付け加えられているように，試験採点の判断基準でも想定済みです．

●**わたり線の取り方（上から下，下から上）**

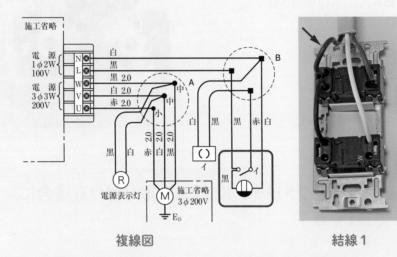

複線図　　　　　　　　　　結線1　　　　　　結線2

●**極性に関係のないスイッチ，パイロットランプ等の結線**

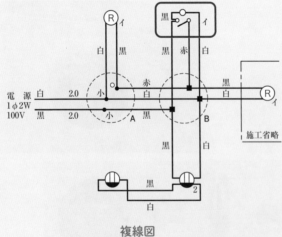
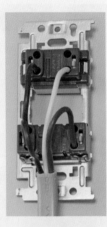

複線図　　　　　　　　　　結線1　　　　　　結線2

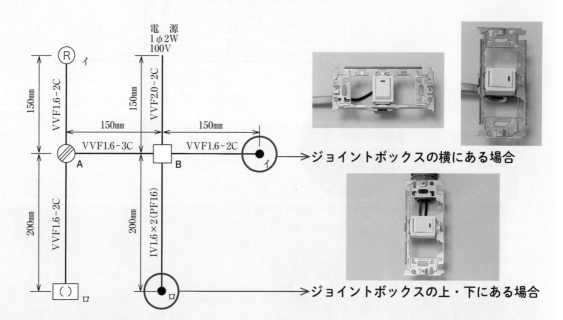

Q ⓲ 埋込連用取付枠の縦・横の向きや，ランプレセプタクルの左・右の向きで，本書の完成施工写真と異なるときがあります．

A 　ジョイントボックスからみて上・下にスイッチやコンセントがある場合は，取付枠を縦に取り付けた状態で配線します．ジョイントボックスの横（左・右）にある場合は，特に決まりはありませんが，結線のしやすさから取付枠を横にした状態で結線するのが一般的です．この場合，取付枠を縦にした状態で結線しても結構です．

➡ジョイントボックスの横にある場合

➡ジョイントボックスの上・下にある場合

　ただし，ジョイントボックスの横にあって，取付枠にスイッチやコンセントが複数取り付けられた場合は，写真に示されたように配置します．

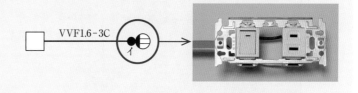

　ランプレセプタクルの場合，ケーブル挿入口が2つありますが，どちらの挿入口からケーブルを結線しても結構です．白色と黒色の電線を左右どちらにしたら結線しやすいかで選択してください．

どちらも
OK

A 　問題に示された図の寸法は，器具の中心，ボックスの中心，配線の中心，配線の切り端との間の寸法を表します．

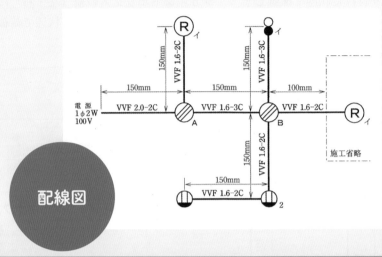

配線図

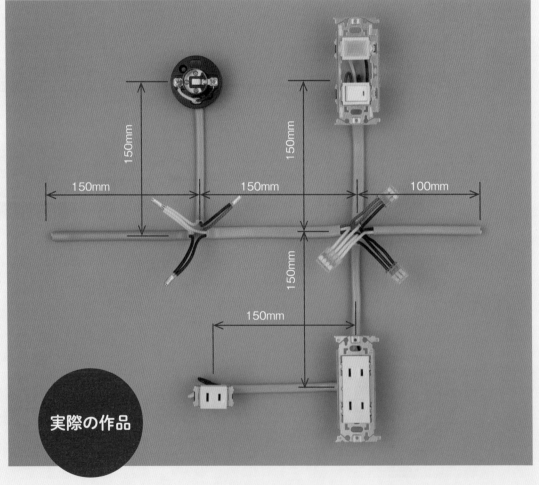

実際の作品

⑳ 試験問題には，複線図を書くスペースはありますか？

A

問題用紙には，複線図を書くスペースは十分にあります．問題用紙は半分に折ってあり，開くとＡ３サイズの大きさになります．

なお，「表」面には，〈注意事項〉と〈支給材料表〉が記載されています．

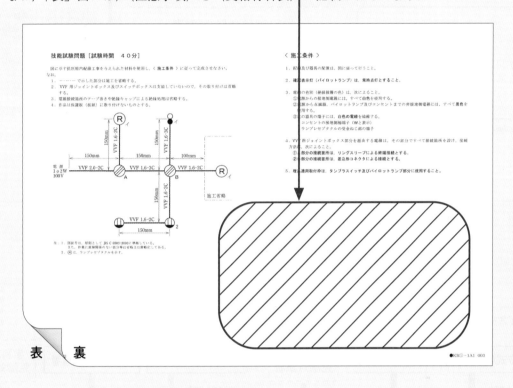

Q

㉑ 現在の「欠陥の判断基準」は，以前と何が違うのですか？

A

平成28年度までの判断基準では，欠陥を「電気的に致命的な欠陥」，「施工上の重大な欠陥」，「施工上の軽微な欠陥」の3種類に分けていましたが，現在の判断基準では，これらの欠陥はすべて「欠陥」に統一されました．

合格基準も平成28年度までとは大きく違います．平成28年度までの合格基準は，「電気的に致命的な欠陥」及び「施工上の重大な欠陥」のないもの，「施工上の軽微な欠陥」が2つ以下のものが合格でした．**現在の合格基準は，「欠陥」のないものが合格になります**．

平成28年度までですと，埋込連用取付枠にスイッチやコンセントの位置を誤って取り付けた場合は軽微な欠陥で，これだけでは不合格にはなりませんでした．しかし，現在の合格基準では，このような「欠陥」がひとつでもあると不合格になってしまいます．

「欠陥」のない作品を作るには，**基本作業をしっかりと身につけること**，問題の施工条件をよく読んでから作業を始めることが特に大切です．

■第二種電気工事士の資格の取得手続きの流れ

上期試験, 下期試験の両方の受験申込みが可能です.

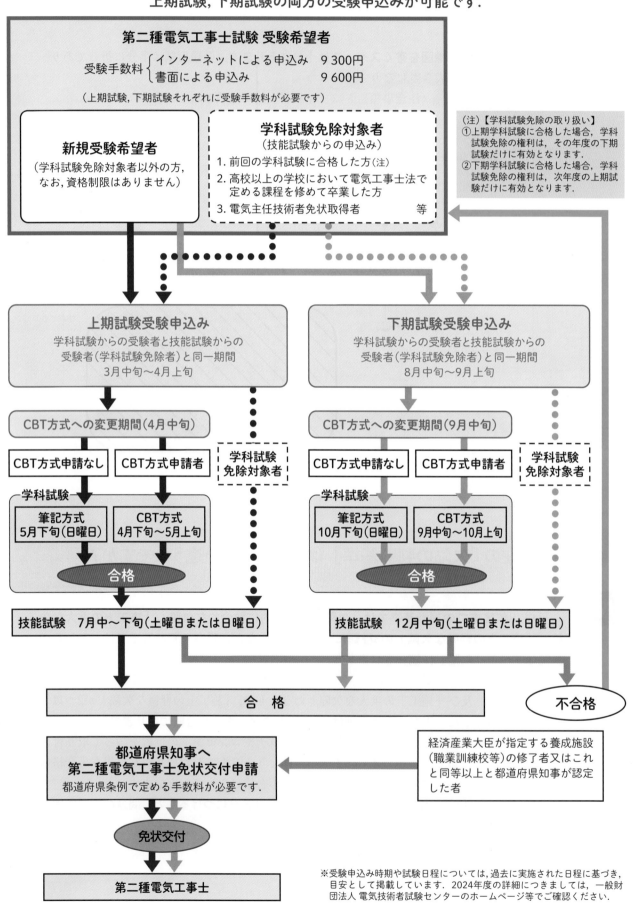

第二種電気工事士試験 受験希望者

受験手数料 { インターネットによる申込み　9 300円
　　　　　　 書面による申込み　　　　　9 600円

（上期試験, 下期試験それぞれに受験手数料が必要です）

新規受験希望者
（学科試験免除対象者以外の方,
なお, 資格制限はありません）

学科試験免除対象者
（技能試験からの申込み）
1. 前回の学科試験に合格した方(注)
2. 高校以上の学校において電気工事士法で
　 定める課程を修めて卒業した方
3. 電気主任技術者免状取得者　　　　等

（注）【学科試験免除の取り扱い】
①上期学科試験に合格した場合, 学科
　試験免除の権利は, その年度の下期
　試験だけに有効となります.
②下期学科試験に合格した場合, 学科
　試験免除の権利は, 次年度の上期試
　験だけに有効となります.

上期試験受験申込み
学科試験からの受験者と技能試験からの
受験者（学科試験免除者）と同一期間
3月中旬〜4月上旬

下期試験受験申込み
学科試験からの受験者と技能試験からの
受験者（学科試験免除者）と同一期間
8月中旬〜9月上旬

CBT方式への変更期間（4月中旬）

CBT方式への変更期間（9月中旬）

CBT方式申請なし　CBT方式申請者

学科試験
免除対象者

CBT方式申請なし　CBT方式申請者

学科試験
免除対象者

学科試験
筆記方式
5月下旬(日曜日)

CBT方式
4月下旬〜5月上旬

学科試験
筆記方式
10月下旬(日曜日)

CBT方式
9月中旬〜10月上旬

合格

合格

技能試験　7月中〜下旬（土曜日または日曜日）

技能試験　12月中旬（土曜日または日曜日）

合　格

不合格

**都道府県知事へ
第二種電気工事士免状交付申請**
都道府県条例で定める手数料が必要です.

経済産業大臣が指定する養成施設
（職業訓練校等）の修了者又はこれ
と同等以上と都道府県知事が認定
した者

免状交付

第二種電気工事士

※受験申込み時期や試験日程については, 過去に実施された日程に基づき,
　目安として掲載しています. 2024年度の詳細につきましては, 一般財
　団法人 電気技術者試験センターのホームページ等でご確認ください.

第 5 編

公表問題
13問の
合格解答

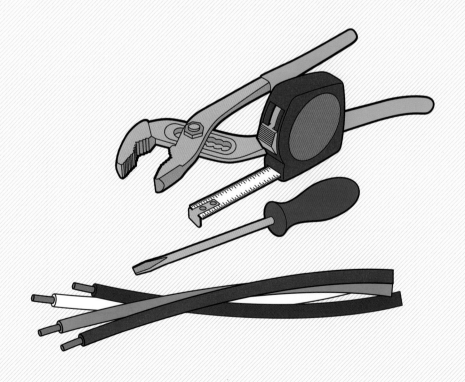

公表問題13問と
本書の予想「公表問題」の方針

1 令和6年度の「公表問題」13問

平成18年度の試験から新試験制度（「技能試験の候補問題」の事前公表）になって，今年で19年目を迎えます．

（本書ではこの候補問題も，候補問題から本書独自に創作した予想問題も，略して「公表問題」と呼ぶことにします．）

令和6年1月26日付けで，（一財）電気技術者試験センターのホームページにもあるように，**令和6年度の「公表問題13問」が発表されました．** 3月中旬から配布される「令和6年度第二種電気工事士試験受験案内・申込書」にも，掲載されています．

令和6年度の技能試験は，上期試験2回，下期試験2回の計4回の試験が実施されます．**上期試験は7月20日（土）と21日（日）に，下期試験は12月14日（土）と15日（日）に実施され**ますが，技能試験ではこの公表問題13問の中から1問が出題されることになります．

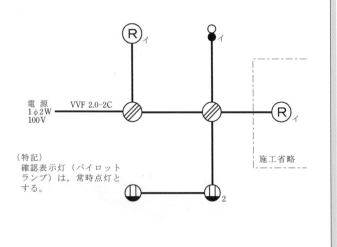

令和6年1月26日
一般財団法人 電気技術者試験センター

令和6年度第二種電気工事士技能試験候補問題の公表について

1. 技能試験候補問題について

ここに公表した候補問題（No.1～No.13）は，一般用電気工作物の電気工事に係る基本的な作業であって，試験を机上で行うことと使用する材料・工具等を考慮して作成してあります．

2. 出題方法

令和6年度の技能試験問題は，次のNo.1～No.13の配線図の中から出題します．

ただし，配線図，施工条件等の詳細については，試験問題に明記します．

なお，**試験時間は，すべての問題について40分の予定です．**

その他，詳細についてのご質問には**一切応じられません．**

（注）1. 図記号は，原則としてJIS C 0303:2000に準拠している．
また，作業に直接関係のない部分等は省略又は簡略化してある．
2. Ⓡは，ランプレセプタクルを示す．
3. 記載のない電線の種類は，VVF1.6とする．
4. 器具においては，端子台で代用する場合がある．

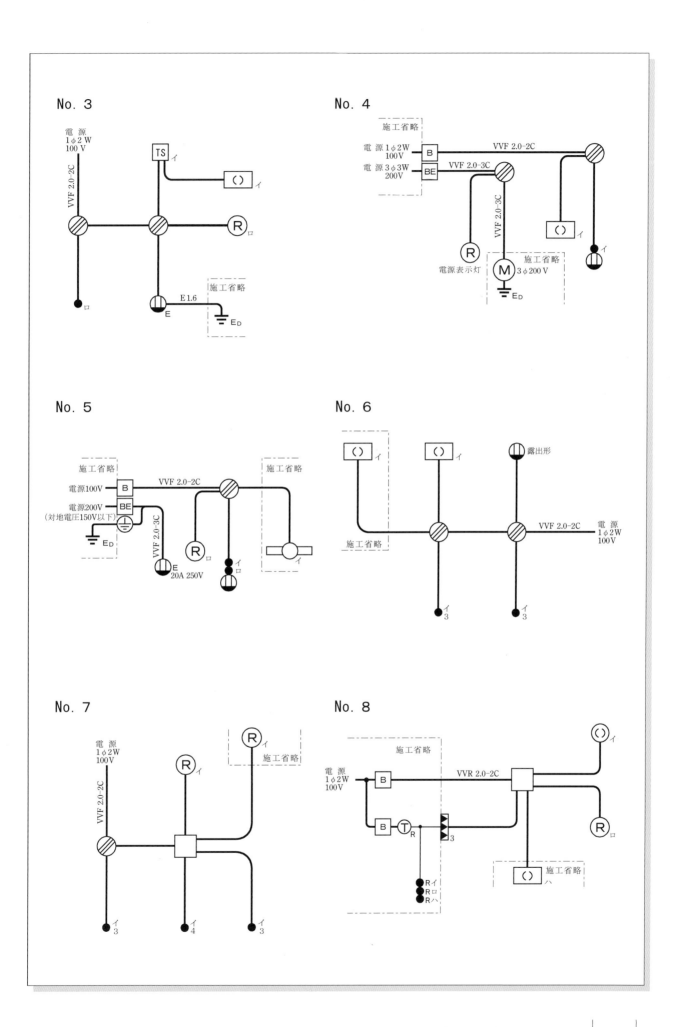

No. 3

電源
1φ2W
100 V

VVF 2.0-2C

TS イ

( ) イ

R ロ

E 1.6

施工省略

ED

ロ

No. 4

施工省略

電源1φ2W
100V

電源3φ3W
200V

B

BE

VVF 2.0-2C

VVF 2.0-3C

VVF 2.0-3C

R

電源表示灯

M

3φ200 V

施工省略

ED

( ) イ

イ

No. 5

施工省略

電源100V

電源200V
(対地電圧150V以下)

B

BE

VVF 2.0-2C

VVF 2.0-3C

施工省略

ED

R ロ

イ

E
20A 250V

イ

No. 6

( ) イ

( ) イ

露出形

施工省略

VVF 2.0-2C

電源
1φ2W
100V

イ
3

イ
3

No. 7

電源
1φ2W
100V

VVF 2.0-2C

R イ

R イ

施工省略

イ
3

イ
4

イ
3

No. 8

施工省略

電源
1φ2W
100V

B

VVR 2.0-2C

B

T R

3

( ) イ

R ロ

( ) ハ

施工省略

Rイ
Rロ
Rハ

No. 9

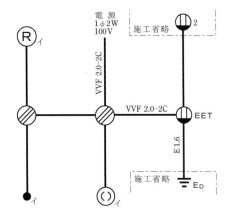

No. 10

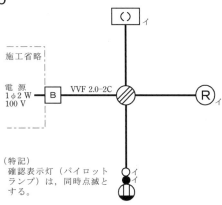

(特記)
確認表示灯（パイロット
ランプ）は，同時点滅と
する。

No. 11

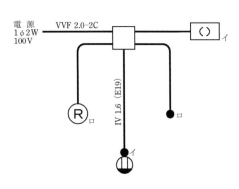

No. 12

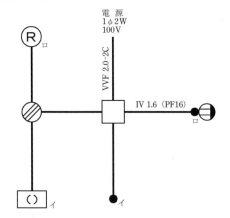

No. 13

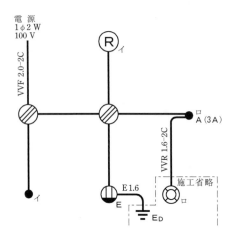

2 本書の予想「公表問題」の作成について

　（一財）電気技術者試験センターから公表されました「技能試験候補問題No.1～No.13」に基づき，本書編集部では，❶課題の文，❷配線の寸法，❸施工条件，❹支給材料等について，次のような考えをもとに「公表問題No.1～No.13」を作成しました．したがって，他社の書籍及び当社の雑誌であっても全く同じ問題はあり得ませんし，受験者である読者の皆様は，**実際に出題される技能試験問題が，本公表問題とは寸法，施工条件及び一部の支給材料等において，若干の違いがあること**をお含みおきいただき，学習・練習をされることを希望します．

　実際の技能試験は，課題，支給材料，施工条件等をよく読んで試験に臨まれますよう，また本書の公表問題No.1～No.13については，丸暗記することなく，技能試験の本質を身につけられますよう，心掛けてください．13問の征服ができれば，合格は間違いありません．

●課題の文

　過去問題を参考に，試験候補問題が公表された際に付された，（注），（特記）等の条件を載せてあります．

　共通的な内容は次のとおりです．

- 与えられた全ての材料（予備品を除く）を使用して，＜施工条件＞に従って完成させる．
- VVF用ジョイントボックス及びスイッチボックスを省略する．
- 電線接続箇所のテープ巻きや絶縁キャップによる絶縁処理は省略する．
- 作品は保護板（板紙）に取り付けない．
- 図記号に関する説明．

●配線の寸法

　課題の寸法は，過去問題及びケーブルの屈曲半径（内側半径は仕上がり外径の6倍以上）等を考慮して決めました．**実際に出題される寸法は，±50mm程度の差は考えられます**．

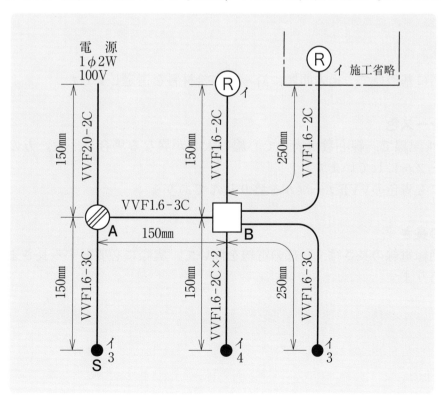

●施工条件

　課題の施工条件は，過去問題を参考にして，電気設備技術基準・解釈及び内線規程等に基づいて作成しました．

　主なものは，次のとおりです．

●電線の色別

- 電源からの接地側電線は，すべて**白色**を使用する．
- 電源から点滅器，コンセント及び他の負荷までの非接地側電線は，すべて**黒色**を使用する．
- 次の器具の端子には，**白色の電線**を結線する．
  コンセントの接地側極端子（Wと表示）
  ランプレセプタクルの受金ねじ部の端子
  引掛シーリングローゼットの接地側極端子（W又は接地側と表示）
  配線用遮断器の接地側極端子（Nと表示）

●電線の接続方法

- リングスリーブによる接続
- 差込形コネクタによる接続

●パイロットランプの点灯条件

- 常時点灯
- 同時点滅

●その他

- 判断基準で公表されている欠陥に該当する事項は，施工条件に入れていません．

●支給材料

　課題の配線図に基づいて，過去問題に沿って支給材料を選定しました．

●ケーブルのシース色

　VVFケーブル配線で，線心数が同じで心線の太さが異なる場合に，太い方の2.0mmをシースが青色のケーブルにしています．

　今回の課題にも青色のVVFケーブルを盛り込んであります．

●ケーブル等の長さ

　ケーブルや絶縁電線の長さは，一部の電線を除いて，実際に必要とする長さより50～200mm程度の余裕があります．

●全く同じ内容とは限りません

　(一財)電気技術者試験センターが明らかにした「候補問題」の内容は，P.120〜122にも掲載したとおり，これだけです．それ以外は一切公表されていません．本書編集部では，この公表された「候補問題」を元に，過去に実施された問題等の考えを織り込みながら，当日出題されるであろう実際の試験問題を想定して「予想問題」を作成しています．したがって，**「本書の公表問題」と「当日の試験問題」が全く同一とは限りません**が，100％同一である可能性もあります．そのことをまず念頭に置いてください．

　当日，肝心の試験問題の内容(課題，配線図，施工条件，支給材料表)をよく読まないがために，大きなミスを犯してしまうケースがよく聞かれます．くれぐれも注意をしてください．「あっ，これはNo.○○の問題だ」と，問題をよく読まずにスタートしたために最後まで気づかず，結果的に大きなミスを犯してしまうケースがあるからです．

●これまでの問題では

　過去の問題でも本書と全く同じ問題もありましたし，若干の違いのある問題もありました．しかし問題をよく読んで作業にかかれば，失敗するケースは希です．注意したいものです．
　以下，若干の違いの例示をしてみました．

● **平成23年度No.3の問題では**

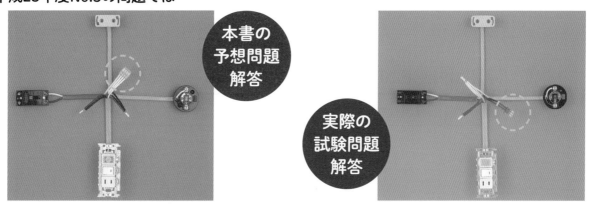

・差込形コネクタの接続箇所の違いです．

● **平成25年度No.12の問題では**

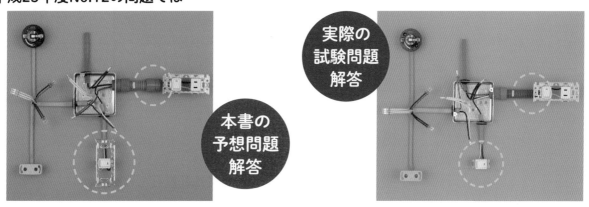

・埋込連用取付枠とPF管用ボックスコネクタの省略の違いです．

　図に示す低圧屋内配線工事を与えられた全ての材料（予備品を除く）を使用し，＜施工条件＞に従って完成させなさい．

なお，

1．－───－───で示した部分は施工を省略する．

2．VVF用ジョイントボックス及びスイッチボックスは支給していないので，その取り付けは省略する．

3．電線接続箇所のテープ巻きや絶縁キャップによる絶縁処理は省略する．

4．作品は保護板(板紙)に取り付けないものとする．

［試験時間　40分］

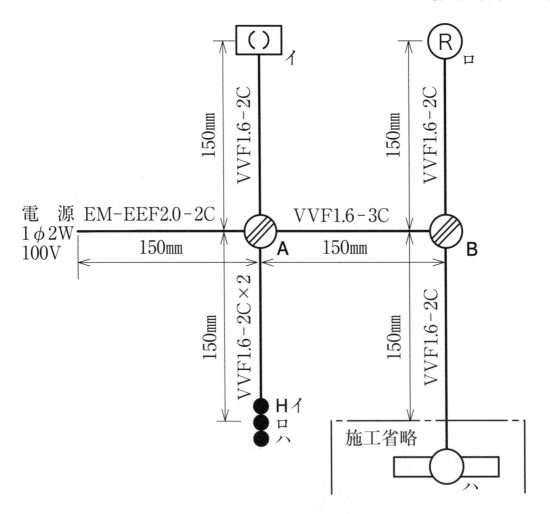

注：1．図記号は，原則として JIS C 0303：2000 に準拠している．
　　　　また，作業に直接関係のない部分等は省略又は簡略化してある．
　　2．Ⓡは，ランプレセプタクルを示す．

施工条件

1. 配線及び器具の配置は，図に従って行うこと.

   なお，「ロ」のタンブラスイッチは，取付枠の中央に取り付けること.

2. 電線の色別（絶縁被覆の色）は，次によること.

   ①電源からの接地側電線には，すべて**白色**を使用する.

   ②電源から点滅器までの非接地側電線には，すべて**黒色**を使用する.

   ③次の器具の端子には，**白色の電線**を結線する.

   - ランプレセプタクルの受金ねじ部の端子
   - 引掛シーリングローゼットの接地側極端子（**W**又は接地側と表示）

3. VVF 用ジョイントボックス部分を経由する電線は，その部分ですべて接続箇所を設け，接続方法は，次によること.

   ①**A部分**は，リングスリーブによる**接続**とする.

   ②**B部分**は，差込形コネクタによる**接続**とする.

支給材料

材　　料		
1. 600V ポリエチレン絶縁耐燃性ポリエチレンシースケーブル		
平形 2.0mm 2心	長さ約 250mm	1 本
2. 600V ビニル絶縁ビニルシースケーブル平形 1.6mm 2心	長さ約 900mm	2 本
3. 600V ビニル絶縁ビニルシースケーブル平形 1.6mm 3心	長さ約 350mm	1 本
4. ランプレセプタクル（カバーなし）		1 個
5. 引掛シーリングローゼット（ボディ（角形）のみ）		1 個
6. 埋込連用タンブラスイッチ		2 個
7. 埋込連用タンブラスイッチ（位置表示灯内蔵）		1 個
8. 埋込連用取付枠		1 枚
9. リングスリーブ（小）	（予備品を含む）	8 個
10. 差込形コネクタ（2 本用）		2 個
11. 差込形コネクタ（3 本用）		1 個
・ 受験番号札		1 枚
・ ビニル袋		1 枚

材料の写真

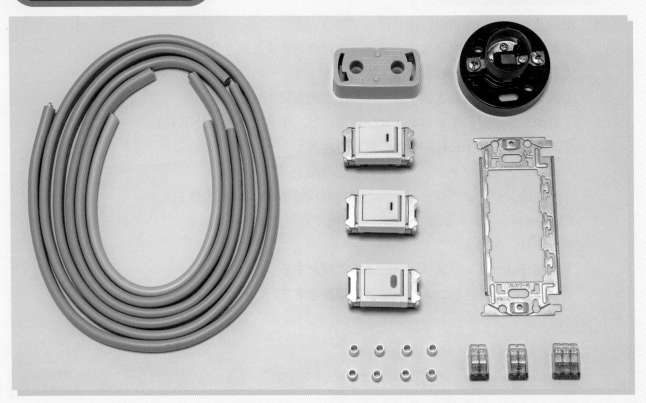

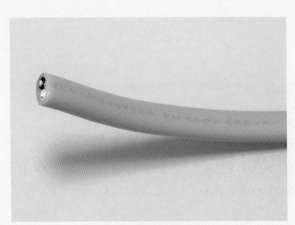

EM-EEF2.0-2C

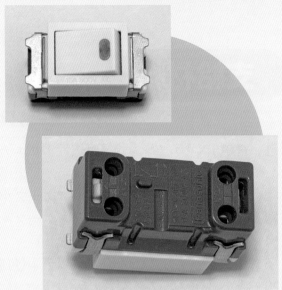

位置表示灯内蔵スイッチ

支給材料

	内容	仕様	数量
1.	600V ポリエチレン絶縁耐燃性ポリエチレンシースケーブル 平形 2.0mm 2心	長さ約250mm	1本
2.	600V ビニル絶縁ビニルシースケーブル平形 1.6mm 2心	長さ約900mm	2本
3.	600V ビニル絶縁ビニルシースケーブル平形 1.6mm 3心	長さ約350mm	1本
4.	ランプレセプタクル(カバーなし)		1個
5.	引掛シーリングローゼット(ボディ(角形)のみ)		1個
6.	埋込連用タンブラスイッチ		2個
7.	埋込連用タンブラスイッチ(位置表示灯内蔵)		1個
8.	埋込連用取付枠		1枚
9.	リングスリーブ(小)	(予備品を含む)	8個
10.	差込形コネクタ(2本用)		2個
11.	差込形コネクタ(3本用)		1個

単線図

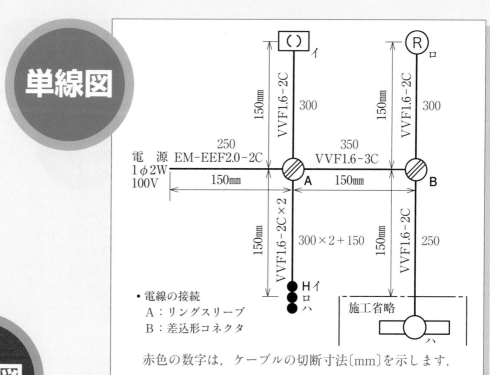

電源
1φ2W
100V　EM-EEF2.0-2C

- 電線の接続
  A：リングスリーブ
  B：差込形コネクタ

赤色の数字は，ケーブルの切断寸法〔mm〕を示します．

複線図

複線図の書き方は，
P.132 ～ 133 をご覧
ください．

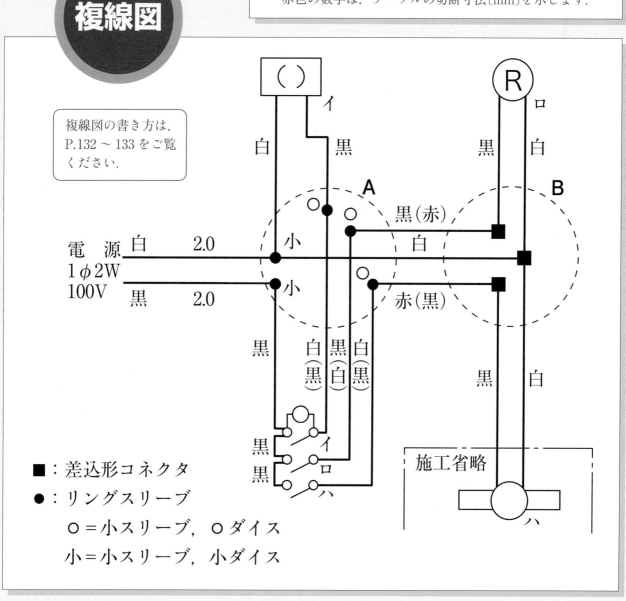

電　源
1φ2W
100V

■：差込形コネクタ
●：リングスリーブ
　　〇＝小スリーブ，〇ダイス
　　小＝小スリーブ，小ダイス

ケーブルの切断とはぎ取り寸法

ケーブル
切断寸法
の計算

① 150 + 100 = 250mm
② 100 + 150 + 50 = 300mm
③ 150 + 50 + 150 + 100 = 450mm
④ 50 + 150 + 100 = 300mm
⑤ 100 + 150 + 100 = 350mm
⑥ 100 + 150 + 50 = 300mm
⑦ 150 + 100 = 250mm

② VVF1.6-2C

⑥ VVF1.6-2C

① EM-EEF2.0-2C

⑤ VVF1.6-3C

③ VVF1.6-2C

④ VVF1.6-2C

⑦ VVF1.6-2C

わたり線

電　源 EM-EEF2.0-2C
1φ2W
100V

VVF1.6-3C

施工省略

※ケーブルの切断寸法の計算は，あらかじめケーブルを
切断した後に器具を取り付け・結線する場合の目安の
寸法です．
※本書が採用するケーブルの切断寸法，及びシース（外
装）のはぎ取り寸法の考え方は本書のP.58 〜 61に詳
しく解説しています．併せて参照ください．

完成施工写真

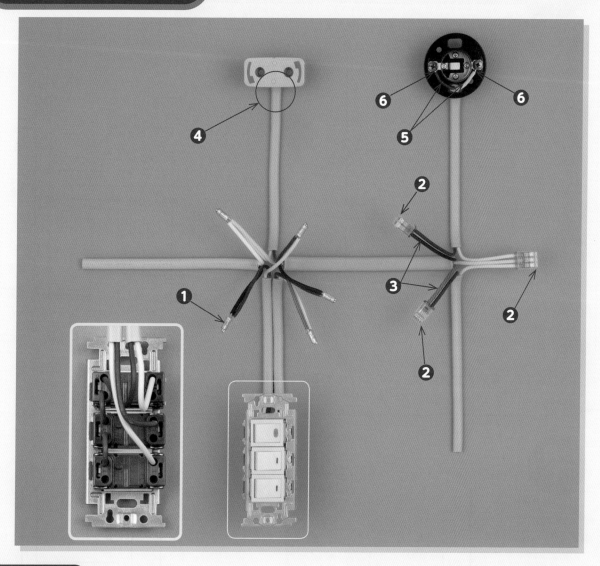

ポイント

（1） 電線の色の選定
- 接地側電線………白色
- 電源からスイッチまでの非接地側電線………黒色

（2） ランプレセプタクルの受金ねじ部の端子及び引掛シーリングローゼットの接地側極端子には，白色の電線を結線する．

（3） スイッチ「ロ」は，取付枠の中央に取り付ける．

（4） 電線の接続方法
　　　ジョイントボックスA（左）………リングスリーブ
　　　ジョイントボックスB（右）………差込形コネクタ

（5） リングスリーブの圧着マーク
　　　1.6mm×2＝○
　　　2.0mm×1＋1.6mm×1＝小
　　　2.0mm×1＋1.6mm×2＝小

欠陥になりやすいところ

❶2.0mm×1＋1.6mm×1の圧着マークの誤り．

❷差込形コネクタの先端部分を真横から目視して心線が見えない．

❸ランプレセプタクル（ロ）と施工省略の蛍光灯（ハ）への配線の接続違い．

❹絶縁被覆が引掛シーリングローゼットの台座の下端から5mm以上露出．

❺ランプレセプタクルのカバーが締まらない．

❻ねじの端から心線が5mm以上露出．

※ 施工手順の動画は P.232 の QR コードからご覧になることができます．

No.1 複線図の書き方

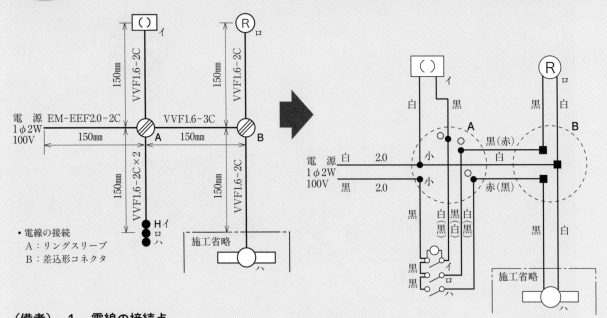

（備考）　1．電線の接続点

　　　　●：リングスリーブ　　■：差込形コネクタ

　　　2．電線の色表示は，次のようにすると能率がよい.

　　　　白→W　黒→B　赤→R

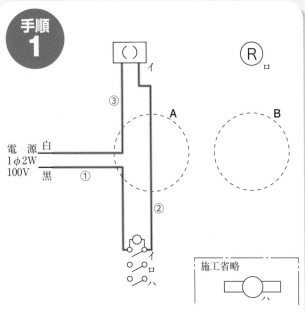

1．スイッチ「イ」で，[( )]ｲが点滅する回
　路を配線する.

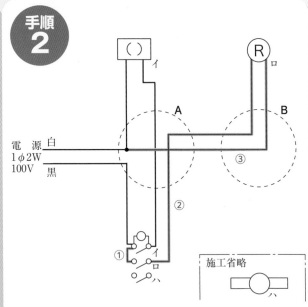

1．スイッチ「ロ」で，Ⓡロが点滅する回
　路を配線する.

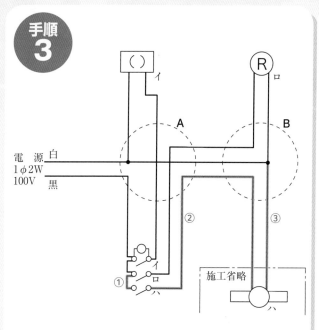

手順3

1. スイッチ「ハ」で, が点滅する回路を配線する.

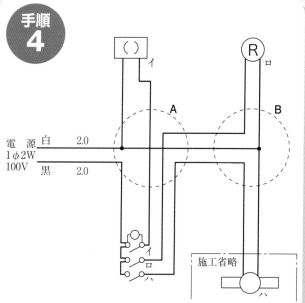

手順4

1. 2.0mmの電線を記入する.

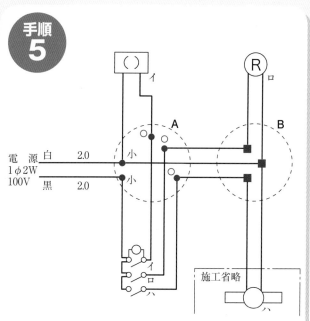

手順5

1. 接続点に印を付ける.
2. リングスリーブの圧着マークを記入する.

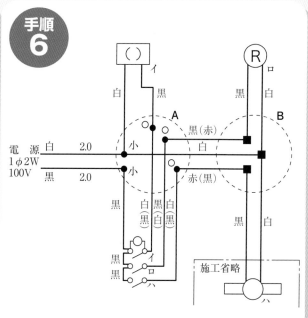

手順6

1. 電線の色を記入する.
   - 最初に接地側電線の白色.
   - 次に電源からの非接地側電線の黒色.
   - 最後に残った電線の色.

　図に示す低圧屋内配線工事を与えられた全ての材料（予備品を除く）を使用し，＜施工条件＞に従って完成させなさい．

なお，

1．－———－———で示した部分は施工を省略する．

2．VVF用ジョイントボックス及びスイッチボックスは支給していないので，その取り付けは省略する．

3．電線接続箇所のテープ巻きや絶縁キャップによる絶縁処理は省略する．

4．作品は保護板(板紙)に取り付けないものとする．

［試験時間　40分］

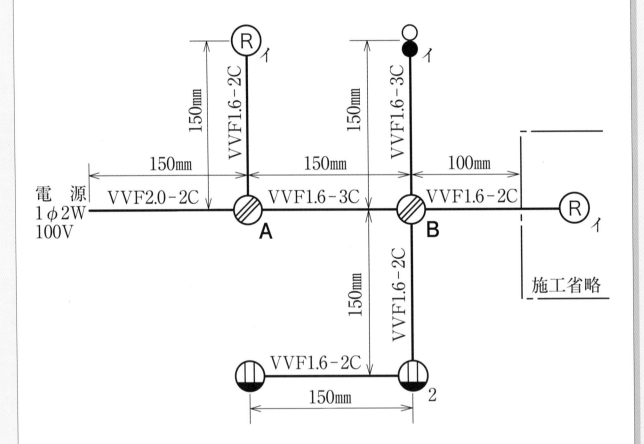

注：1．図記号は，原則として JIS C 0303：2000 に準拠している．

　　　　また，作業に直接関係のない部分等は省略又は簡略化してある．

　　2．®は，ランプレセプタクルを示す．

施工条件

1. 配線及び器具の配置は，図に従って行うこと．

2. **確認表示灯（パイロットランプ）は，常時点灯とすること．**

3. 電線の色別（絶縁被覆の色）は，次によること．

①電源からの接地側電線には，すべて**白色**を使用する．

②電源から点滅器，パイロットランプ及びコンセントまでの非接地側電線には，すべて**黒色**を使用する．

③次の器具の端子には，**白色の電線**を結線する．

- コンセントの接地側極端子（**W**と表示）
- ランプレセプタクルの受金ねじ部の端子

4. VVF用ジョイントボックス部分を経由する電線は，その部分ですべて接続箇所を設け，接続方法は，次によること．

①**A部分は，リングスリーブによる接続とする．**

②**B部分は，差込形コネクタによる接続とする．**

5. **埋込連用取付枠は，タンブラスイッチ及びパイロットランプ部分に使用すること．**

支給材料

材　　料	
1. 600V ビニル絶縁ビニルシースケーブル平形　2.0mm 2心青 長さ約　250mm	1本
2. 600V ビニル絶縁ビニルシースケーブル平形　1.6mm 2心　　長さ約 1250mm	1本
3. 600V ビニル絶縁ビニルシースケーブル平形　1.6mm 3心　　長さ約　800mm	1本
4. ランプレセプタクル（カバーなし）	1個
5. 埋込連用タンブラスイッチ	1個
6. 埋込連用パイロットランプ	1個
7. 埋込コンセント（2口）	1個
8. 埋込連用コンセント	1個
9. 埋込連用取付枠	1枚
10. リングスリーブ（小）　　　　　　　　　　　　　　　（予備品を含む）	5個
11. 差込形コネクタ（3本用）	2個
12. 差込形コネクタ（4本用）	1個
・ 受験番号札	1枚
・ ビニル袋	1枚

材料の写真

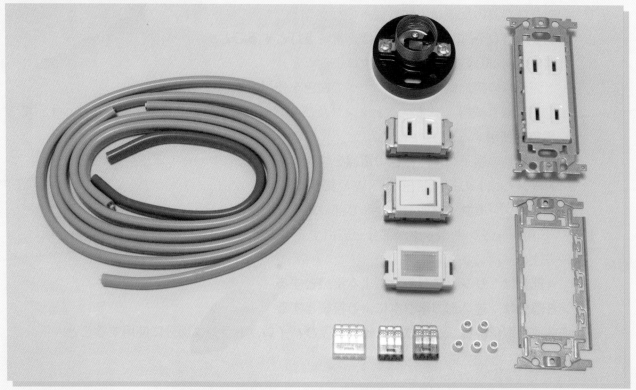

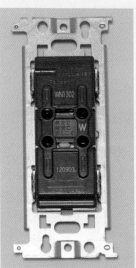

埋込コンセント（2口）

埋込連用パイロットランプ

 支給材料

1. 600Vビニル絶縁ビニルシースケーブル平形　2.0mm 2心 青　長さ約　250mm　　1本
2. 600Vビニル絶縁ビニルシースケーブル平形　1.6mm 2心　　　長さ約 1250mm　　1本
3. 600Vビニル絶縁ビニルシースケーブル平形　1.6mm 3心　　　長さ約　800mm　　1本
4. ランプレセプタクル（カバーなし）　　　　　　　　　　　　　　　　　　　　　1個
5. 埋込連用タンブラスイッチ　　　　　　　　　　　　　　　　　　　　　　　　　1個
6. 埋込連用パイロットランプ　　　　　　　　　　　　　　　　　　　　　　　　　1個
7. 埋込コンセント（2口）　　　　　　　　　　　　　　　　　　　　　　　　　　1個
8. 埋込連用接地極付コンセント　　　　　　　　　　　　　　　　　　　　　　　　1個
9. 埋込連用取付枠　　　　　　　　　　　　　　　　　　　　　　　　　　　　　　1枚
10. リングスリーブ（小）　　　　　　　　　　　　　　　　　　　（予備品を含む）　5個
11. 差込形コネクタ（3本用）　　　　　　　　　　　　　　　　　　　　　　　　　2個
12. 差込形コネクタ（4本用）　　　　　　　　　　　　　　　　　　　　　　　　　1個

単線図

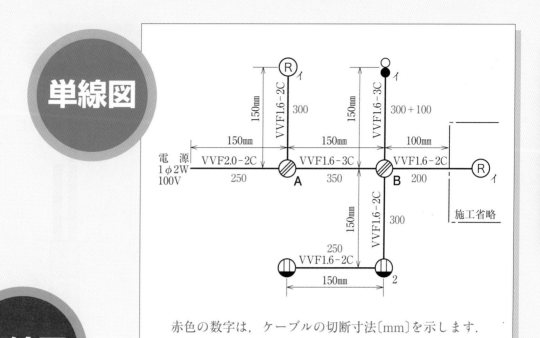

赤色の数字は，ケーブルの切断寸法〔mm〕を示します.

複線図

複線図の書き方は，
P.140 ～ 141 をご覧
ください.

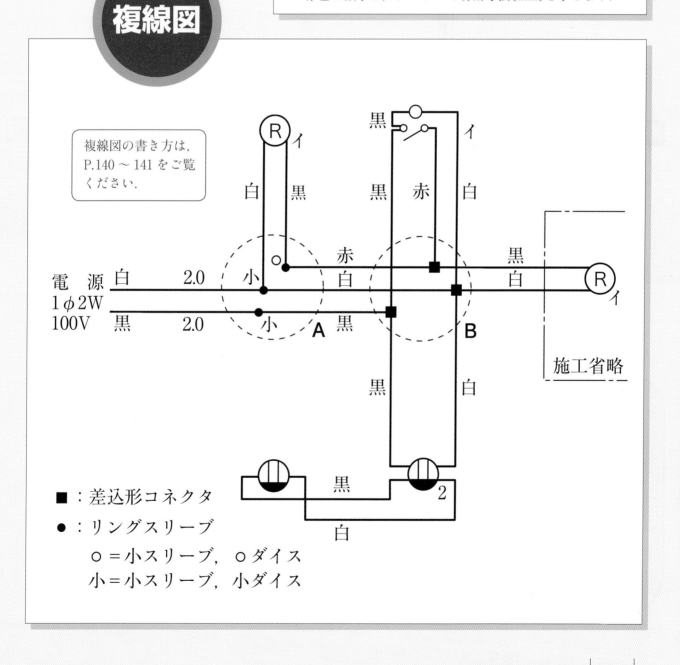

■：差込形コネクタ
●：リングスリーブ
　○＝小スリーブ，○ダイス
　小＝小スリーブ，小ダイス

ケーブルの切断とはぎ取り寸法

ケーブルストリッパで
輪づくりする場合

45
300
VVF1.6-2C ②
100
30

100
わたり線
100
400
300
VVF1.6-3C ④
100
30

250
100
30
VVF2.0-2C ①

350
100
30
VVF1.6-3C ③
100
30

200
100
30
VVF1.6-2C ⑦

＊スイッチボックス（約100×50）の
側面からケーブルを挿入するため

250
75＊
VVF1.6-2C
75＊
⑤

30
100
300
VVF1.6-2C ⑥
100

※ケーブルの切断寸法の計算は，あらかじめケーブルを切断した後に器具を取り付け・結線する場合の目安の寸法です．

※本書が採用するケーブルの切断寸法，及びシース（外装）のはぎ取り寸法の考え方は本書のP.58～61に詳しく解説しています．併せて参照ください．

Ⓡイ
イ
150mm
VVF1.6-2C
150mm
VVF1.6-3C
電源
1φ2W
100V
150mm
VVF2.0-2C
A
150mm
VVF1.6-3C
B
100mm
VVF1.6-2C
Ⓡイ
施工省略
150mm
VVF1.6-2C
150mm
VVF1.6-2C
2

ケーブル切断寸法の計算

①150＋100＝250mm
②100＋150＋50＝300mm
③100＋150＋100＝350mm
④100＋150＋50＋100＝400mm
⑤50＋150＋50＝250mm
⑥50＋150＋100＝300mm
⑦100＋100＝200mm

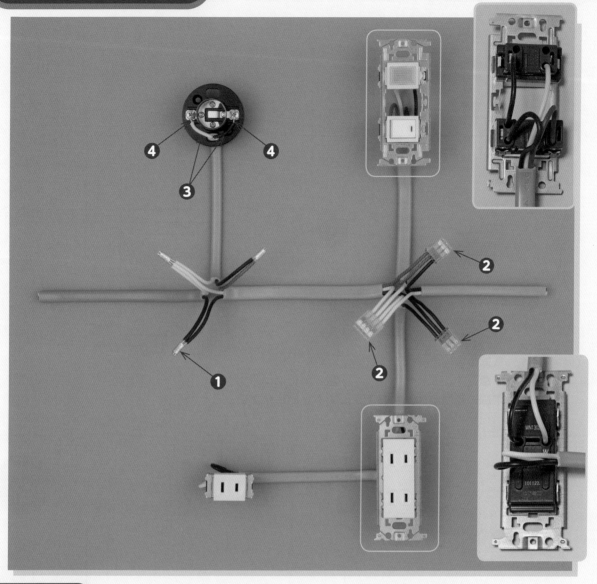

ポイント

（1）　電線の色の選定
- 接地側電線………白色
- 電源からスイッチ，パイロットランプ，コンセントまでの非接地側電線………黒色

（2）　ランプレセプタクルの受金ねじ部の端子及びコンセントの接地側極端子には，白色の電線を結線する．

（3）　電線の接続方法
　　　ジョイントボックスA（左）………リングスリーブ
　　　ジョイントボックスB（右）………差込形コネクタ

（4）　リングスリーブの圧着マーク
　　　1.6mm×2＝○
　　　2.0mm×1＋1.6mm×1＝小
　　　2.0mm×1＋1.6mm×2＝小

欠陥になりやすいところ

❶2.0mm×1＋1.6mm×1の圧着マークの誤り．

❷差込形コネクタの先端部分を真横から目視して心線が見えない．

❸ランプレセプタクルのカバーが締まらない．

❹ねじの端から心線が5mm以上露出．

※ 施工手順の動画は P.232 の QR コードからご覧になることができます．

No.2 複線図の書き方

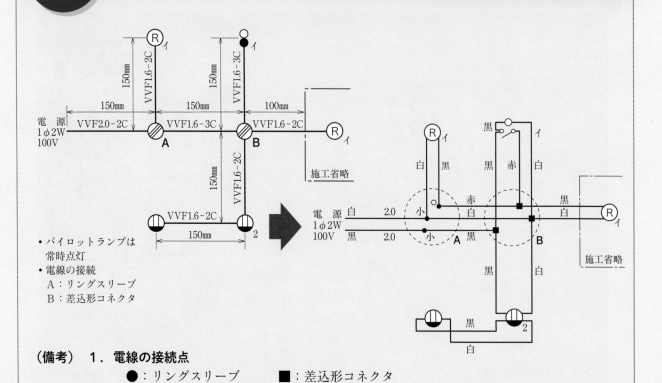

- パイロットランプは常時点灯
- 電線の接続
  A：リングスリーブ
  B：差込形コネクタ

（備考）　1．電線の接続点

　　　　　●：リングスリーブ　　　■：差込形コネクタ

　　　　2．電線の色表示は，次のようにすると能率がよい．

　　　　　白→W　黒→B　赤→R

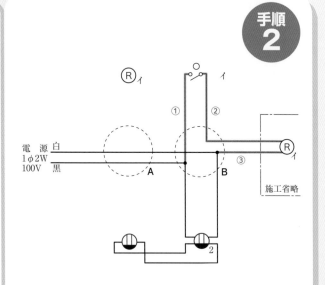

手順1

1．電源からコンセントへ配線する．

手順2

1．スイッチ「イ」で，施工省略の ®ィ が点滅する回路を配線する．

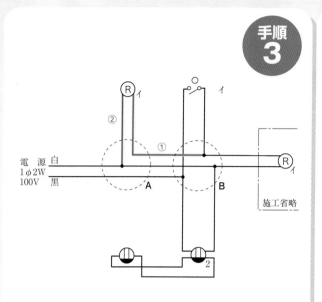

手順 3

1. 左側の ®ｲ を，施工省略の ®ｲ と並列に接続する.

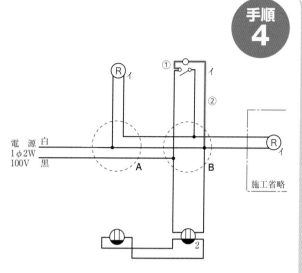

手順 4

1. 常時点灯のパイロットランプに，常に電圧が加わるように配線する.

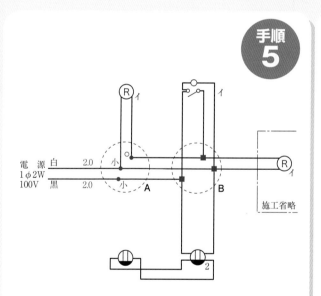

手順 5

1. 2.0mmの電線を記入する.
2. 接続点に印を付ける.
3. リングスリーブの圧着マークを記入する.

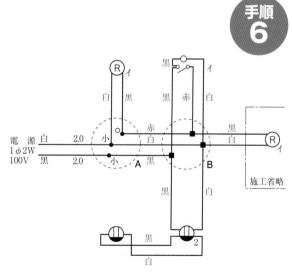

手順 6

1. 電線の色を記入する.
 ・最初に接地側電線の白色.
 ・次に電源からの非接地側電線の黒色.
 ・最後に残った電線の色.

　図に示す低圧屋内配線工事を与えられた全ての材料（予備品を除く）を使用し，＜施工条件＞に従って完成させなさい．

なお，

　1．タイムスイッチは端子台で代用するものとする．

　2．VVF用ジョイントボックス及びスイッチボックスは支給していないので，その取り付けは省略する．

　3．電線接続箇所のテープ巻きや絶縁キャップによる絶縁処理は省略する．

　4．作品は保護板(板紙)に取り付けないものとする．　　　　[試験時間　40分]

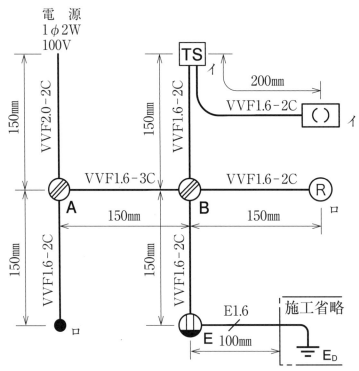

注：1．図記号は，原則として JIS C 0303：2000 に準拠している．
　　　また，作業に直接関係のない部分等は省略又は簡略化してある．
　　2．Ⓡは，ランプレセプタクルを示す．

図1　配線図

タイムスイッチの内部結線

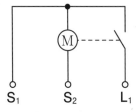

端子台

図2　タイムスイッチ代用の端子台の説明図

施工条件

1. 配線及び器具の配置は, **図1**に従って行うこと.
2. タイムスイッチ代用の端子台は, **図2**に従って使用すること.
3. 電線の色別(絶縁被覆の色)は, 次によること.
   ①電源からの接地側電線には, すべて**白色**を使用する.
   ②電源から点滅器, コンセント及びタイムスイッチまでの非接地側電線には, すべて**黒色**を使用する.
   ③接地線には, **緑色**を使用する.
   ④次の器具の端子には, **白色の電線**を結線する.
   - コンセントの接地側極端子(**W**と表示)
   - ランプレセプタクルの受金ねじ部の端子
   - 引掛シーリングローゼットの接地側極端子(**W**又は接地側と表示)
   - タイムスイッチ(端子台)の記号 **S₂** の端子
4. VVF用ジョイントボックス部分を経由する電線は, その部分ですべて接続箇所を設け, 接続方法は, 次によること.
   ①**A部分**は, **リングスリーブによる接続**とする.
   ②**B部分**は, **差込形コネクタによる接続**とする.
5. 埋込連用取付枠は, **コンセント部分に使用すること**.

支給材料

材　料		
1. 600Vビニル絶縁ビニルシースケーブル平形2.0mm 2心 青	長さ約 250mm	1本
2. 600Vビニル絶縁ビニルシースケーブル平形1.6mm 2心	長さ約1650mm	1本
3. 600Vビニル絶縁ビニルシースケーブル平形1.6mm 3心	長さ約 350mm	1本
4. 600Vビニル絶縁電線(緑) 1.6mm	長さ約 150mm	1本
5. ランプレセプタクル(カバーなし)		1個
6. 引掛シーリングローゼット(ボディ(角形)のみ)		1個
7. 端子台(タイムスイッチの代用), 3極		1個
8. 埋込連用タンブラスイッチ		1個
9. 埋込連用接地極付コンセント		1個
10. 埋込連用取付枠		1枚
11. リングスリーブ(小)	(予備品を含む)	5個
12. 差込形コネクタ(2本用)		1個
13. 差込形コネクタ(3本用)		1個
14. 差込形コネクタ(4本用)		1個
• 受験番号札		1枚
• ビニル袋		1枚

材料の写真

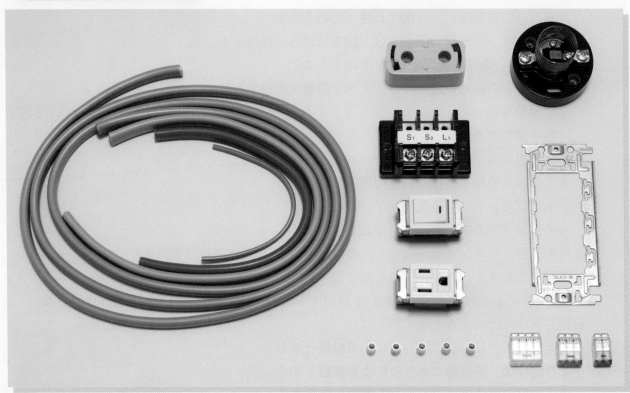

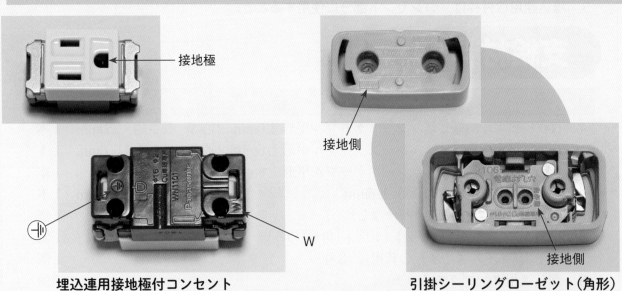

接地極

接地側

⏚　W

埋込連用接地極付コンセント

接地側

引掛シーリングローゼット（角形）

1.	600 Vビニル絶縁ビニルシースケーブル平形2.0mm 2心 青	長さ約　250mm	1本
2.	600 Vビニル絶縁ビニルシースケーブル平形1.6mm 2心	長さ約1650mm	1本
3.	600 Vビニル絶縁ビニルシースケーブル平形1.6mm 3心	長さ約　350mm	1本
4.	600 Vビニル絶縁電線（緑）1.6mm	長さ約　150mm	1本
5.	ランプレセプタクル（カバーなし）		1個
6.	引掛シーリングローゼット（ボディ（角形）のみ）		1個
7.	端子台（タイムスイッチの代用），3極		1個
8.	埋込連用タンブラスイッチ		1個
9.	埋込連用接地極付コンセント		1個
10.	埋込連用取付枠		1枚
11.	リングスリーブ（小）	（予備品を含む）	5個
12.	差込形コネクタ（2本用）		1個
13.	差込形コネクタ（3本用）		1個
14.	差込形コネクタ（4本用）		1個

支給材料

単線図

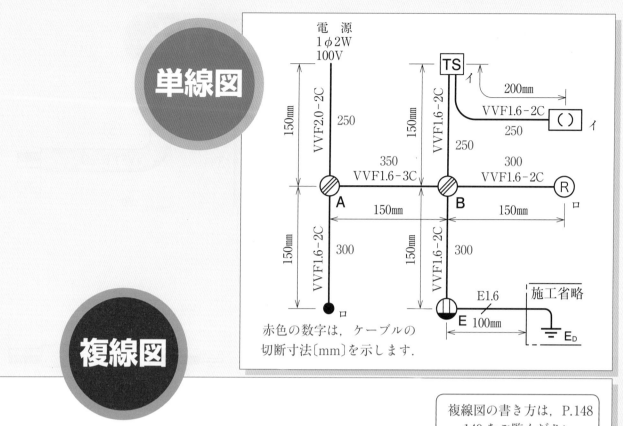

電源
1φ2W
100V

150mm

VVF2.0-2C 250

VVF1.6-2C 150mm

TS イ

200mm

VVF1.6-2C 250 （ ） イ

350 VVF1.6-3C

A

150mm

300 VVF1.6-2C

150mm

VVF1.6-2C 250

300 VVF1.6-2C

B

150mm

R ロ

150mm

VVF1.6-2C 300

E1.6 施工省略

E 100mm E_D

赤色の数字は、ケーブルの
切断寸法〔mm〕を示します.

複線図

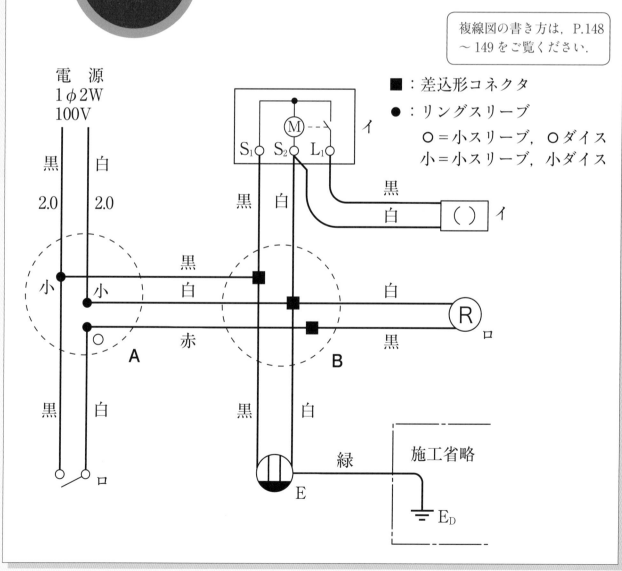

複線図の書き方は、P.148
〜149をご覧ください.

電源
1φ2W
100V

黒 2.0　白 2.0

■：差込形コネクタ

●：リングスリーブ

○＝小スリーブ，○ダイス
小＝小スリーブ，小ダイス

S₁　S₂　M　L₁　イ

黒　白

黒
白　（ ）イ

小　小

黒
白

白
R ロ

○

A

赤

黒

B

黒

白

黒　白

緑　施工省略

E

E_D

ケーブルの切断とはぎ取り寸法

① VVF2.0-2C
250 / 100 / 30

④ VVF1.6-2C
50 / 250 / 100 / 30

⑤ VVF1.6-2C
50 / 250 / 30

③ VVF1.6-3C
350 / 100 / 100 / 30 / 30

⑦ VVF1.6-2C
300 / 100 / 30 / 45
ケーブルストリッパで輪づくりする場合

② VVF1.6-2C
30 / 100 / 300 / 100

⑥ VVF1.6-2C
30 / 100 / 300 / 100

IV1.6
150

ケーブル切断寸法の計算

① 100 + 150 = 250mm
② 50 + 150 + 100 = 300mm
③ 100 + 150 + 100 = 350mm
④ 100 + 150 = 250mm
⑤ 200 + 50 = 250mm
⑥ 50 + 150 + 100 = 300mm
⑦ 100 + 150 + 50 = 300mm

電源
1φ2W
100V

TS / イ
200mm
VVF1.6-2C ( ) イ

VVF2.0-2C
VVF1.6-2C
VVF1.6-3C
VVF1.6-2C
150mm / 150mm

A / B / R
150mm / 150mm

VVF1.6-2C
150mm / 150mm

E1.6
施工省略
E 100mm
E_D

※ケーブルの切断寸法の計算は，あらかじめケーブルを切断した後に器具を取り付け・結線する場合の目安の寸法です．
※本書が採用するケーブルの切断寸法，及びシース（外装）のはぎ取り寸法の考え方は本書の P.58 〜 61 に詳しく解説しています．併せて参照ください．

完成施工写真

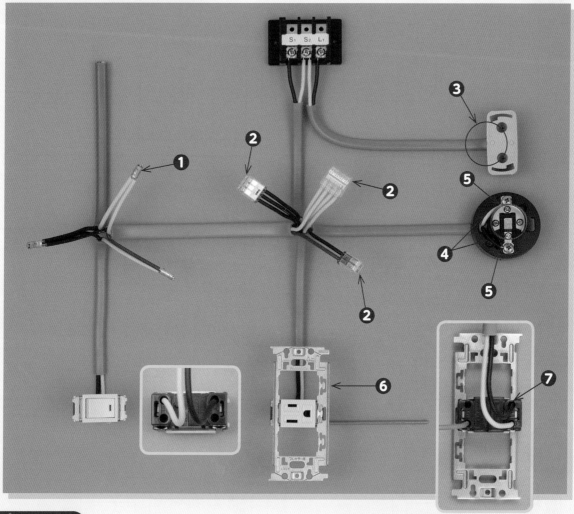

ポイント

（1） 電線の色の選定
- 接地側電線………白色
- 電源からスイッチ，コンセント，タイムスイッチまでの非接地側電線………黒色
- 接地線………緑色

（2） ランプレセプタクルの受金ねじ部の端子，コンセント及び引掛シーリングローゼットの接地側極端子，タイムスイッチ（端子台）の記号S$_2$の端子には，白色の電線を結線する．

（3） 電線の接続方法
ジョイントボックスA（左）………リングスリーブ
ジョイントボックスB（右）………差込形コネクタ

（4） リングスリーブの圧着マーク
1.6mm×2＝○
2.0mm×1＋1.6mm×1＝小
2.0mm×1＋1.6mm×2＝小

欠陥になりやすいところ

❶2.0mm×1＋1.6mm×1の圧着マークの誤り．

❷差込形コネクタの先端部分を真横から目視して心線が見えない．

❸絶縁被覆が引掛シーリングローゼットの台座の下端から5mm以上露出．

❹ランプレセプタクルのカバーが締まらない．

❺ねじの端から心線が5mm以上露出．

❻埋込連用取付枠を指定された箇所以外で使用．

❼非接地側電線の結線の誤り

※ 施工手順の参考動画（接地線なし）をP.232のQRコードからご覧になることができます．

No.3 複線図の書き方

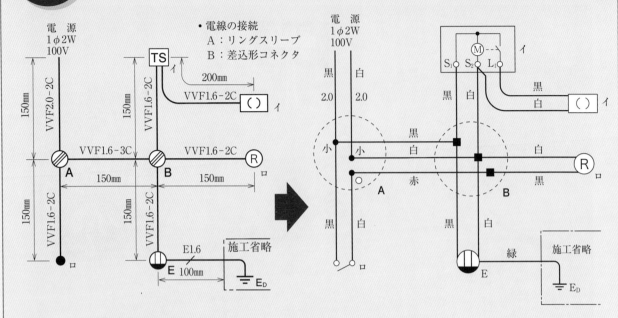

（備考） 1．電線の接続点

● : リングスリーブ　　　■ : 差込形コネクタ

2．電線の色表示は，次のようにすると能率がよい．

白→W　黒→B　赤→R　緑→G

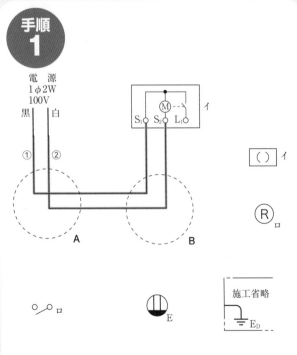

手順 1

1．電源の非接地側電線からタイムスイッチの端子「S₁」に接続する．

2．電源の接地側電線からタイムスイッチの端子「S₂」に接続する．

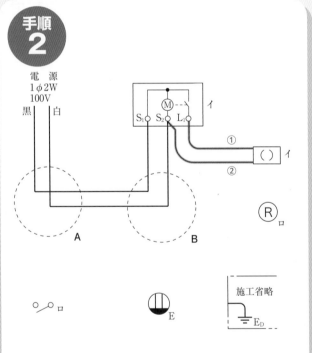

手順 2

1．タイムスイッチの端子「L₁」「S₂」から □( )□ イ へ配線する．

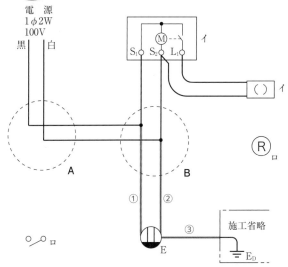

手順 3

1. ジョイントボックスBからコンセント
   へ配線する.
2. 接地極付コンセントから施工省略の接
   地極 E_D へ接地線を配線する.

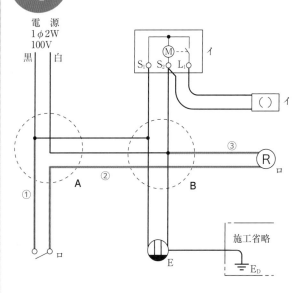

手順 4

1. スイッチ「ロ」で, ®ロを点滅する回
   路を配線する.

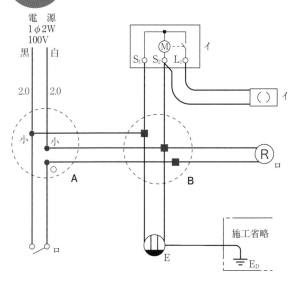

手順 5

1. 2.0mmの電線を記入する.
2. 接続点に印を付ける.
3. リングスリーブの圧着マークを記入す
   る.

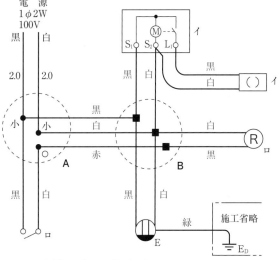

手順 6

1. 電線の色を記入する.
   • 最初に接地側電線の白色.
   • 次に電源からの非接地側電線の黒色.
   • 続いて接地線の緑色.
   • 最後に残った電線の色.

図に示す低圧屋内配線工事を与えられた全ての材料（予備品を除く）を使用し，＜施工条件＞に従って完成させなさい．

なお，

1. 配線用遮断器及び漏電遮断器（過負荷保護付）は，端子台で代用するものとする．
2. –———– –———で示した部分は施工を省略する．
3. VVF用ジョイントボックス及びスイッチボックスは支給していないので，その取り付けは省略する．
4. 電線接続箇所のテープ巻きや絶縁キャップによる絶縁処理は省略する．
5. 作品は保護板(板紙)に取り付けないものとする． ［試験時間 40分］

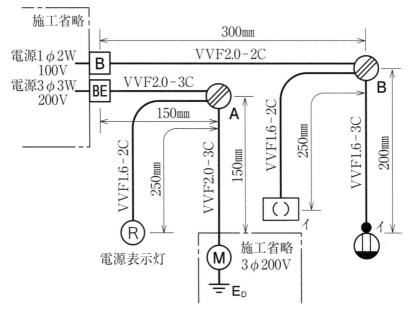

注：1. 図記号は，原則として JIS C 0303：2000 に準拠している．
　　　また，作業に直接関係のない部分等は省略又は簡略化してある．
　　2. Ⓡは，ランプレセプタクルを示す．

図1 配線図

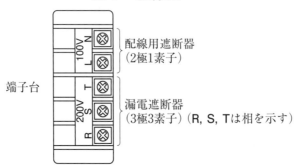

図2 配線用遮断器及び漏電遮断器代用の端子台の説明図

施工条件

1. 配線及び器具の配置は，図1に従って行うこと．
2. 配線用遮断器及び漏電遮断器代用の端子台は，図2に従って使用すること．
3. 三相電源のS相は接地されているものとし，電源表示灯は，S相とT相間に接続すること．
4. 電線の色別(絶縁被覆の色)は，次によること．
    ① 100V回路の電源からの接地側電線には，すべて**白色**を使用する．
    ② 100V回路の電源から点滅器及びコンセントまでの非接地側電線には，すべて**黒色**を使用する．
    ③ 200V回路の電源からの配線には，R相に**赤色**，S相に**白色**，T相に**黒色**を使用する．
    ④ 次の器具の端子には，**白色の電線**を結線する．
        - コンセントの接地側極端子(**W**と表示)
        - ランプレセプタクルの受金ねじ部の端子
        - 引掛シーリングローゼットの接地側極端子(**W**又は接地側と表示)
        - 配線用遮断器(端子台)の記号**N**の端子
5. VVF用ジョイントボックス部分を経由する電線は，その部分ですべて接続箇所を設け，接続方法は，次によること．
    ① A部分は，**差込形コネクタによる接続**とする．
    ② B部分は，**リングスリーブによる接続**とする．

支給材料

材　　料		
1. 600V ビニル絶縁ビニルシースケーブル平形 2.0mm 2心 青 長さ約 450mm	1本	
2. 600V ビニル絶縁ビニルシースケーブル平形 2.0mm 3心 青 長さ約 550mm	1本	
3. 600V ビニル絶縁ビニルシースケーブル平形 1.6mm 2心 長さ約 850mm	1本	
4. 600V ビニル絶縁ビニルシースケーブル平形 1.6mm 3心 長さ約 500mm	1本	
5. 端子台(配線用遮断器及び漏電遮断器(過負荷保護付)の代用)，5極	1個	
6. ランプレセプタクル(カバーなし)	1個	
7. 引掛シーリングローゼット(ボディ(角形)のみ)	1個	
8. 埋込連用タンブラスイッチ	1個	
9. 埋込連用コンセント	1個	
10. 埋込連用取付枠	1枚	
11. リングスリーブ(小) (予備品を含む)	5個	
12. 差込形コネクタ(2本用)	1個	
13. 差込形コネクタ(3本用)	2個	
・ 受験番号札	1枚	
・ ビニル袋	1枚	

材料の写真

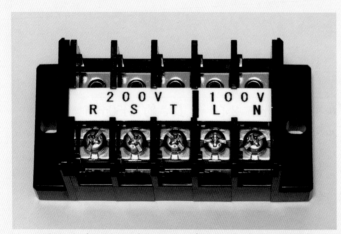

端子台（配線用遮断器及び漏電遮断器の代用）

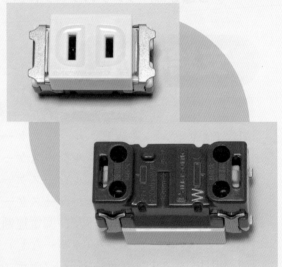

埋込連用コンセント

支給材料

1. 600V ビニル絶縁ビニルシースケーブル平形 2.0mm 2心 青 長さ約 450mm 1本
2. 600V ビニル絶縁ビニルシースケーブル平形 2.0mm 3心 青 長さ約 550mm 1本
3. 600V ビニル絶縁ビニルシースケーブル平形 1.6mm 2心 長さ約 850mm 1本
4. 600V ビニル絶縁ビニルシースケーブル平形 1.6mm 3心 長さ約 500mm 1本
5. 端子台（配線用遮断器及び漏電遮断器（過負荷保護付）の代用）．5極 1個
6. ランプレセプタクル（カバーなし） 1個
7. 引掛シーリングローゼット（ボディ（角形）のみ） 1個
8. 埋込連用タンブラスイッチ 1個
9. 埋込連用コンセント 1個
10. 埋込連用取付枠 1枚
11. リングスリーブ（小） （予備品を含む）5個
12. 差込形コネクタ（2本用） 1個
13. 差込形コネクタ（3本用） 2個

単線図

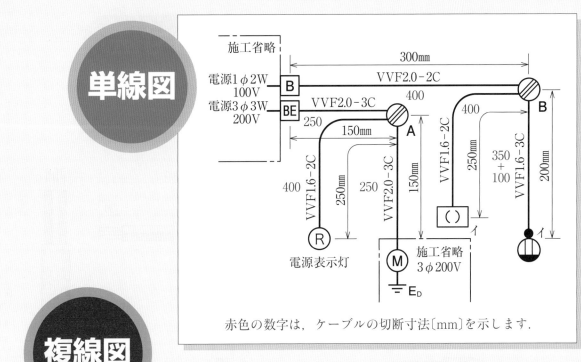

赤色の数字は，ケーブルの切断寸法〔mm〕を示します.

複線図

複線図の書き方は，
P.156 ～ 157 をご覧
ください.

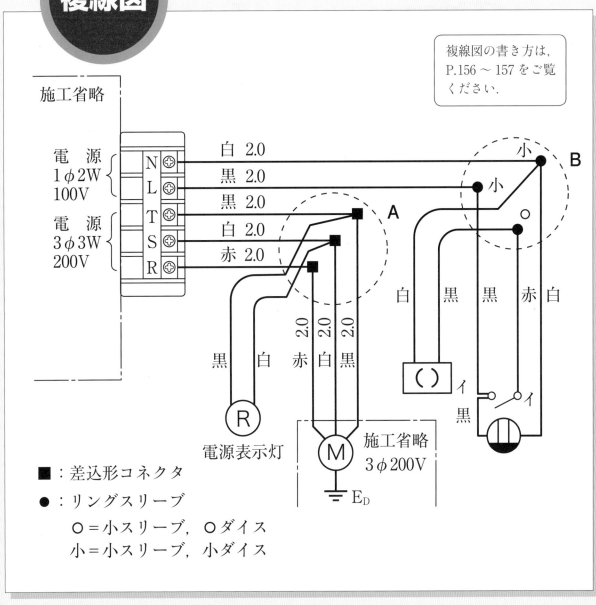

■：差込形コネクタ

●：リングスリーブ

　〇＝小スリーブ，〇ダイス

　小＝小スリーブ，小ダイス

ケーブルの切断とはぎ取り寸法

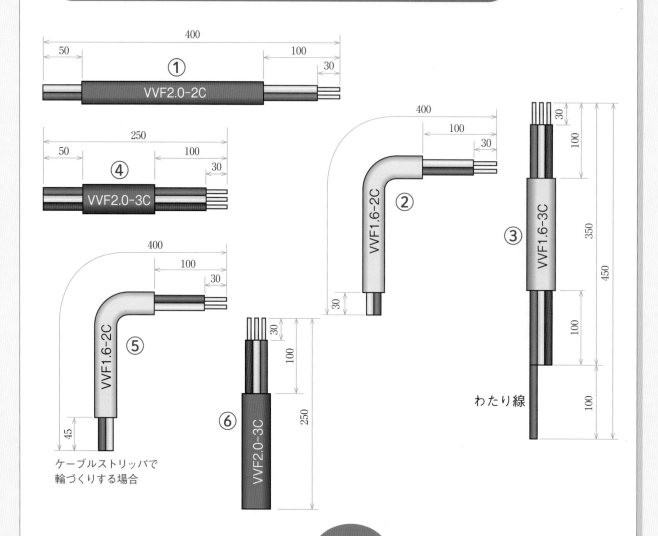

①
VVF2.0-2C
400
50
100
30

④
VVF2.0-3C
250
50
100
30

②
VVF1.6-2C
400
100
30
30

③
VVF1.6-3C
わたり線
30
100
350
450
100
100

⑤
VVF1.6-2C
ケーブルストリッパで
輪づくりする場合
400
100
30
45

⑥
VVF2.0-3C
30
100
250

ケーブル切断寸法の計算

①300 + 100 = 400mm
②50 + 250 + 100 = 400mm
③100 + 50 + 200 + 100 = 450mm
④150 + 100 = 250mm
⑤50 + 250 + 100 = 400mm
⑥150 + 100 = 250mm

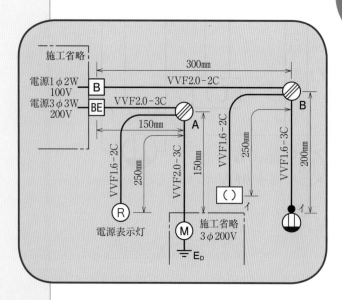

※ ケーブルの切断寸法の計算は,あらかじめケーブルを
切断した後に器具を取り付け・結線する場合の目安の寸
法です.

※ 本書が採用するケーブルの切断寸法,及びシース(外装)
のはぎ取り寸法の考え方は本書のP.58 ～ 61 に詳しく
解説しています.併せて参照ください.

完成施工写真

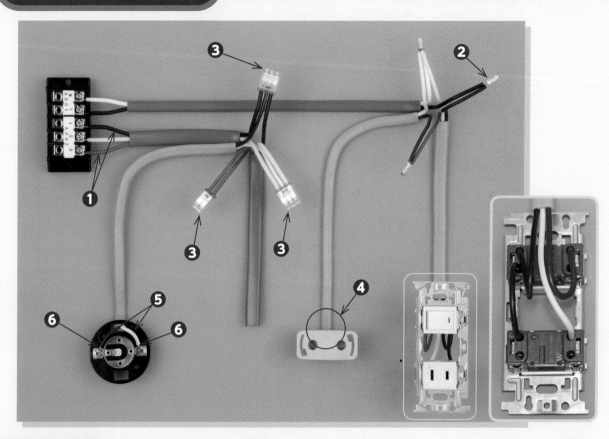

ポイント

（1） 電線の色の選定
- 100V回路の接地側電線………白色
- 100V回路で，電源からスイッチ及びコンセントまでの非接地側電線………黒色

（2） コンセント及び引掛シーリングローゼットの接地側極端子には，白色の電線を結線する．

（3） 配線用遮断器への結線
　　　N………接地側電線（白色）
　　　L………非接地側電線（黒色）

（4） 漏電遮断器への結線
　　　R相………赤色の電線　　S相………白色の電線
　　　T相………黒色の電線

（5） 電源表示灯（ランプレセプタクル）の結線
- ランプレセプタクルの受金ねじ部の端子には，白色の電線を結線する．
- 白色の電線をS相に，黒色の電線をT相に接続する．

（6） 電線の接続方法
　　　ジョイントボックスA（左）………差込形コネクタ
　　　ジョイントボックスB（右）………リングスリーブ

（7） リングスリーブの圧着マーク
　　　1.6mm×2＝○
　　　2.0mm×1＋1.6mm×1＝小
　　　2.0mm×1＋1.6mm×2＝小

欠陥になりやすいところ

❶ R相とT相の電線の色間違い．

❷ 2.0mm×1＋1.6mm×1の圧着マークの誤り．

❸ 差込形コネクタの先端部分を真横から目視して心線が見えない．

❹ 絶縁被覆が引掛シーリングローゼットの台座の下端から5mm以上露出．

❺ ランプレセプタクルのカバーが締まらない．

❻ ねじの端から心線が5mm以上露出．

※ 施工手順の動画は P.232 の QR コードからご覧になることができます．

No.4 複線図の書き方

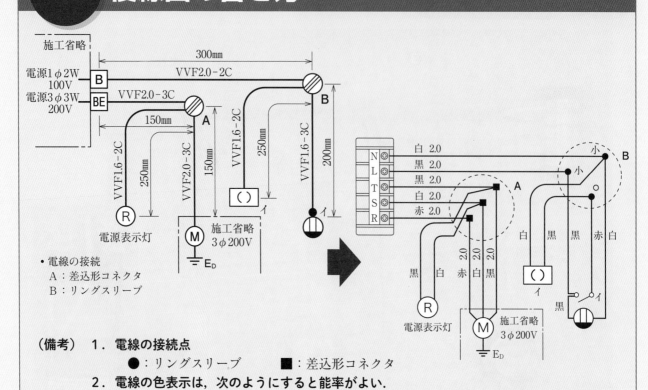

・電線の接続
　A：差込形コネクタ
　B：リングスリーブ

（備考）　1．電線の接続点
　　　　　　●：リングスリーブ　　　■：差込形コネクタ
　　　　2．電線の色表示は，次のようにすると能率がよい．
　　　　　　白→W　黒→B　赤→R

手順 1

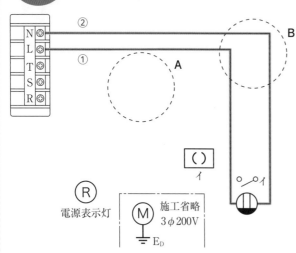

1．電源100Vの配線用遮断器の端子「L」「N」からコンセントへ配線する．

手順 2

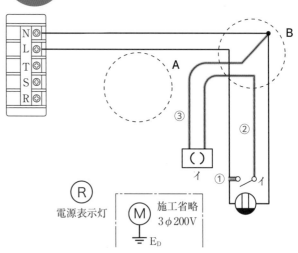

1．スイッチ「イ」で，(　)ｲ が点滅する回路を配線する．

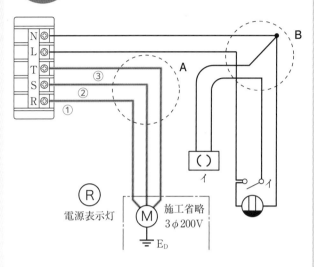

1．電源 200V の漏電遮断器の端子「R」「S」「T」から電動機へ配線する．

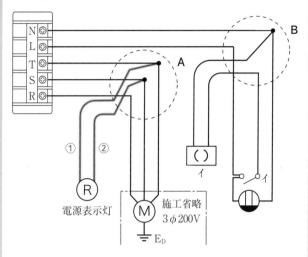

1．S相，T相から電源表示灯へ配線する．

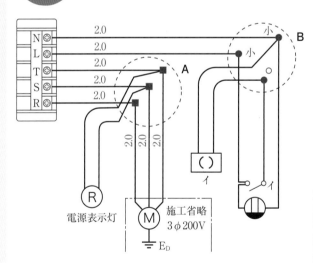

1．2.0mmの電線を記入する．
2．接続点に印を付ける．
3．リングスリーブの圧着マークを記入する．

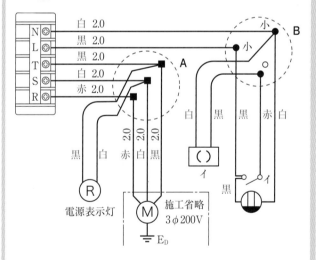

1．100V 回路の電線の色を記入する．
 ・最初に接地側電線の白色．
 ・次に電源からの非接地側電線の黒色．
 ・最後に残った電線の色．
2．200V 回路の電線の色を記入する．
  R相………赤　　S相………白
  T相………黒

　図に示す低圧屋内配線工事を与えられた全ての材料（予備品を除く）を使用し，＜施工条件＞に従って完成させなさい．

なお，

1．配線用遮断器，漏電遮断器（過負荷保護付）及び接地端子は，端子台で代用するものとする．

2．- ——— - ———で示した部分は施工を省略する．

3．VVF用ジョイントボックス及びスイッチボックスは支給していないので，その取り付けは省略する．

4．電線接続箇所のテープ巻きや絶縁キャップによる絶縁処理は省略する．

5．作品は保護板(板紙)に取り付けないものとする．　　　　　　[試験時間　40分]

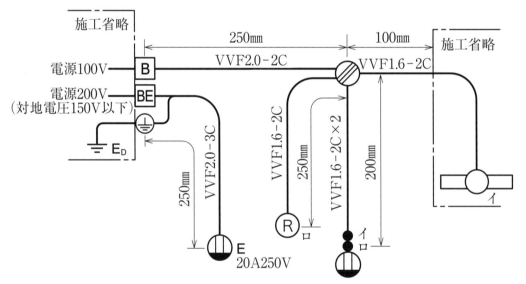

注：1．図記号は，原則として JIS C 0303：2000 に準拠している．
　　　　また，作業に直接関係のない部分等は省略又は簡略化してある．
　　2．Ⓡは，ランプレセプタクルを示す．

図1　配線図

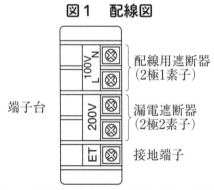

図2　配線用遮断器，漏電遮断器及び接地端子代用の端子台の説明図

施工条件

1. 配線及び器具の配置は，**図1**に従って行うこと．

　　なお，「ロ」のタンブラスイッチは，取付枠の中央に取り付けること．

2. 配線用遮断器，漏電遮断器及び接地端子代用の端子台は，**図2**に従って使用すること．

3. 電線の色別(絶縁被覆の色)は，次によること．

　　①電源からの接地側電線には，すべて**白色**を使用する．

　　②100V回路の電源から点滅器及びコンセントまでの非接地側電線には，すべて**黒色**を
　　　使用する．

　　③接地線には，**緑色**を使用する．

　　④次の器具の端子には，**白色の電線**を結線する．

　　　　• コンセントの接地側極端子(**W**と表示)

　　　　• ランプレセプタクルの受金ねじ部の端子

　　　　• 配線用遮断器(端子台)の記号**N**の端子

4. VVF用ジョイントボックス部分を経由する電線は，その部分ですべて接続箇所を設け，
　接続方法は，次によること．

　　①**4本**の接続箇所は，**差込形コネクタによる接続**とする．

　　②その他の接続箇所は，**リングスリーブによる接続**とする．

支給材料

材　　料	
1. 600V ビニル絶縁ビニルシースケーブル平形　2.0mm 2心青 長さ約　350mm	1本
2. 600V ビニル絶縁ビニルシースケーブル平形　2.0mm 3心（黒，赤，緑） 長さ約　350mm	1本
3. 600V ビニル絶縁ビニルシースケーブル平形　1.6mm 2心　　長さ約 1650mm	1本
4. 端子台(配線用遮断器，漏電遮断器(過負荷保護付)及び接地端子の代用)，5極	1個
5. ランプレセプタクル(カバーなし)	1個
6. 埋込連用タンブラスイッチ	2個
7. 埋込コンセント(20A250V 接地極付)	1個
8. 埋込連用コンセント	1個
9. 埋込連用取付枠	1枚
10. リングスリーブ(小)　　　　　　　　　　(予備品を含む)	5個
11. 差込形コネクタ(4本用)	1個
• 受験番号札	1枚
• ビニル袋	1枚

材料の写真

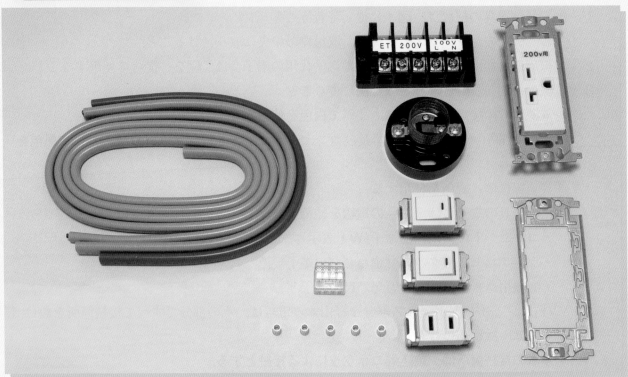

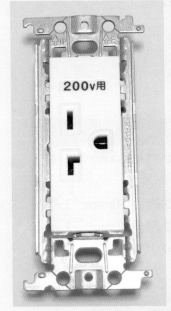

20A250V 接地極付コンセント

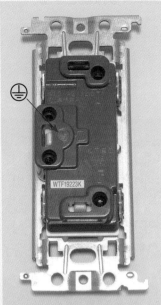

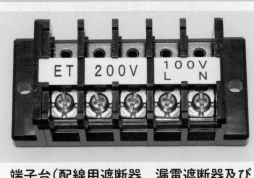

端子台（配線用遮断器，漏電遮断器及び
接地端子の代用）

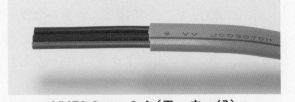

VVF2.0mm 3心(黒，赤，緑)

支給
材料

1. 600 V ビニル絶縁ビニルシースケーブル平形 2.0mm 2心 青 長さ約 350mm　　1本
2. 600 V ビニル絶縁ビニルシースケーブル平形 2.0mm 3心(黒，赤，緑)
　　　　　　　　　　　　　　　　　　　　　　　　　　　長さ約 350mm　　1本
3. 600 V ビニル絶縁ビニルシースケーブル平形 1.6mm 2心　　　長さ約 1650mm　　1本
4. 端子台(配線用遮断器，漏電遮断器(過負荷保護付)及び接地端子の代用)，5極　　1個
5. ランプレセプタクル(カバーなし)　　　　　　　　　　　　　　　　　　　　1個
6. 埋込連用タンブラスイッチ　　　　　　　　　　　　　　　　　　　　　　　2個
7. 埋込コンセント(20A250V 接地極付)　　　　　　　　　　　　　　　　　　1個
8. 埋込連用コンセント　　　　　　　　　　　　　　　　　　　　　　　　　　1個
9. 埋込連用取付枠　　　　　　　　　　　　　　　　　　　　　　　　　　　　1枚
10. リングスリーブ(小)　　　　　　　　　　　　　　　　　　(予備品を含む)　5個
11. 差込形コネクタ(4本用)　　　　　　　　　　　　　　　　　　　　　　　　1個

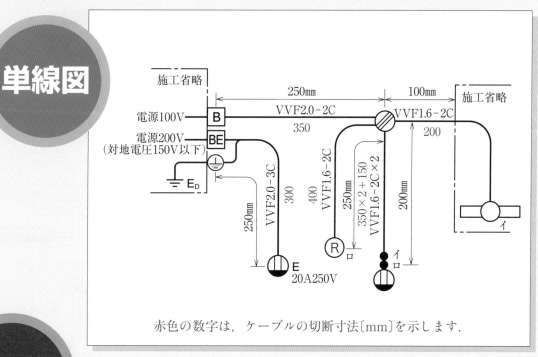

単線図

施工省略

電源100V — B

電源200V — BE
（対地電圧150V以下）

E_D

250mm 100mm

VVF2.0-2C
350

VVF1.6-2C
200

VVF2.0-3C
300

VVF1.6-2C
400

250mm VVF1.6-2C
$350 \times 2 + 150$
VVF1.6-2C×2

250mm

E
20A250V

R ロ

イ ロ

イ

200mm

赤色の数字は，ケーブルの切断寸法〔mm〕を示します．

複線図

複線図の書き方は，
P.164～165をご覧
ください．

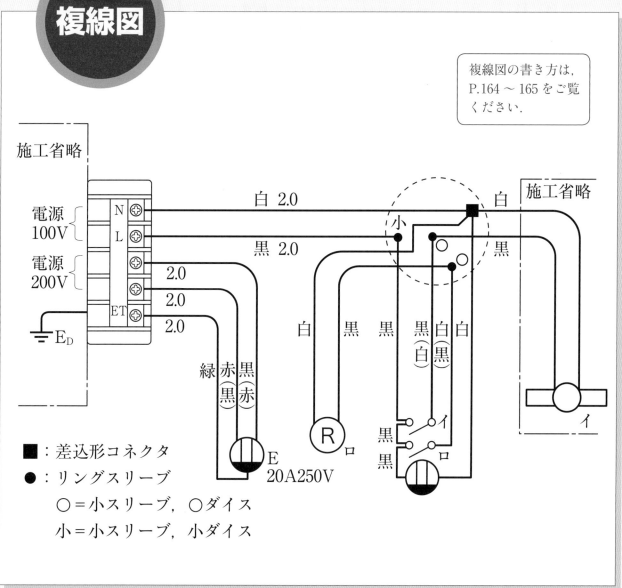

施工省略

電源
100V { N L

電源
200V {

ET

E_D

白 2.0

黒 2.0

2.0
2.0
2.0

施工省略

小

白

黒

緑 赤
（黒）
黒
（赤）

白 黒 黒 黒
（白）
白
（黒）
白

黒
黒

イ ロ

R ロ

E
20A250V

イ

■：差込形コネクタ
●：リングスリーブ
　○＝小スリーブ，○ダイス
　小＝小スリーブ，小ダイス

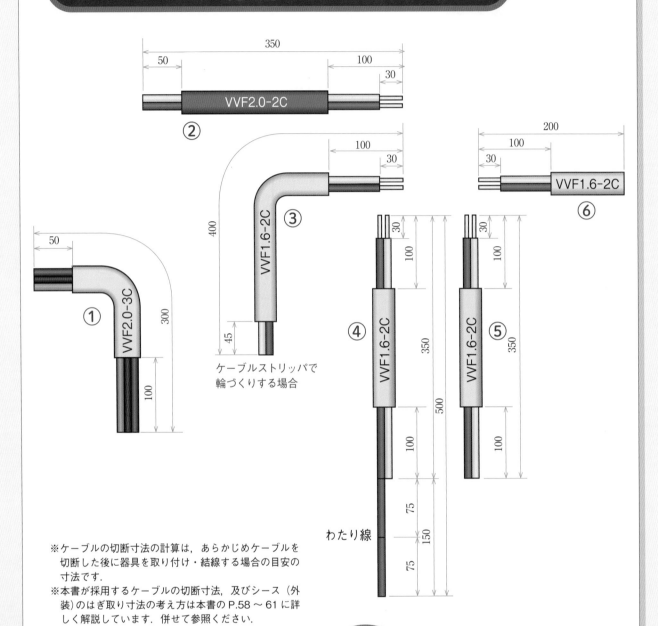

ケーブルストリッパで
輪づくりする場合

わたり線

※ケーブルの切断寸法の計算は，あらかじめケーブルを
　切断した後に器具を取り付け・結線する場合の目安の
　寸法です．
※本書が採用するケーブルの切断寸法，及びシース（外
　装）のはぎ取り寸法の考え方は本書のP.58～61に詳
　しく解説しています．併せて参照ください．

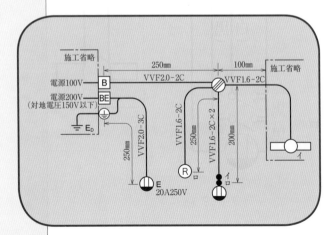

ケーブル
切断寸法
の計算

① 250 + 50 = 300mm
② 250 + 100 = 350mm
③ 50 + 250 + 100 = 400mm
④ 150 + 50 + 200 + 100 = 500mm
⑤ 50 + 200 + 100 = 350mm
⑥ 100 + 100 = 200mm

完成施工写真

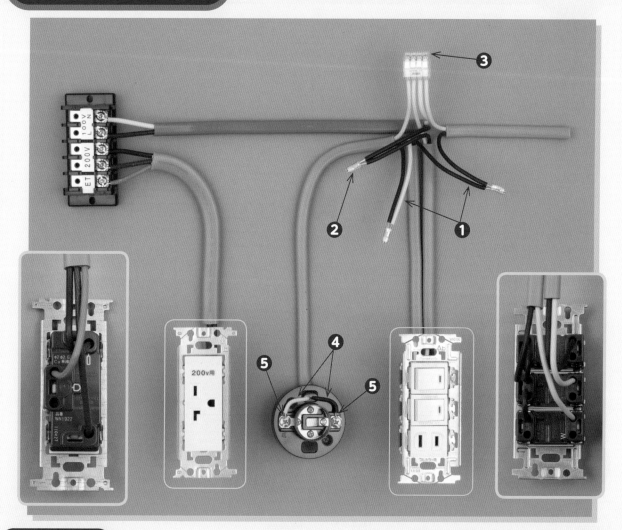

ポイント

（1） 電線の色の選定
- 100V回路の接地側電線………白色
- 100V回路で，電源からスイッチ及びコンセントまでの非接地側電線………黒色
- 200V回路の接地線………緑色

（2） 配線用遮断器への結線
N………接地側電線（白色）
L………非接地側電線（黒色）

（3） ランプレセプタクルの受金ねじ部の端子及びコンセントの接地側極端子には，白色の電線を結線する.

（4） 電線の接続方法
4本接続………差込形コネクタ
その他…………リングスリーブ

（5） リングスリーブの圧着マーク
1.6mm×2＝○
2.0mm×1＋1.6mm×1＝小

欠陥になりやすいところ

❶施工省略の蛍光灯（イ）とランプレセプタクル（ロ）への配線の誤接続.

❷2.0mm×1＋1.6mm×1の圧着マークの誤り.

❸差込形コネクタの先端部分を真横から目視して心線が見えない.

❹ランプレセプタクルのカバーが締まらない.

❺ねじの端から心線が5mm以上露出.

※ 施工手順の動画は P.232 の QR コードからご覧になることができます.

No.5 複線図の書き方

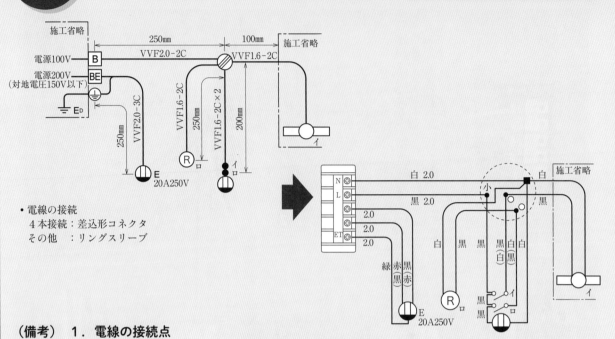

・電線の接続
　4本接続：差込形コネクタ
　その他　：リングスリーブ

（備考）　1．電線の接続点

　　　　　　●：リングスリーブ　　　■：差込形コネクタ

　　　　2．電線の色表示は，次のようにすると能率がよい．

　　　　　　白→W　黒→B　赤→R　緑→G

手順 1

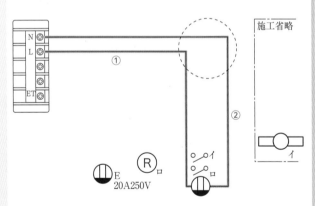

1．電源100Vの配線用遮断器の端子「N」
　「L」からコンセントへ配線する．

手順 2

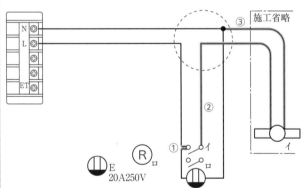

1．スイッチ「イ」で，が点滅する
　回路を配線する．

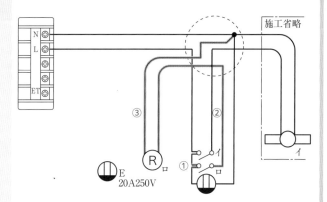

手順 3

1. スイッチ「ロ」で, (R)ロ が点滅する回路を配線する.

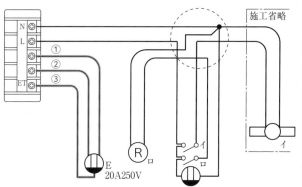

手順 4

1. 電源 200V の漏電遮断器から 20A250V 接地極付コンセントへの配線をする.
2. 接地端子「ET」とコンセントの接地極端子 ⏚ とを接続する.

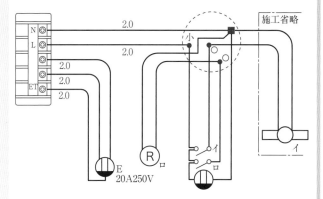

手順 5

1. 2.0mmの電線を記入する.
2. 接続点に印を付ける.
3. リングスリーブの圧着マークを記入する.

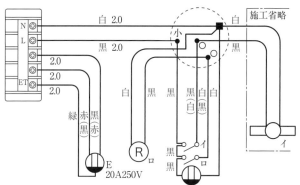

手順 6

1. 100V 回路の電線の色を記入する.
   - 最初に接地側電線の白色.
   - 次に電源からの非接地側電線の黒色.
   - 最後に残った電線の色.
2. 200V 回路の電線の色を記入する.
   - 電源線………黒, 赤
   - 接地線………緑

公表問題 No.6

　図に示す低圧屋内配線工事を与えられた全ての材料（予備品を除く）を使用し，＜施工条件＞に従って完成させなさい．

なお，

1. －────－────で示した部分は施工を省略する．
2. VVF用ジョイントボックス及びスイッチボックスは支給していないので，その取り付けは省略する．
3. 電線接続箇所のテープ巻きや絶縁キャップによる絶縁処理は省略する．
4. 作品は保護板(板紙)に取り付けないものとする．

［試験時間　40分］

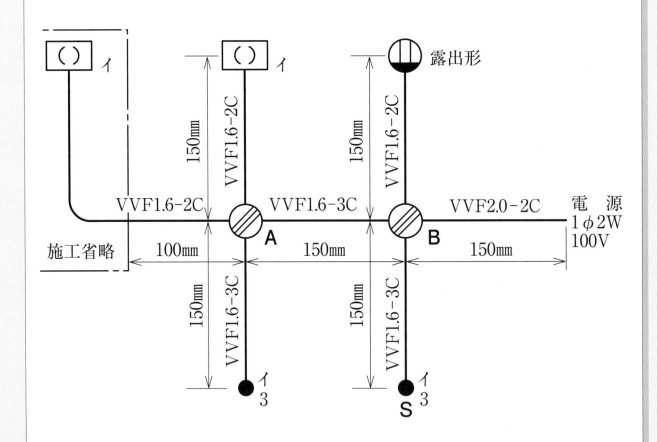

注：図記号は，原則として JIS C 0303：2000 に準拠している．
　　また，作業に直接関係のない部分等は省略又は簡略化してある．

施工条件

1. 配線及び器具の配置は，図に従って行うこと．

2. 3路スイッチの配線方法は，次によること．
   3路スイッチの記号「0」の端子には電源側又は負荷側の電線を結線し，記号「1」と「3」の端子にはスイッチ相互間の電線を結線する．

3. 電線の色別(絶縁被覆の色)は，次によること．
   ①電源からの接地側電線には，すべて**白色**を使用する．
   ②電源から3路スイッチ S 及び露出形コンセントまでの非接地側電線には，すべて**黒色**を使用する．
   ③次の器具の端子には，**白色の電線**を結線する．
   - 露出形コンセントの接地側極端子(Wと表示)
   - 引掛シーリングローゼットの接地側極端子(W又は接地側と表示)

4. VVF用ジョイントボックス部分を経由する電線は，その部分ですべて接続箇所を設け，接続方法は，次によること．
   ①**A部分**は，**差込形コネクタによる接続**とする．
   ②**B部分**は，**リングスリーブによる接続**とする．

5. 露出形コンセントへの結線は，ケーブルを挿入した部分に近い端子に行うこと．

支給材料

材　　料		
1. 600V ビニル絶縁ビニルシースケーブル平形　2.0mm　2心　青　長さ約　250mm	1本
2. 600V ビニル絶縁ビニルシースケーブル平形　1.6mm　2心　　　長さ約　850mm	1本
3. 600V ビニル絶縁ビニルシースケーブル平形　1.6mm　3心　　　長さ約1050mm	1本
4. 露出形コンセント(カバーなし)	1個
5. 引掛シーリングローゼット(ボディ(角形)のみ)	1個
6. 埋込連用タンブラスイッチ(3路)	2個
7. 埋込連用取付枠	2枚
8. リングスリーブ(小)　　　　　　　　　　(予備品を含む)	6個
9. 差込形コネクタ(2本用)	2個
10. 差込形コネクタ(3本用)	2個
・ 受験番号札	1枚
・ ビニル袋	1枚

材料の写真

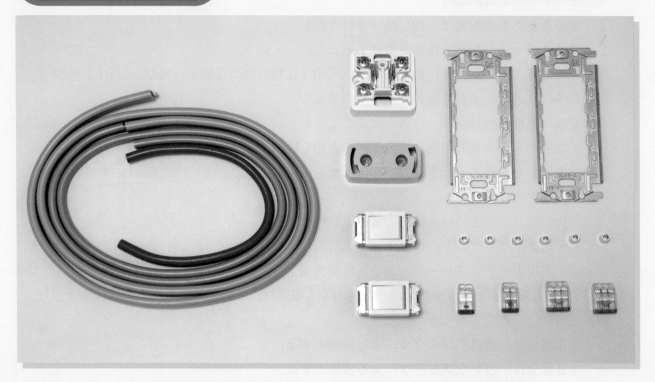

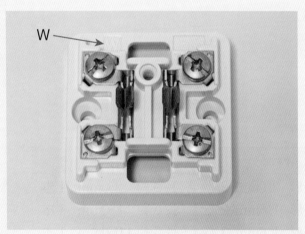

露出形コンセント

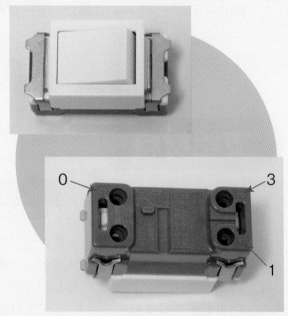

３路スイッチ

支給材料

1. 600V ビニル絶縁ビニルシースケーブル平形　2.0mm　2心青　長さ約　250mm　1本
2. 600V ビニル絶縁ビニルシースケーブル平形　1.6mm　2心　　長さ約　850mm　1本
3. 600V ビニル絶縁ビニルシースケーブル平形　1.6mm　3心　　長さ約1050mm　1本
4. 露出形コンセント（カバーなし）　　　　　　　　　　　　　　　　　　　　　1個
5. 引掛シーリングローゼット（ボディ（角形）のみ）　　　　　　　　　　　　　1個
6. 埋込連用タンブラスイッチ（3路）　　　　　　　　　　　　　　　　　　　　2個
7. 埋込連用取付枠　　　　　　　　　　　　　　　　　　　　　　　　　　　　2枚
8. リングスリーブ（小）　　　　　　　　　　　　　　　　　（予備品を含む）　6個
9. 差込形コネクタ（2本用）　　　　　　　　　　　　　　　　　　　　　　　　2個
10. 差込形コネクタ（3本用）　　　　　　　　　　　　　　　　　　　　　　　　2個

単線図

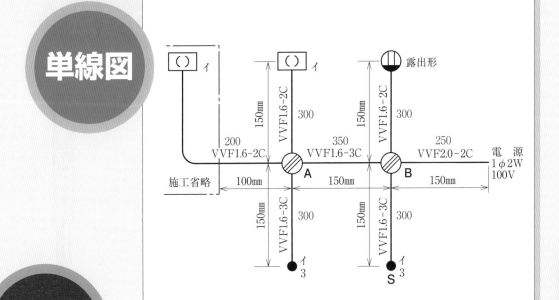

赤色の数字は，ケーブルの切断寸法〔mm〕を示します．

複線図

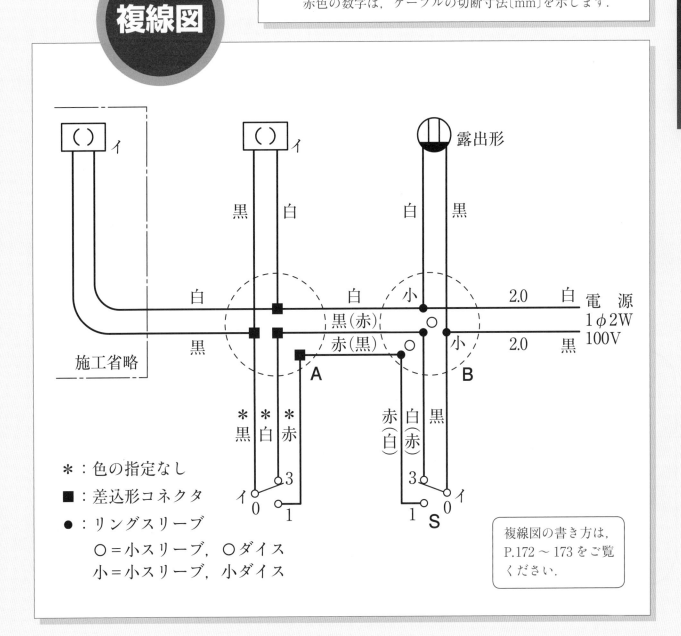

＊：色の指定なし

■：差込形コネクタ

●：リングスリーブ

　　○＝小スリーブ，○ダイス

　　小＝小スリーブ，小ダイス

複線図の書き方は，
P.172 〜 173 をご覧
ください．

ケーブルの切断とはぎ取り寸法

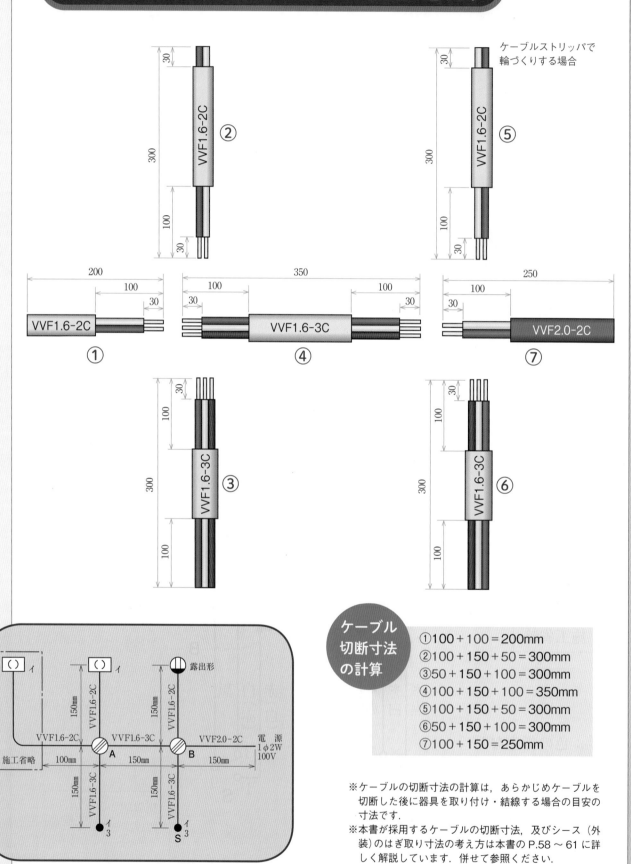

ケーブルストリッパで輪づくりする場合

② VVF1.6-2C
30 / 300 / 100 / 30

⑤ VVF1.6-2C
30 / 300 / 100 / 30

① VVF1.6-2C
200 / 100 / 30

④ VVF1.6-3C
350 / 100 / 30 / 100 / 30

⑦ VVF2.0-2C
250 / 100 / 30

③ VVF1.6-3C
30 / 100 / 300 / 100

⑥ VVF1.6-3C
30 / 100 / 300 / 100

ケーブル切断寸法の計算

①100＋100＝200mm
②100＋150＋50＝300mm
③50＋150＋100＝300mm
④100＋150＋100＝350mm
⑤100＋150＋50＝300mm
⑥50＋150＋100＝300mm
⑦100＋150＝250mm

※ケーブルの切断寸法の計算は，あらかじめケーブルを切断した後に器具を取り付け・結線する場合の目安の寸法です．

※本書が採用するケーブルの切断寸法，及びシース（外装）のはぎ取り寸法の考え方は本書のP.58〜61に詳しく解説しています．併せて参照ください．

完成施工写真

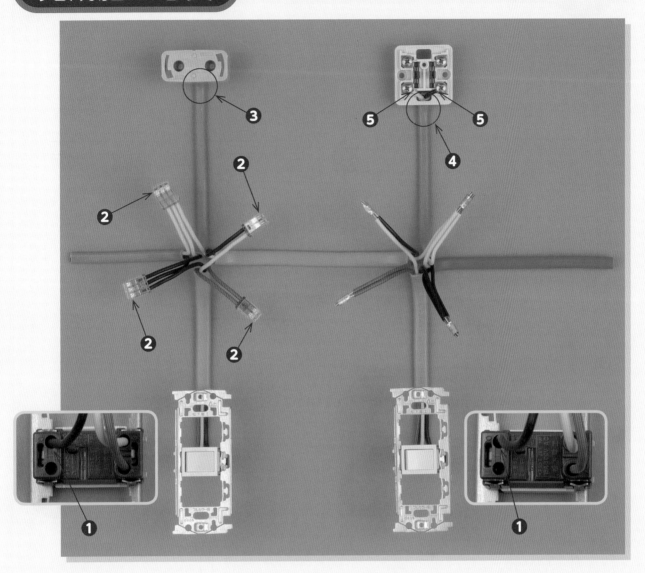

ポイント

（1）　電線の色の選定
- 接地側電線………白色
- 電源から３路スイッチS，露出形コンセントまでの非接地側電線………黒色

（2）　露出形コンセント及び引掛シーリングローゼットの接地側極端子には，白色の電線を結線する．

（3）　電線の接続方法
　　　ジョイントボックスA（左）………差込形コネクタ
　　　ジョイントボックスB（右）………リングスリーブ

（4）　リングスリーブの圧着マーク
　　　1.6mm×2＝○
　　　2.0mm×1＋1.6mm×2＝小

欠陥になりやすいところ

❶３路スイッチの「０」端子の結線誤り．

❷差込形コネクタの先端部分を真横から目視して心線が見えない．

❸絶縁被覆が引掛シーリングローゼットの台座の下端から５mm以上露出．

❹ケーブルのシースが露出形コンセントの台座の中に入っていない．カバーが締まらない．

❺ねじの端から心線が５mm以上露出．

※ 施工手順の動画は P.232 の QR コードからご覧になることができます．

No.6 複線図の書き方

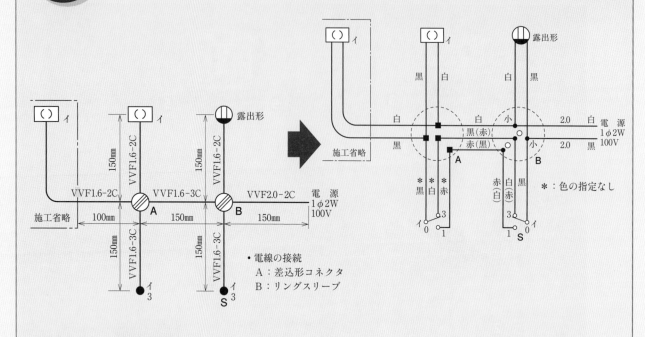

(備考)　1．電線の接続点

　　　●：リングスリーブ　　　■：差込形コネクタ

　　　2．電線の色表示は，次のようにすると能率がよい.

　　　　白→W　黒→B　赤→R

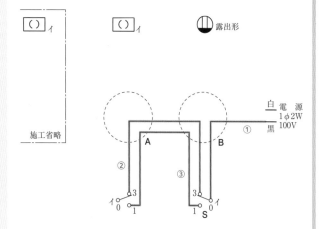

手順 1

1．非接地側電線を，右側の3路スイッチ
　Sの端子「0」へ配線する.

2．2個の3路スイッチの端子「1」「3」
　相互を配線する.

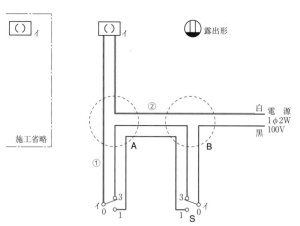

手順 2

1．左側の3路スイッチの端子「0」を ⬚イ
　へ配線する.

2． ⬚イ から電源の接地側電線に配線す
　る.

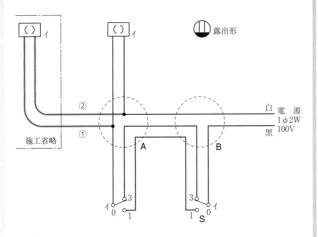

手順 3

1. 施工省略の ⬜イ を右側の ⬜イ と並列に接続する.

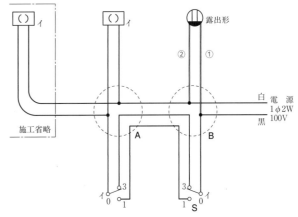

手順 4

1. ジョイントボックスBからコンセントへ配線する.

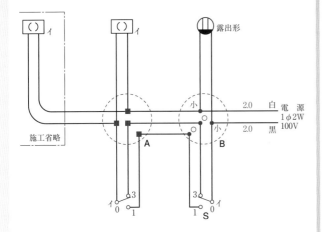

手順 5

1. 2.0mmの電線を記入する.
2. 接続点に印を付ける.
3. リングスリーブの圧着マークを記入する.

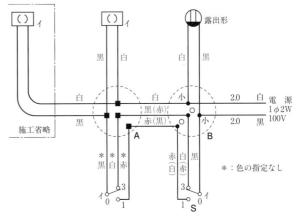

手順 6

1. 電線の色を記入する.
   - 最初に接地側電線の白色.
   - 次に電源からの非接地側電線の黒色.
   - 最後に残った電線の色.

図に示す低圧屋内配線工事を与えられた全ての材料（予備品を除く）を使用し，＜施工条件＞に従って完成させなさい．

なお，

1. ‒————‒————で示した部分は施工を省略する．

2. VVF用ジョイントボックス及びスイッチボックスは支給していないので，その取り付けは省略する．

3. 電線接続箇所のテープ巻きや絶縁キャップによる絶縁処理は省略する．

4. 作品は保護板（板紙）に取り付けないものとする．　　　［試験時間　40分］

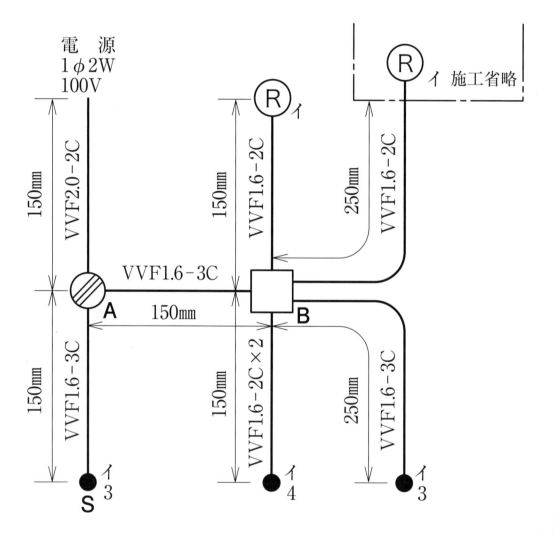

注：1. 図記号は，原則として JIS C 0303：2000 に準拠している．
　　　　また，作業に直接関係のない部分等は省略又は簡略化してある．
　　2. Ⓡは，ランプレセプタクルを示す．

施工条件

1. 配線及び器具の配置は，図に従って行うこと．
2. 3路スイッチ及び4路スイッチの配線方法は，次によること．
   ①3箇所のスイッチをそれぞれ操作することによりランプレセプタクルを点滅できるようにする．
   ②3路スイッチの記号「0」の端子には電源側又は負荷側の電線を結線し，記号「1」と「3」の端子には4路スイッチとの間の電線を結線する．
3. ジョイントボックス（アウトレットボックス）は，打抜き済みの穴だけをすべて使用すること．
4. 電線の色別（絶縁被覆の色）は，次によること．
   ①電源からの接地側電線には，すべて**白色**を使用する．
   ②電源から3路スイッチSまでの非接地側電線には，**黒色**を使用する．
   ③ランプレセプタクルの受金ねじ部の端子には，**白色の電線**を結線する．
5. VVF用ジョイントボックスA部分及びジョイントボックスB部分を経由する電線は，その部分ですべて接続箇所を設け，接続方法は，次によること．
   ①A部分は，**リングスリーブによる接続**とする．
   ②B部分は，**差込形コネクタによる接続**とする．
6. 埋込連用取付枠は，4路スイッチ部分に使用すること．

支給材料

材　　料	
1. 600V ビニル絶縁ビニルシースケーブル平形2.0mm　2心　青　長さ約　250mm	1本
2. 600V ビニル絶縁ビニルシースケーブル平形1.6mm　2心　　　長さ約1400mm	1本
3. 600V ビニル絶縁ビニルシースケーブル平形1.6mm　3心　　　長さ約1150mm	1本
4. ジョイントボックス（アウトレットボックス） 　　　　　　（19mm　3箇所，25mm　2箇所ノックアウト打抜き済み）	1個
5. ランプレセプタクル（カバーなし）	1個
6. 埋込連用タンブラスイッチ（3路）	2個
7. 埋込連用タンブラスイッチ（4路）	1個
8. 埋込連用取付枠	1枚
9. ゴムブッシング（19）	3個
10. ゴムブッシング（25）	2個
11. リングスリーブ（小）　　　　　　　　　　（予備品を含む）	6個
12. 差込形コネクタ（2本用）	4個
13. 差込形コネクタ（3本用）	2個
• 受験番号札	1枚
• ビニル袋	1枚

材料の写真

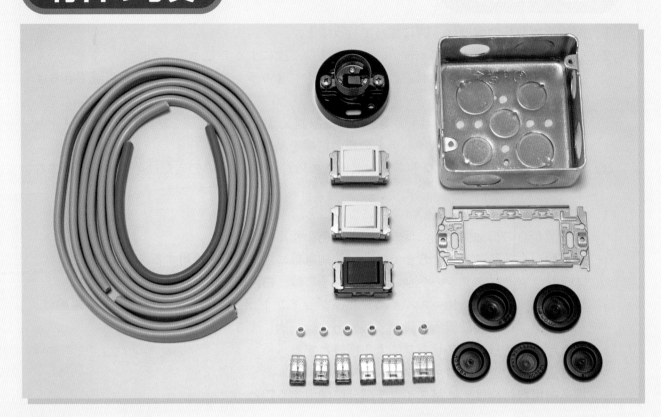

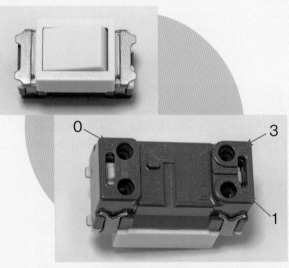

3路スイッチ

4路スイッチ

1. 600V ビニル絶縁ビニルシースケーブル平形2.0mm　2心　青　長さ約　250mm		1本
2. 600V ビニル絶縁ビニルシースケーブル平形1.6mm　2心　　　長さ約1400mm		1本
3. 600V ビニル絶縁ビニルシースケーブル平形1.6mm　3心　　　長さ約1150mm		1本
4. ジョイントボックス（アウトレットボックス）		
（19mm　3箇所，25mm　2箇所ノックアウト打抜き済み）		1個
5. ランプレセプタクル（カバーなし）		1個
6. 埋込連用タンブラスイッチ（3路）		2個
7. 埋込連用タンブラスイッチ（4路）		1個
8. 埋込連用取付枠		1枚
9. ゴムブッシング（19）		3個
10. ゴムブッシング（25）		2個
11. リングスリーブ（小）	（予備品を含む）	6個
12. 差込形コネクタ（2本用）		4個
13. 差込形コネクタ（3本用）		2個

支給材料

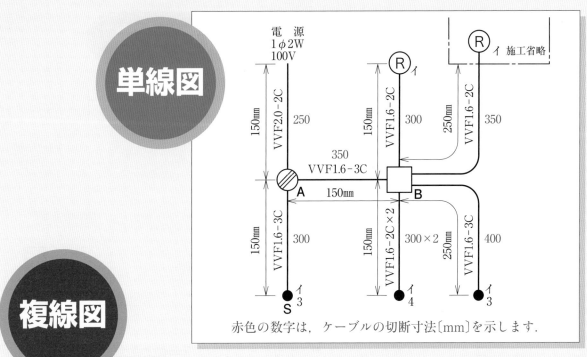

単線図

電源
1φ2W
100V

赤色の数字は，ケーブルの切断寸法〔mm〕を示します．

複線図

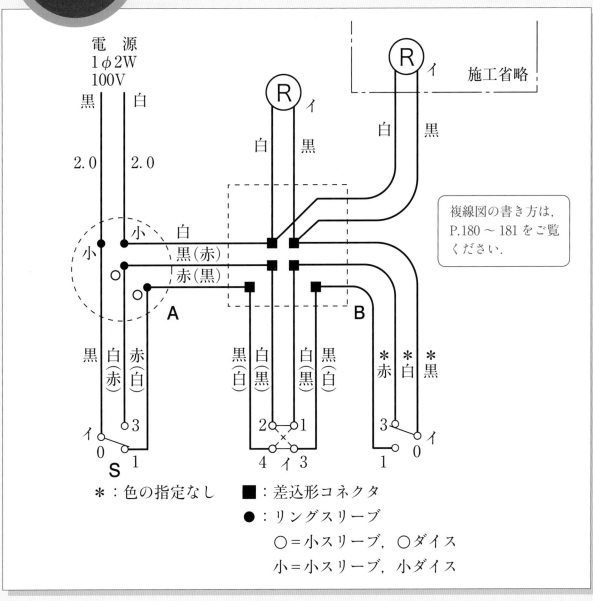

＊：色の指定なし　■：差込形コネクタ

●：リングスリーブ

〇＝小スリーブ，〇ダイス

小＝小スリーブ，小ダイス

複線図の書き方は，P.180 〜 181 をご覧ください．

ケーブルの切断とはぎ取り寸法

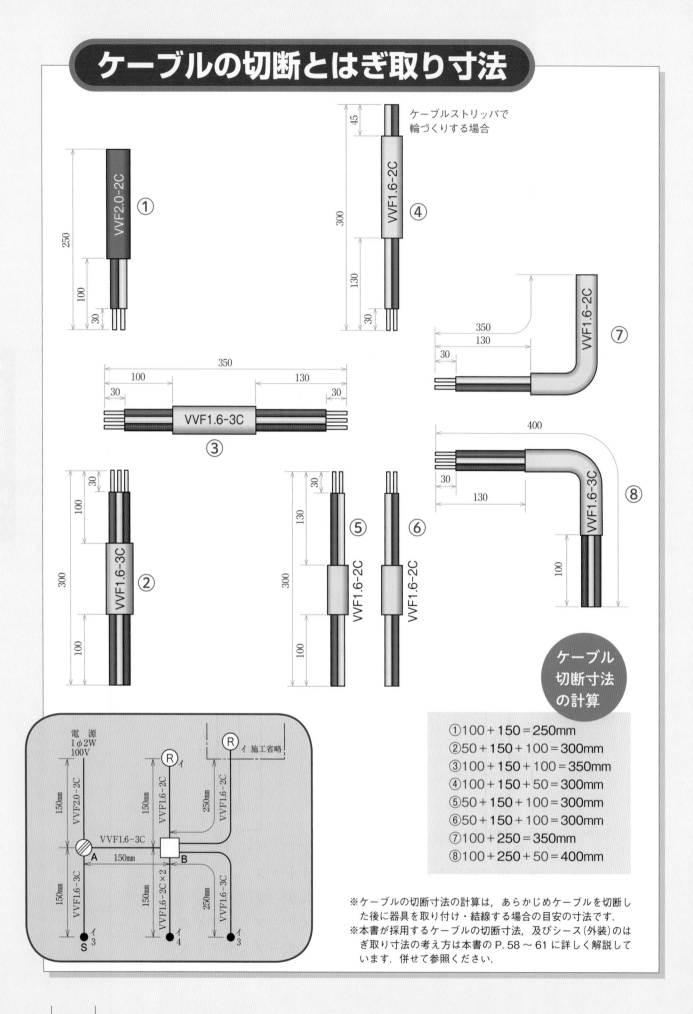

ケーブルストリッパで輪づくりする場合

VVF2.0-2C ①
250 / 100 / 30

VVF1.6-2C ④
45 / 300 / 130 / 30

VVF1.6-3C ③
350 / 100 / 130 / 30 / 30

VVF1.6-2C ⑦
350 / 130 / 30

VVF1.6-3C ②
30 / 100 / 300 / 100

VVF1.6-2C ⑤
30 / 130 / 300 / 100

VVF1.6-2C ⑥

VVF1.6-3C ⑧
400 / 30 / 130 / 100

ケーブル切断寸法の計算

①100 + 150 = 250mm
②50 + 150 + 100 = 300mm
③100 + 150 + 100 = 350mm
④100 + 150 + 50 = 300mm
⑤50 + 150 + 100 = 300mm
⑥50 + 150 + 100 = 300mm
⑦100 + 250 = 350mm
⑧100 + 250 + 50 = 400mm

電源
1φ2W
100V

VVF2.0-2C 150mm
VVF1.6-2C 150mm
VVF1.6-2C 250mm
Ⓡ イ
Ⓡ イ 施工省略
VVF1.6-3C
150mm
A
B
VVF1.6-3C 150mm
VVF1.6-2C×2 150mm
VVF1.6-3C 250mm
S イ3
イ4
イ3

※ケーブルの切断寸法の計算は、あらかじめケーブルを切断した後に器具を取り付け・結線する場合の目安の寸法です。
※本書が採用するケーブルの切断寸法、及びシース（外装）のはぎ取り寸法の考え方は本書のP.58～61に詳しく解説しています。併せて参照ください。

完成施工写真

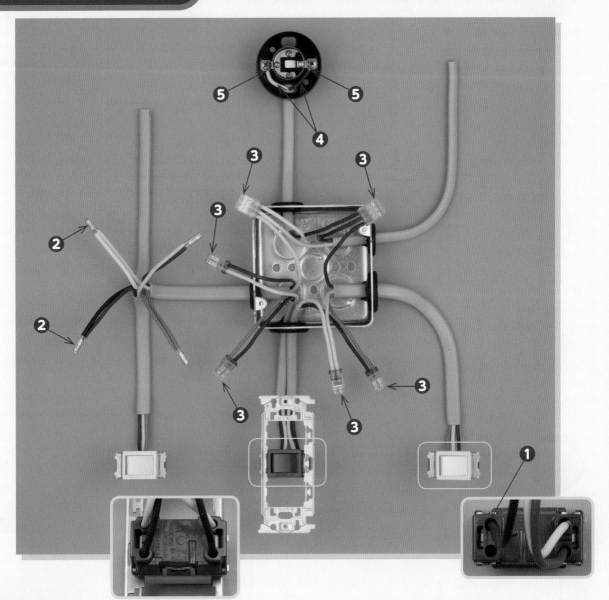

ポイント

（1）　電線の色の選定
- 接地側電線………白色
- 電源から3路スイッチSまでの非接地側電線
  ………黒色

（2）　ランプレセプタクルの受金ねじ部の端子には，白色の電線を結線する．

（3）　電線の接続方法
- ジョイントボックスA（左）………リングスリーブ
- ジョイントボックスB（右）………差込形コネクタ

（4）　リングスリーブの圧着マーク
- 1.6mm×2＝○
- 2.0mm×1＋1.6mm×1＝小

欠陥になりやすいところ

- ●未完成（作業量が多い）．
- ❶3路スイッチの記号「0」端子の結線誤り．
- ❷2.0mm×1+1.6mm×1の圧着マークの誤り．
- ❸差込形コネクタの先端部分を真横から目視して心線が見えない．
- ❹ランプレセプタクルのカバーが締まらない．
- ❺ねじの端から心線が5mm以上露出．

※ 施工手順の動画はP.233のQRコードからご覧になることができます．

No.7 複線図の書き方

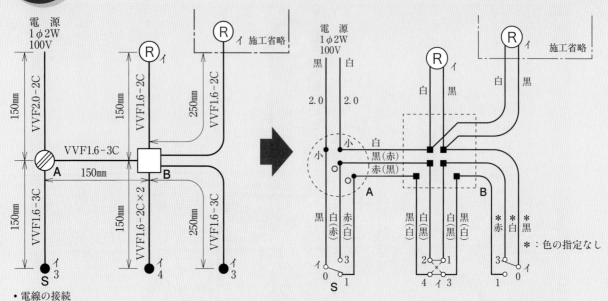

- 電線の接続
  - A：リングスリーブ
  - B：差込形コネクタ

（備考） 1. 電線の接続点

- ●：リングスリーブ
- ■：差込形コネクタ

2. 電線の色表示は，次のようにすると能率がよい．

白→W　黒→B　赤→R

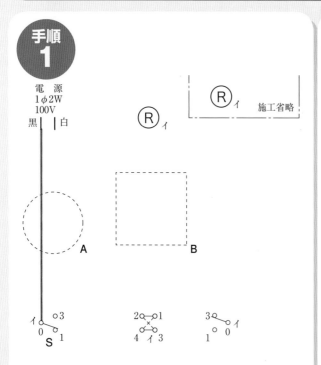

1. 電源の非接地側電線から左側の３路スイッチＳの端子「0」へ配線する．

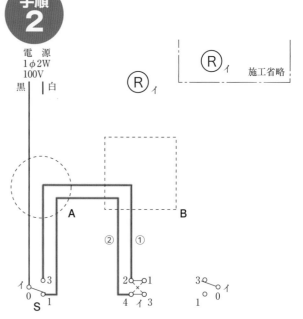

1. 左側の３路スイッチＳから４路スイッチへ配線する．

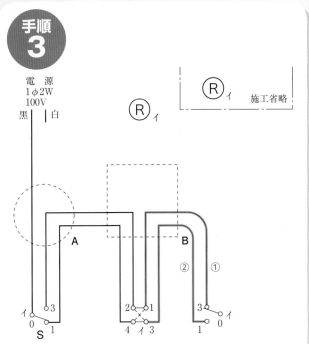

手順 3

1. 4路スイッチから右側の3路スイッチへ配線する.

手順 4

1. 右側の3路スイッチの端子「0」から左側の (R)ィ へ配線し, さらに電源の接地側電線へ配線する.
2. 施工省略の (R)ィ を左側の (R)ィ と並列に接続する.

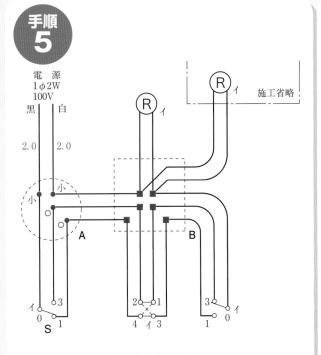

手順 5

1. 2.0mmの電線を記入する.
2. 接続点に印を付ける.
3. リングスリーブの圧着マークを記入する.

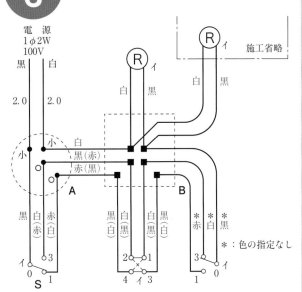

手順 6

1. 電線の色を記入する.
   - 最初に接地側電線の白色.
   - 次に電源からの非接地側電線の黒色.
   - 最後に残った電線の色.

公表問題 No.7

　図に示す低圧屋内配線工事を与えられた全ての材料（予備品を除く）を使用し，＜施工条件＞に従って完成させなさい．

なお，

1. リモコンリレーは端子台で代用するものとする．
2. – ———— – ———— で示した部分は施工を省略する．
3. 電線接続箇所のテープ巻きや絶縁キャップによる絶縁処理は省略する．
4. 作品は保護板(板紙)に取り付けないものとする．　　　　［試験時間　40分］

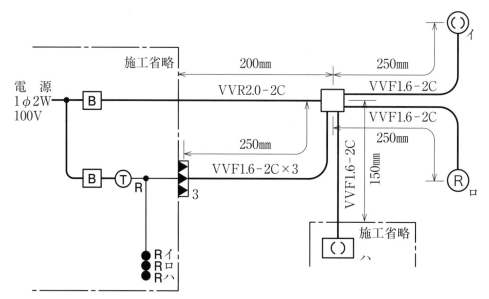

注：1. 図記号は，原則として JIS C 0303：2000 に準拠している．
　　　　また，作業に直接関係のない部分等は省略又は簡略化してある．
　　2. Ⓡ は，ランプレセプタクルを示す．

図1　配線図

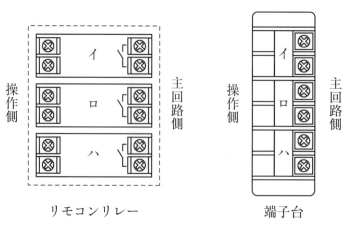

図2　リモコンリレー代用の端子台の説明図

施工条件

1. 配線及び器具の配置は, **図1**に従って行うこと.

2. リモコンリレー代用の端子台は, **図2**に従って使用すること.

3. 各リモコンリレーに至る電線には, **それぞれ2心ケーブル1本を使用すること.**

4. ジョイントボックス(アウトレットボックス)は, 打抜き済みの穴だけをすべて使用すること.

5. 電線の色別(絶縁被覆の色)は, 次によること.

   ①電源からの接地側電線には, すべて**白色**を使用する.

   ②電源からリモコンリレーまでの非接地側電線には, すべて**黒色**を使用する.

   ③次の器具の端子には, **白色の電線**を結線する.

     • ランプレセプタクルの受金ねじ部の端子

     • 引掛シーリングローゼットの接地側極端子(**W**と表示)

6. ジョイントボックス部分を経由する電線は, その部分ですべて接続箇所を設け, 接続方法は, 次によること.

   ①**4本の接続箇所**は, **差込形コネクタ**による接続とする.

   ②その他の接続箇所は, **リングスリーブ**による接続とする.

支給材料

材　　　料	
1. 600 Vビニル絶縁ビニルシースケーブル丸形　2.0mm　2心　長さ約　300mm	1本
2. 600 Vビニル絶縁ビニルシースケーブル平形　1.6mm　2心　長さ約 1100mm	2本
3. ジョイントボックス(アウトレットボックス) 　　　　　　　(19mm　2箇所, 25mm　3箇所ノックアウト打抜き済み)	1個
4. 端子台(リモコンリレーの代用), 6極	1個
5. ランプレセプタクル(カバーなし)	1個
6. 引掛シーリングローゼット(ボディ(丸形)のみ)	1個
7. ゴムブッシング(19)	2個
8. ゴムブッシング(25)	3個
9. リングスリーブ(小)　　　　　　　　　　　(予備品を含む)	5個
10. 差込形コネクタ(4本用)	2個
• 受験番号札	1枚
• ビニル袋	1枚

材料の写真

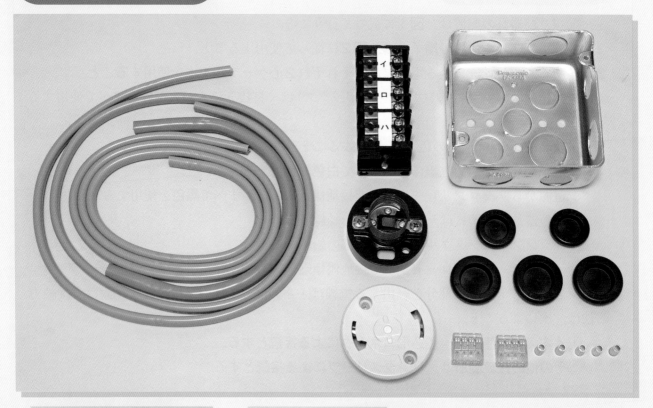

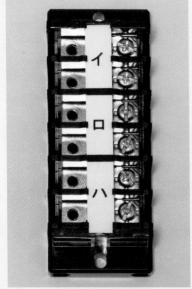

端子台(リモコンリレーの代用)

引掛シーリングローゼット(丸形)

支給
材料

1.	600 V ビニル絶縁ビニルシースケーブル丸形 2.0mm 2心 長さ約 300mm		1本
2.	600 V ビニル絶縁ビニルシースケーブル平形 1.6mm 2心 長さ約 1100mm		2本
3.	ジョイントボックス(アウトレットボックス) (19mm 2箇所, 25mm 3箇所ノックアウト打抜き済み)		1個
4.	端子台(リモコンリレーの代用), 6極		1個
5.	ランプレセプタクル(カバーなし)		1個
6.	引掛シーリングローゼット(ボディ(丸形)のみ)		1個
7.	ゴムブッシング(19)		2個
8.	ゴムブッシング(25)		3個
9.	リングスリーブ(小)	(予備品を含む)	5個
10.	差込形コネクタ(4本用)		2個

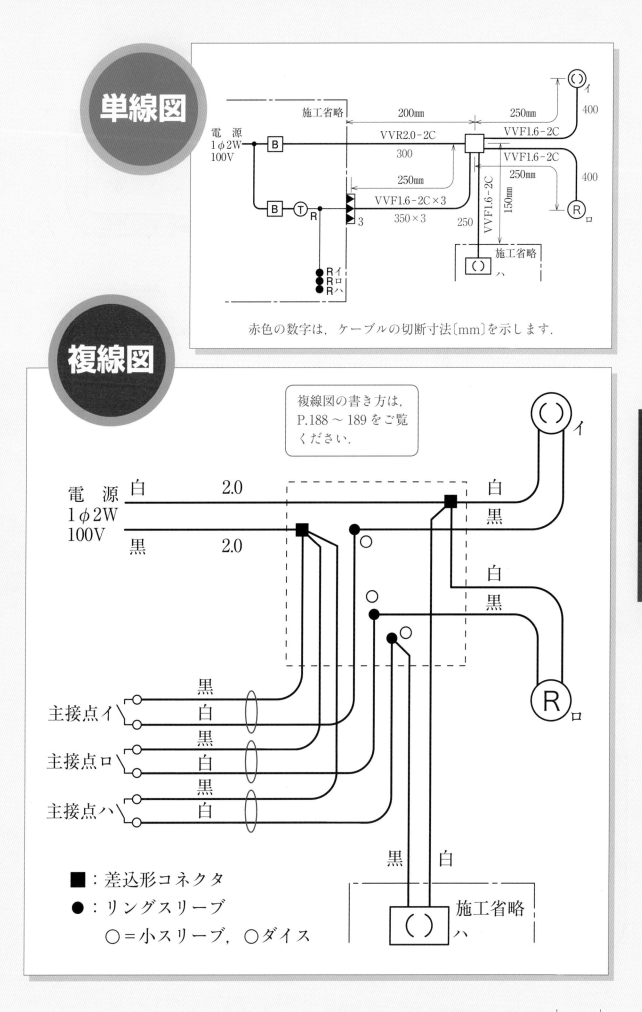

単線図

電源
1φ2W
100V

施工省略

200mm

250mm

400

VVR2.0-2C

VVF1.6-2C

300

VVF1.6-2C

250mm

VVF1.6-2C×3

VVF1.6-2C

250mm

150mm

400

350×3

250

3

R イ
R ロ
R ハ

施工省略

ハ

赤色の数字は，ケーブルの切断寸法〔mm〕を示します．

複線図

複線図の書き方は，
P.188〜189をご覧
ください．

複線図の書き方は，
P.188〜189をご覧
ください．

公表問題

No.
8

電　源
1φ2W
100V

白　2.0

黒　2.0

白
黒

白
黒

イ

R ロ

主接点イ
黒
白

主接点ロ
黒
白

主接点ハ
黒
白

黒　白

施工省略

ハ

■：差込形コネクタ

●：リングスリーブ

○＝小スリーブ，○ダイス

ケーブルの切断とはぎ取り寸法

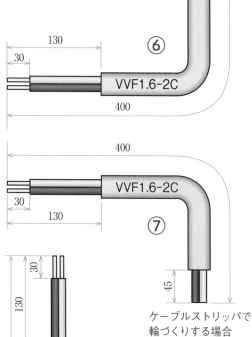

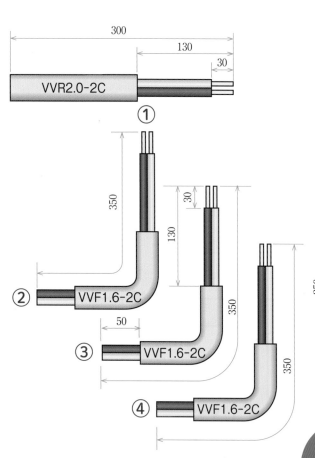

ケーブルストリッパで
輪づくりする場合

ケーブル
切断寸法
の計算

①200 + 100 = 300mm
②250 + 100 = 350mm
③250 + 100 = 350mm
④250 + 100 = 350mm
⑤150 + 100 = 250mm
⑥100 + 250 + 50 = 400mm
⑦100 + 250 + 50 = 400mm

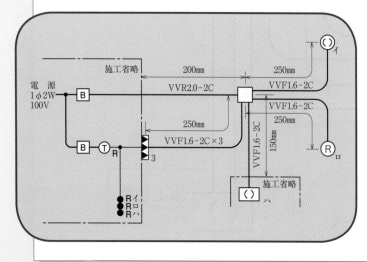

※ケーブルの切断寸法の計算は，あらかじめケーブルを
切断した後に器具を取り付け・結線する場合の目安の
寸法です．
※本書が採用するケーブルの切断寸法，及びシース（外
装）のはぎ取り寸法の考え方は本書のP.58～61に
詳しく解説しています．併せて参照ください．

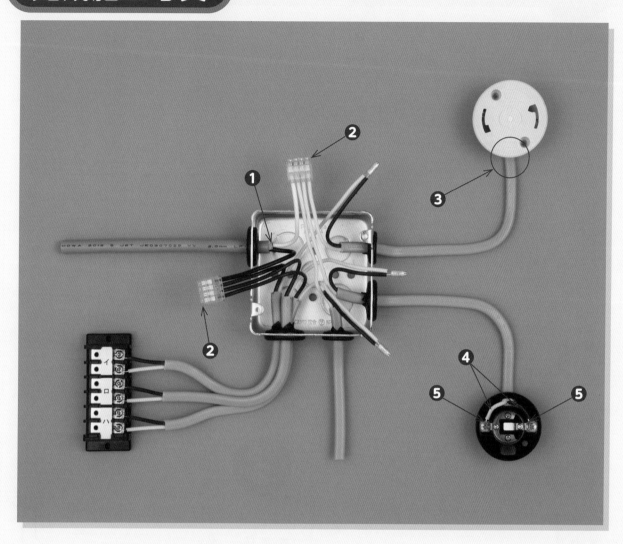

ポイント

（1） 電線の色の選定
- 接地側電線………白色
- 電源からリモコンリレーまでの非接地側電線
………黒色

（2） ランプレセプタクルの受金ねじ部の端子及び引掛シーリングローゼットの接地側極端子には，白色の電線を結線する.

（3） 電線の接続方法
4本接続………差込形コネクタ
その他…………リングスリーブ

（4） リングスリーブの圧着マーク
1.6mm×2＝○

欠陥になりやすいところ

❶電線を折り曲げたときに心線が露出する.

❷差込形コネクタの先端部分を真横から目視して心線が見えない.

❸絶縁被覆が引掛シーリングローゼットの台座の下端から5mm以上露出.

❹ランプレセプタクルのカバーが締まらない.

❺ねじの端から心線が5mm以上露出.

※ 施工手順の動画はP.233のQRコードからご覧になることができます.

No.8 複線図の書き方

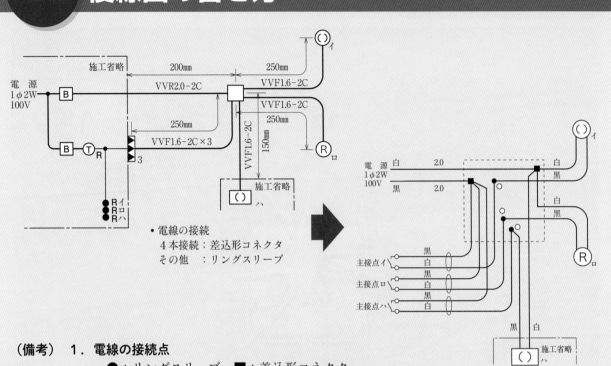

（備考）　1．電線の接続点

　　　　　●：リングスリーブ　　■：差込形コネクタ

　　　　2．電線の色表示は，次のようにすると能率がよい．

　　　　　　白→W　　黒→B

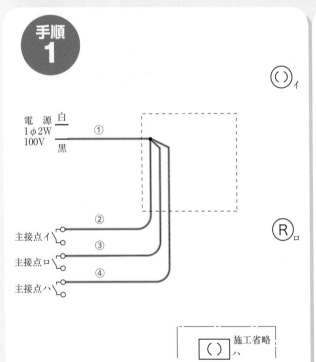

手順1

1．電源の非接地側電線を，リモコンリレーの主接点「イ」「ロ」「ハ」へ配線する．

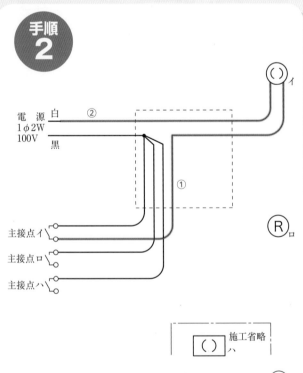

手順2

1．リモコンリレーの主接点「イ」から◯イへ配線する．

2．◯イから電源の接地側電線へ配線する．

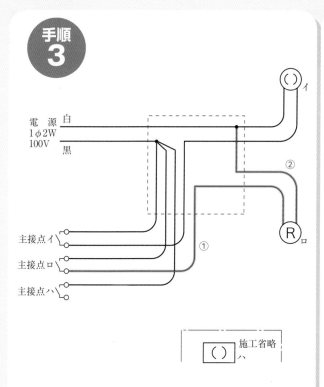

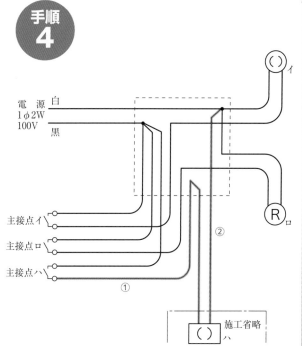

手順 ③

1．リモコンリレーの主接点「ロ」から Ⓡ_ロ へ配線する．
2．Ⓡ_ロ から接地側電線へ配線する．

手順 ④

1．リモコンリレーの主接点「ハ」から施工省略の ◯_ハ へ配線する．
2．◯_ハ から接地側電線へ配線する．

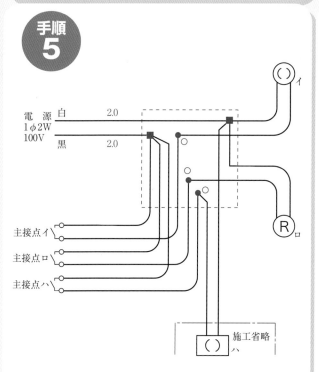

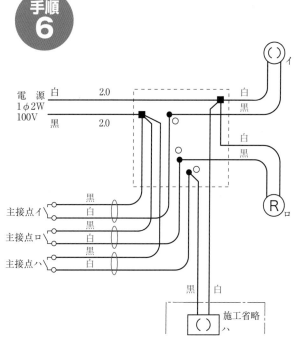

手順 ⑤

1．2.0mm の電線を記入する．
2．接続点に印を付ける．
3．リングスリーブの圧着マークを記入する．

手順 ⑥

1．電線の色を記入する．
・最初に接地側電線の白色．
・次に電源からの非接地側電線の黒色．
・最後に残った電線の色．

公表問題 No.8

公表問題 No.8 で考えられる別回路

公表された候補問題 No.8 で，アウトレットボックスからリモコンリレーに至るケーブルが図面に示されていません．過去に出題された問題は VVF1.6-2C×3 でしたが，VVF1.6-2C×2 のケーブルを用いた次のような回路も想定されます．

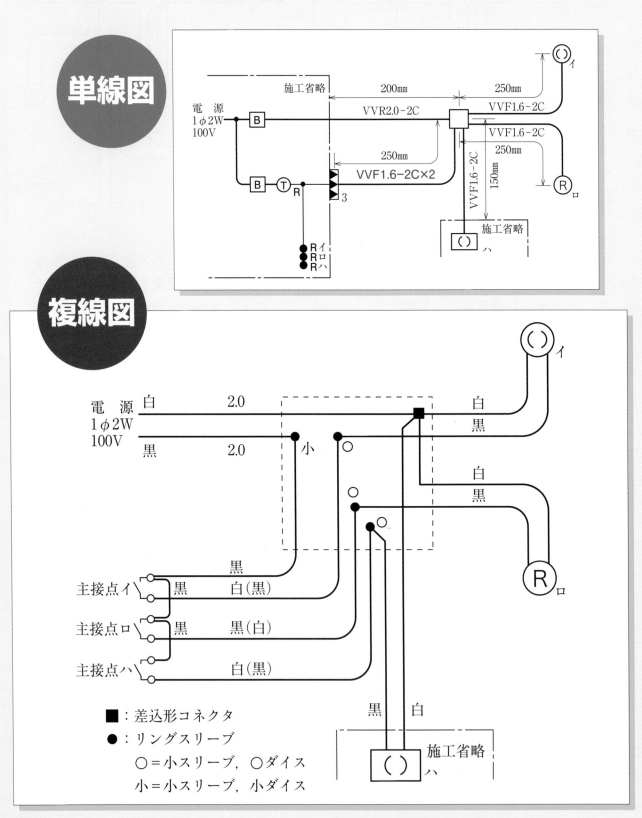

完成施工写真

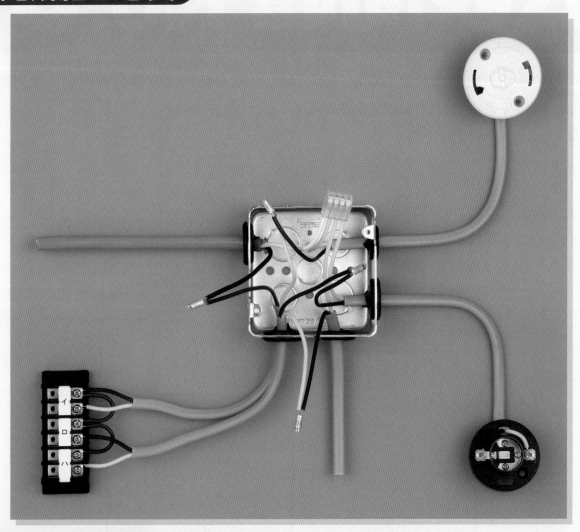

支給材料

材　　料	
1. 600V ビニル絶縁ビニルシースケーブル丸形　2.0mm　2心　長さ約　　300mm	1本
2. 600V ビニル絶縁ビニルシースケーブル平形　1.6mm　2心　長さ約　1100mm	2本
3. ジョイントボックス(アウトレットボックス) 　　　　　　　　(19mm　2箇所, 25mm　3箇所ノックアウト打抜き済み)	1個
4. 端子台(リモコンリレーの代用), 6極	1個
5. ランプレセプタクル(カバーなし)	1個
6. 引掛シーリングローゼット(ボディ(丸形)のみ)	1個
7. ゴムブッシング(19)	2個
8. ゴムブッシング(25)	3個
9. リングスリーブ(小)　　　　　　　　　　　　(予備品を含む)	6個
10. 差込形コネクタ(4本用)	1個
• 受験番号札	1枚
• ビニル袋	1枚

公表問題 No.8

図に示す低圧屋内配線工事を与えられた全ての材料（予備品を除く）を使用し，＜施工条件＞に従って完成させなさい．

なお，

1. – ——— – ———で示した部分は施工を省略する．

2. VVF用ジョイントボックス及びスイッチボックスは支給していないので，その取り付けは省略する．

3. 電線接続箇所のテープ巻きや絶縁キャップによる絶縁処理は省略する．

4. 作品は保護板(板紙)に取り付けないものとする．

［試験時間　40分］

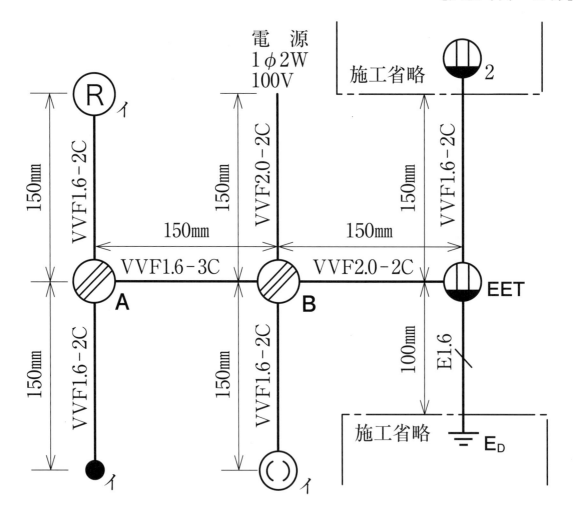

注：1. 図記号は，原則として JIS C 0303：2000 に準拠している．
　　　　 また，作業に直接関係のない部分等は省略又は簡略化してある．
　　2. Ⓡは，ランプレセプタクルを示す．

施工条件

1．配線及び器具の配置は，図に従って行うこと．
2．電線の色別（絶縁被覆の色）は，次によること．
    ①電源からの接地側電線には，すべて**白色**を使用する．
    ②電源からコンセント及び点滅器までの非接地側電線には，すべて**黒色**を使用する．
    ③接地線には，**緑色**を使用する．
    ④次の器具の端子には，**白色の電線**を結線する．
       • コンセントの接地側極端子（**W**と表示）
       • ランプレセプタクルの受金ねじ部の端子
       • 引掛シーリングローゼットの接地側極端子（**W**と表示）
3．VVF用ジョイントボックス部分を経由する電線は，その部分ですべて接続箇所を設け，
   接続方法は，次によること．
    ①**A部分**は，差込形コネクタによる**接続**とする．
    ②**B部分**は，リングスリーブによる**接続**とする．

支給材料

材　　料		
1．600V ビニル絶縁ビニルシースケーブル平形 2.0mm　2心　青 長さ約　600mm	1本	
2．600V ビニル絶縁ビニルシースケーブル平形 1.6mm　2心　　　長さ約 1250mm	1本	
3．600V ビニル絶縁ビニルシースケーブル平形 1.6mm　3心　　　長さ約　350mm	1本	
4．600V ビニル絶縁電線（緑）1.6mm　　　　　　　　　　　長さ約　150mm	1本	
5．ランプレセプタクル（カバーなし）	1個	
6．引掛シーリングローゼット（ボディ（丸形）のみ）	1個	
7．埋込連用タンブラスイッチ	1個	
8．埋込コンセント（15A125V 接地極付接地端子付）	1個	
9．埋込連用取付枠	1枚	
10．リングスリーブ（小）　　　　　　　　　　　　　（予備品を含む）	2個	
11．リングスリーブ（中）　　　　　　　　　　　　　（予備品を含む）	3個	
12．差込形コネクタ（2本用）	2個	
13．差込形コネクタ（3本用）	1個	
•　受験番号札	1枚	
•　ビニル袋	1枚	

材料の写真

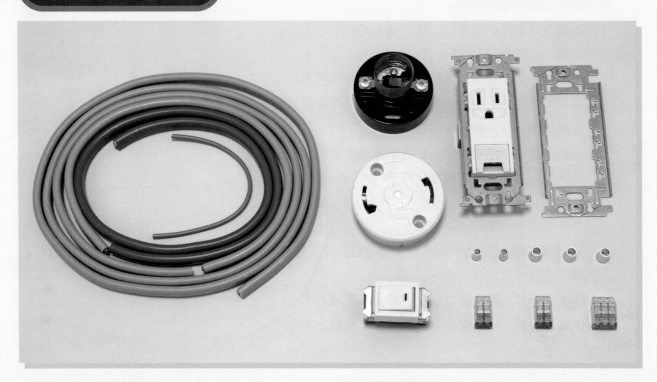

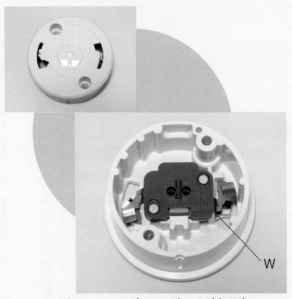

引掛シーリングローゼット（丸形）

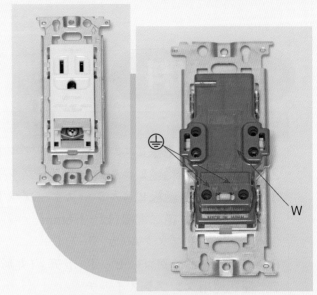

15A125V　接地極付接地端子付コンセント

支給材料

1．600V ビニル絶縁ビニルシースケーブル平形 2.0mm　2心 青 長さ約　600mm　　　1本
2．600V ビニル絶縁ビニルシースケーブル平形 1.6mm　2心　　長さ約1 250mm　　　1本
3．600V ビニル絶縁ビニルシースケーブル平形 1.6mm　3心　　長さ約　350mm　　　1本
4．600V ビニル絶縁電線（緑）1.6mm　　　　　　　　　　　　長さ約　150mm　　　1本
5．ランプレセプタクル（カバーなし）　　　　　　　　　　　　　　　　　　　　　　1個
6．引掛シーリングローゼット（ボディ（丸形）のみ）　　　　　　　　　　　　　　　　1個
7．埋込連用タンブラスイッチ　　　　　　　　　　　　　　　　　　　　　　　　　　1個
8．埋込コンセント（15A125V 接地極付接地端子付）　　　　　　　　　　　　　　　　1個
9．埋込連用取付枠　　　　　　　　　　　　　　　　　　　　　　　　　　　　　　　1枚
10．リングスリーブ（小）　　　　　　　　　　　　　　　　（予備品を含む）　　　　2個
11．リングスリーブ（中）　　　　　　　　　　　　　　　　（予備品を含む）　　　　3個
12．差込形コネクタ（2本用）　　　　　　　　　　　　　　　　　　　　　　　　　　2個
13．差込形コネクタ（3本用）　　　　　　　　　　　　　　　　　　　　　　　　　　1個

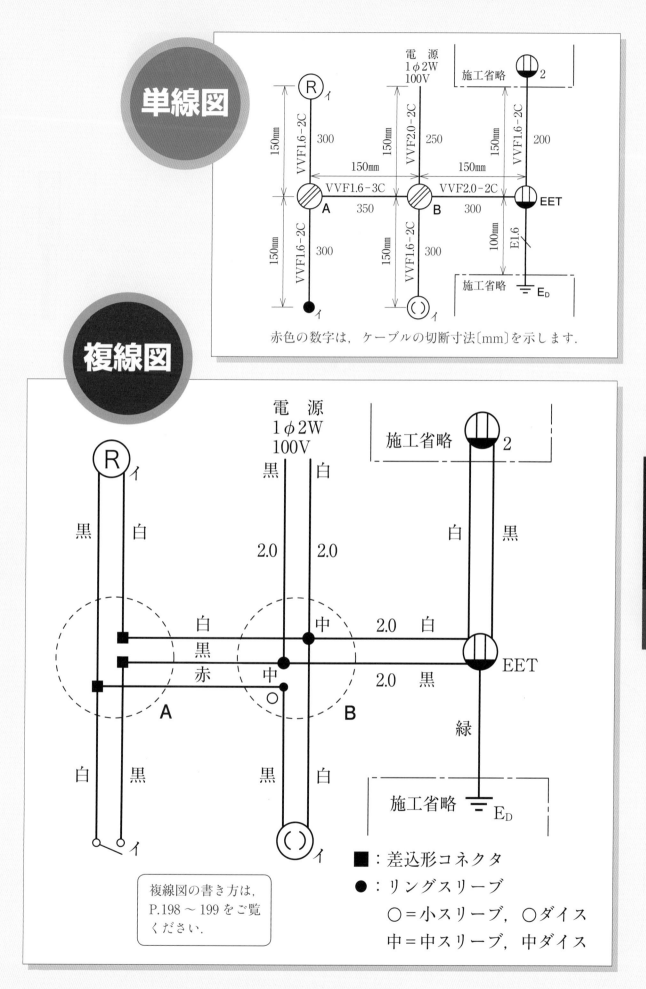

単線図

電源
1φ2W
100V

施工省略 ⊘2

150mm VVF1.6-2C ℝ イ 300

VVF2.0-2C 150mm 250

VVF1.6-2C 150mm 200

150mm VVF1.6-3C 350

VVF2.0-2C 300 EET

A 150mm B

150mm

VVF1.6-2C 150mm 300

VVF1.6-2C 150mm 300

100mm E1.6

施工省略 E_D

赤色の数字は，ケーブルの切断寸法〔mm〕を示します.

複線図

電源
1φ2W
100V

施工省略 ⊕2

黒 白

白 黒

ℝ イ

黒 白

2.0 2.0

白 中 2.0 白

黒 EET

赤 中 2.0 黒

○ 中

A B 緑

白 黒 黒 白 施工省略 E_D

○ ○ イ

○ イ

■：差込形コネクタ

●：リングスリーブ

〇＝小スリーブ，○ダイス

中＝中スリーブ，中ダイス

複線図の書き方は，
P.198 ～ 199 をご覧
ください.

ケーブルの切断とはぎ取り寸法

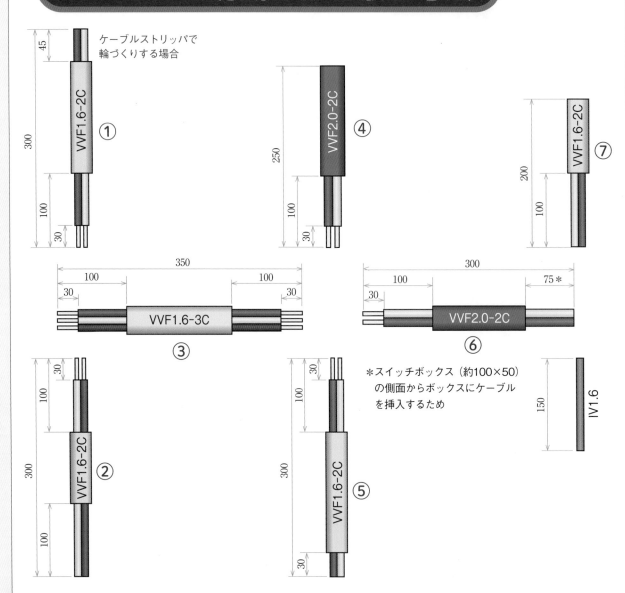

ケーブルストリッパで
輪づくりする場合

45
VVF1.6-2C ①
300
100
30

250
VVF2.0-2C ④
100
30

200
VVF1.6-2C ⑦
100

350
100 / 100
30 / 30
VVF1.6-3C ③

300
100 / 75 *
30
VVF2.0-2C ⑥

30
100
VVF1.6-2C ②
300
100

30
100
VVF1.6-2C ⑤
300
30

*スイッチボックス（約100×50）
の側面からボックスにケーブル
を挿入するため

150
IV1.6

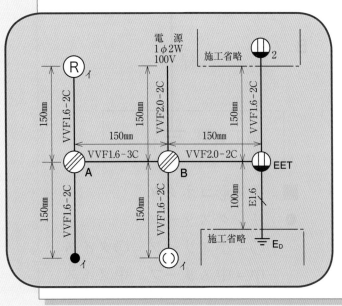

電源
1φ2W
100V

施工省略 ②

R イ
150mm
VVF1.6-2C

150mm
VVF2.0-2C

150mm
VVF1.6-2C

150mm
VVF1.6-3C A

150mm
VVF2.0-2C B

EET

150mm
VVF1.6-2C

150mm
VVF1.6-2C

100mm
E1.6

施工省略

E_D

イ

イ

ケーブル切断寸法の計算

①100＋150＋50＝300mm
②50＋150＋100＝300mm
③100＋150＋100＝350mm
④100＋150＝250mm
⑤50＋150＋100＝300mm
⑥100＋150＋50＝300mm
⑦50＋150＝200mm

※ケーブルの切断寸法の計算は，あらかじめケーブルを
切断した後に器具を取り付け・結線する場合の目安の
寸法です．
※本書が採用するケーブルの切断寸法，及びシース（外
装）のはぎ取り寸法の考え方は本書のP. 58 ～ 61に
詳しく解説しています．併せて参照ください．

完成施工写真

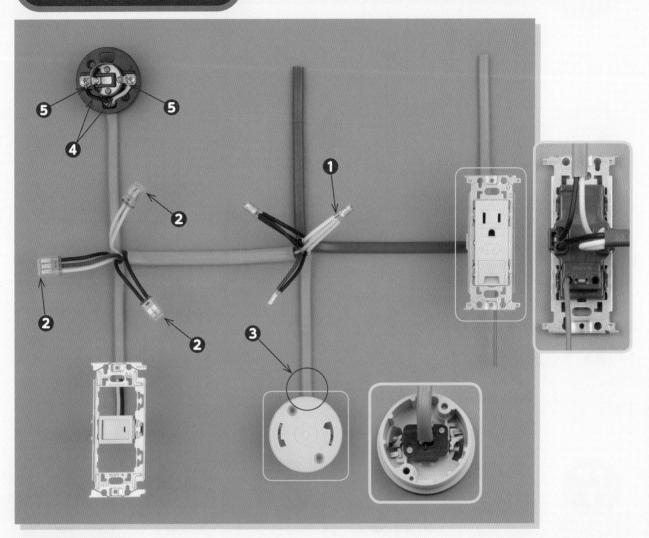

ポイント

（1）電線の色の選定
- 接地側電線………白色
- 電源からスイッチ，コンセントまでの非接地側電線………黒色
- 接地線………緑色

（2）ランプレセプタクルの受金ねじ部の端子及び引掛シーリングローゼット・コンセントの接地側極端子には，白色の電線を結線する.

（3）電線の接続方法
- ジョイントボックスA（左）………差込形コネクタ
- ジョイントボックスB（右）………リングスリーブ

（4）リングスリーブの圧着マーク
- 1.6mm×2＝○
- 2.0mm×2＋1.6mm×1＝中
- 2.0mm×2＋1.6mm×2＝中

欠陥になりやすいところ

❶リングスリーブの下端から心線が10mm以上露出.

❷差込形コネクタの先端部分を真横から目視して心線が見えない.

❸絶縁被覆が引掛シーリングローゼットの台座の下端から5mm以上露出.

❹ランプレセプタクルのカバーが締まらない.

❺ねじの端から心線が5mm以上露出.

※ 施工手順の動画はP.233のQRコードからご覧になることができます.

No.9 複線図の書き方

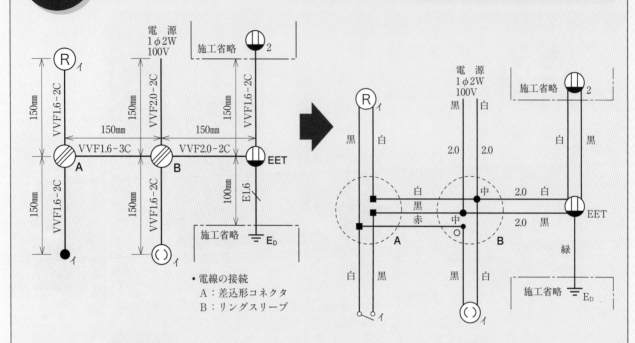

・電線の接続
A：差込形コネクタ
B：リングスリーブ

（備考） 1．電線の接続点

● ：リングスリーブ　　■：差込形コネクタ

2．電線の色表示は，次のようにすると能率がよい．

白→W　黒→B　赤→R　緑→G

手順 1

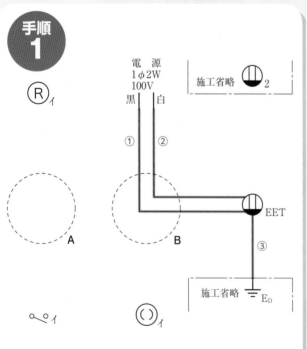

1．電源から ⊕EET へ配線する．

2．⊕EET から施工省略の接地極 E_D へ接地線を配線する．

手順 2

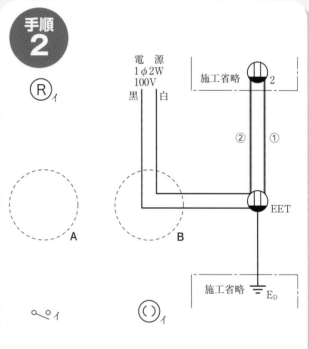

1．⊕EET から施工省略の ⊕2 へ配線する．

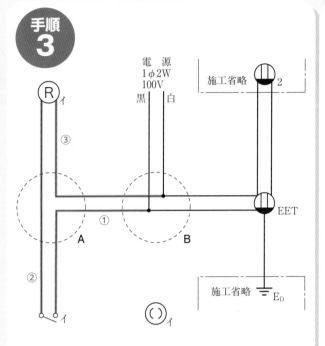

1. スイッチ「イ」で，Ⓡ_イが点滅する回路を配線する.

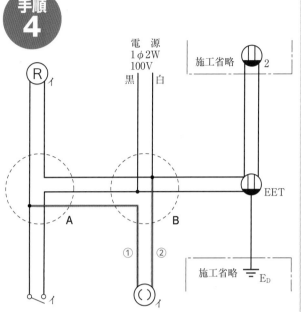

1. ◎_イを，Ⓡ_イと並列に接続する.

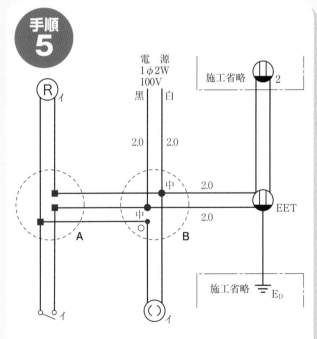

1. 2.0mmの電線を記入する.
2. 電線の接続点に印を付ける.
3. リングスリーブの圧着マークを記入する.

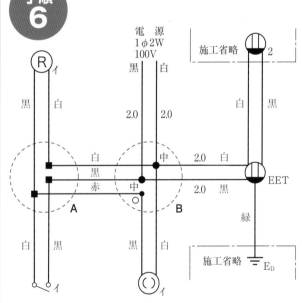

1. 電線の色を記入する.
   - 最初に接地側電線の白色.
   - 次に電源からの非接地側電線の黒色.
   - 続いて接地線の緑色.
   - 最後に残った電線の色.

　図に示す低圧屋内配線工事を与えられた全ての材料（予備品を除く）を使用し，＜施工条件＞に従って完成させなさい.

なお，

　1．－────－────で示した部分は施工を省略する.

　2．VVF用ジョイントボックス及びスイッチボックスは支給していないので，その取り付けは省略する.

　3．電線接続箇所のテープ巻きや絶縁キャップによる絶縁処理は省略する.

　4．作品は保護板（板紙）に取り付けないものとする.

［試験時間　40分］

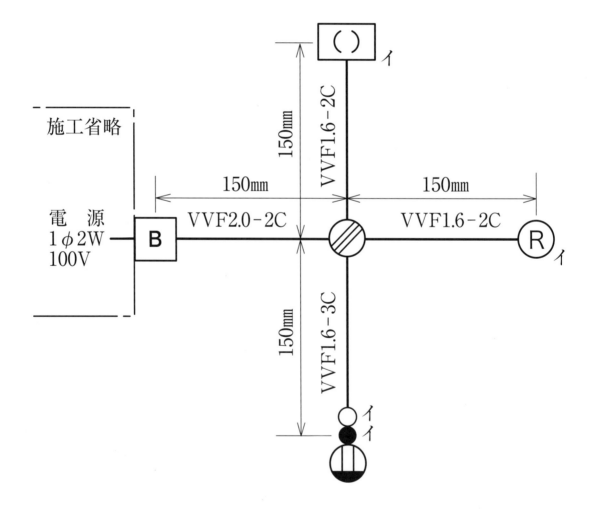

注：1．図記号は，原則として JIS C 0303：2000 に準拠している.

　　　また，作業に直接関係のない部分等は省略又は簡略化してある.

　　2．Ⓡは，ランプレセプタクルを示す.

施工条件

1. 配線及び器具の配置は，図に従って行うこと．
2. **確認表示灯（パイロットランプ）は，引掛シーリングローゼット及びランプレセプタクルと同時点滅とすること.**
3. 電線の色別（絶縁被覆の色）は，次によること.
   ①電源からの接地側電線には，すべて**白色**を使用する.
   ②電源から点滅器及びコンセントまでの非接地側電線には，すべて**黒色**を使用する.
   ③次の器具の端子には，**白色の電線**を結線する.
   - コンセントの接地側極端子（**W**と表示）
   - ランプレセプタクルの受金ねじ部の端子
   - 引掛シーリングローゼットの接地側極端子（**W**又は接地側と表示）
   - 配線用遮断器の接地側極端子（**N**と表示）
4. VVF用ジョイントボックス部分を経由する電線は，その部分ですべて接続箇所を設け，接続方法は，次によること.
   ①**3本の接続箇所は，差込形コネクタによる接続とする.**
   ②**その他の接続箇所は，リングスリーブによる接続とする.**

支給材料

材　　料		
1. 600Ⅴビニル絶縁ビニルシースケーブル平形2.0mm 2心 青	長さ約300mm	1本
2. 600Ⅴビニル絶縁ビニルシースケーブル平形1.6mm 2心	長さ約650mm	1本
3. 600Ⅴビニル絶縁ビニルシースケーブル平形1.6mm 3心	長さ約450mm	1本
4. 配線用遮断器（100V，2極1素子）		1個
5. ランプレセプタクル（カバーなし）		1個
6. 引掛シーリングローゼット（ボディ（角形）のみ）		1個
7. 埋込連用タンブラスイッチ		1個
8. 埋込連用パイロットランプ		1個
9. 埋込連用コンセント		1個
10. 埋込連用取付枠		1枚
11. リングスリーブ（小）	（予備品を含む）	2個
12. リングスリーブ（中）	（予備品を含む）	2個
13. 差込形コネクタ（3本用）		1個
• 受験番号札		1枚
• ビニル袋		1枚

材料の写真

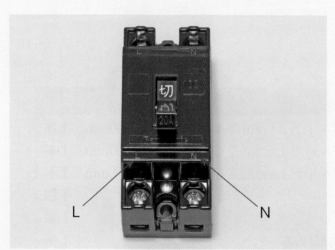

配線用遮断器

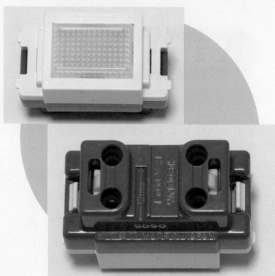

埋込連用パイロットランプ

支給
材料

1. 600 V ビニル絶縁ビニルシースケーブル平形 2.0mm 2心 青 長さ約 300mm　　1本
2. 600 V ビニル絶縁ビニルシースケーブル平形 1.6mm 2心　　長さ約 650mm　　1本
3. 600 V ビニル絶縁ビニルシースケーブル平形 1.6mm 3心　　長さ約 450mm　　1本
4. 配線用遮断器(100V, 2極1素子)　　　　　　　　　　　　　　　　　　　　　　　1個
5. ランプレセプタクル(カバーなし)　　　　　　　　　　　　　　　　　　　　　　1個
6. 引掛シーリングローゼット(ボディ(角形)のみ)　　　　　　　　　　　　　　　　1個
7. 埋込連用タンブラスイッチ　　　　　　　　　　　　　　　　　　　　　　　　　1個
8. 埋込連用パイロットランプ　　　　　　　　　　　　　　　　　　　　　　　　　1個
9. 埋込連用コンセント　　　　　　　　　　　　　　　　　　　　　　　　　　　　1個
10. 埋込連用取付枠　　　　　　　　　　　　　　　　　　　　　　　　　　　　　　1枚
11. リングスリーブ(小)　　　　　　　　　　　　　　　　　(予備品を含む)　　　2個
12. リングスリーブ(中)　　　　　　　　　　　　　　　　　(予備品を含む)　　　2個
13. 差込形コネクタ(3本用)　　　　　　　　　　　　　　　　　　　　　　　　　　1個

単線図

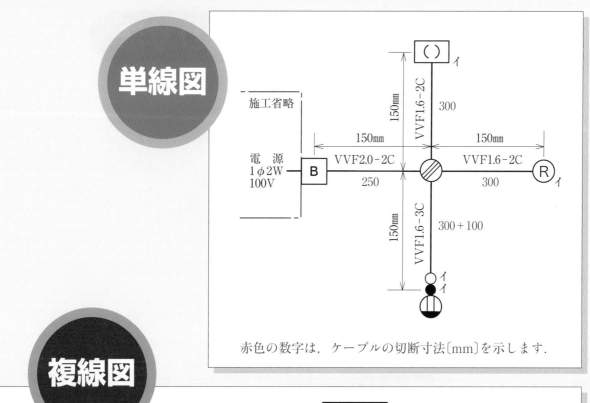

赤色の数字は，ケーブルの切断寸法〔mm〕を示します．

複線図

複線図の書き方は，
P.206 ～ 207 をご覧
ください．

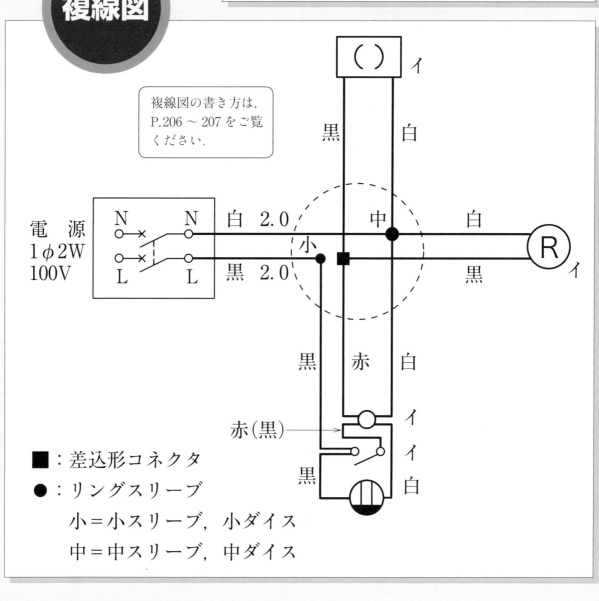

■：差込形コネクタ
●：リングスリーブ
　小＝小スリーブ，小ダイス
　中＝中スリーブ，中ダイス

ケーブルの切断とはぎ取り寸法

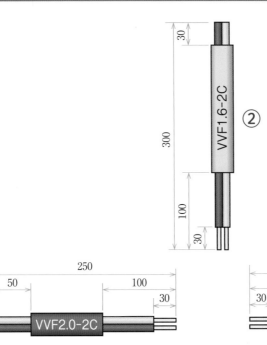

② VVF1.6-2C

① VVF2.0-2C

④ VVF1.6-2C

ケーブルストリッパで輪づくりする場合

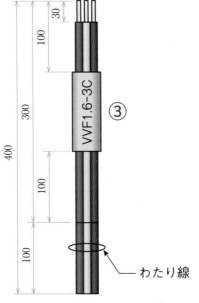

③ VVF1.6-3C

わたり線

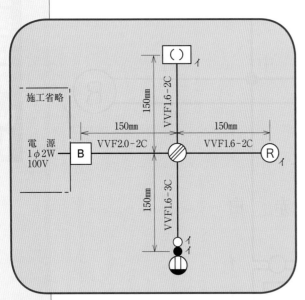

ケーブル切断寸法の計算

① 150 + 100 = 250mm
② 100 + 150 + 50 = 300mm
③ 100 + 50 + 150 + 100 = 400mm
④ 100 + 150 + 50 = 300mm

※ケーブルの切断寸法の計算は，あらかじめケーブルを切断した後に器具を取り付け・結線する場合の目安の寸法です．

※本書が採用するケーブルの切断寸法，及びシース（外装）のはぎ取り寸法の考え方は本書のP.58 ～ 61 に詳しく解説しています．併せて参照ください．

完成施工写真

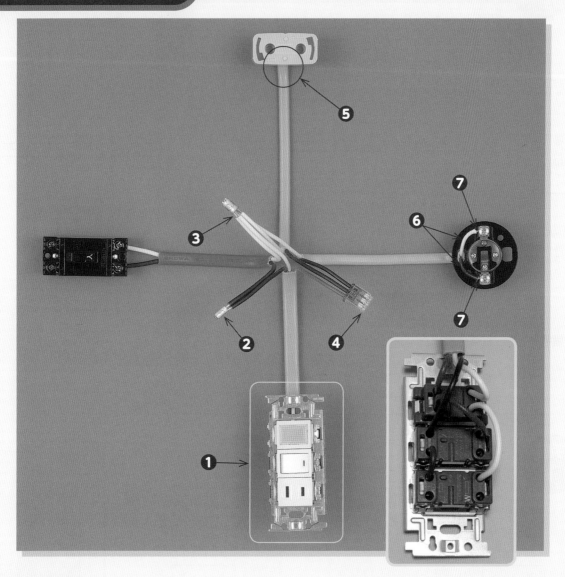

ポイント

（1）　電線の色の選定
- 接地側電線………白色
- 電源からスイッチ，コンセントまでの非接地側電線………黒色

（2）　配線用遮断器への結線
　　　　N………接地側電線（白色）
　　　　L………非接地側電線（黒色）

（3）　ランプレセプタクルの受金ねじ部の端子及びコンセント・引掛シーリングローゼットの接地側極端子には，白色の電線を結線する．

（4）　リングスリーブの圧着マーク
　　　　2.0mm×1＋1.6mm×1＝小
　　　　2.0mm×1＋1.6mm×3＝中

欠陥になりやすいところ

❶ パイロットランプ，スイッチ，コンセント部分の誤結線．

❷ 2.0mm×1＋1.6mm×1の圧着マークの誤り．

❸ リングスリーブの下端から心線が10mm以上露出．

❹ 差込形コネクタの先端部分を真横から目視して心線が見えない．

❺ 絶縁被覆が引掛シーリングローゼットの台座の下端から5mm以上露出．

❻ ランプレセプタクルのカバーが締まらない．

❼ ねじの端から心線が5mm以上露出．

※ 施工手順の動画は P.233 の QR コードからご覧になることができます．

No.10 複線図の書き方

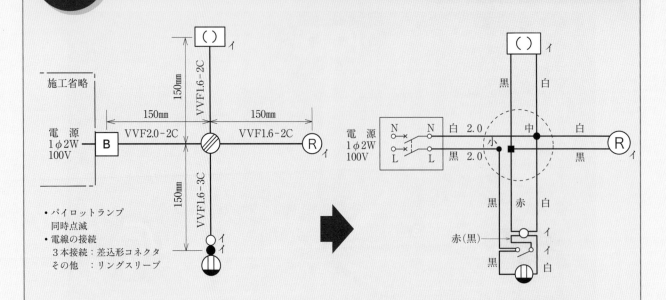

- パイロットランプ
  同時点滅
- 電線の接続
  3本接続：差込形コネクタ
  その他 　：リングスリーブ

（備考）　1．電線の接続点

　　　　　　　　●：リングスリーブ　　　　■：差込形コネクタ

　　　　2．電線の色表示は，次のようにすると能率がよい．

　　　　　　　　白→W　黒→B　赤→R

手順 1

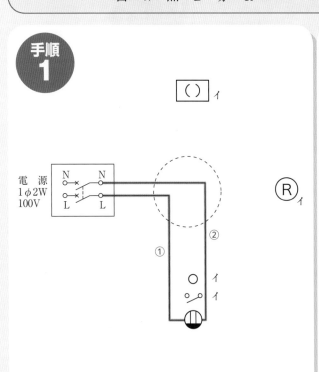

1．配線用遮断器からコンセントまで配線する．

手順 2

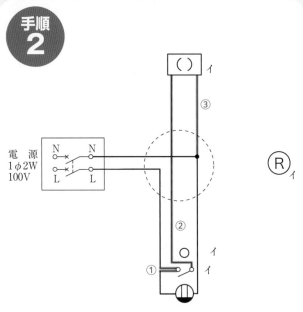

1．スイッチ「イ」で（ ）ィが点滅する回路を配線する．

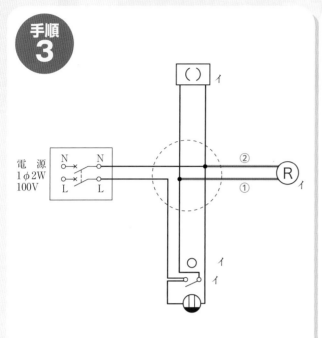

手順3

1．Ⓡイを （ ）イ と並列に接続する．

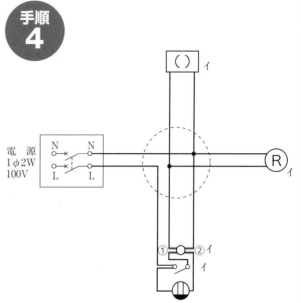

手順4

1．パイロットランプ○を，Ⓡイ と （ ）イ に並列に接続する．

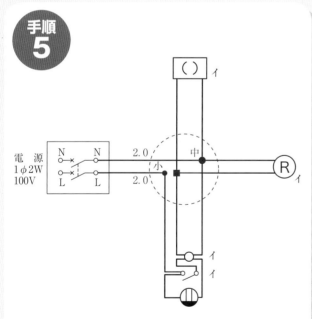

手順5

1．2.0mmの電線を記入する．
2．接続点に印を付ける．
3．リングスリーブの圧着マークを記入する．

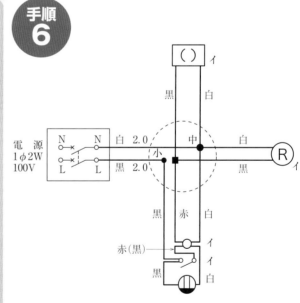

手順6

1．電線の色を記入する．
　・最初に接地側電線の白色．
　・次に電源からの非接地側電線の黒色．
　・最後に残った電線の色．

　図に示す低圧屋内配線工事を与えられた全ての材料（予備品を除く）を使用し，＜施工条件＞に従って完成させなさい.

なお,

　1．金属管とジョイントボックス(アウトレットボックス)とを電気的に接続することは省略する.

　2．スイッチボックスは支給していないので，その取り付けは省略する.

　3．電線接続箇所のテープ巻きや絶縁キャップによる絶縁処理は省略する.

　4．作品は保護板(板紙)に取り付けないものとする.　　　　［試験時間　40分］

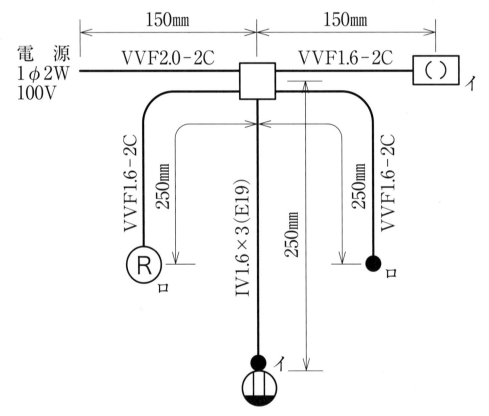

　注：1．図記号は，原則として JIS C 0303：2000 に準拠している.
　　　　　また，作業に直接関係のない部分等は省略又は簡略化してある.
　　　2．Ⓡは，ランプレセプタクルを示す.

施工条件

　1．配線及び器具の配置は，図に従って行うこと.

　2．ジョイントボックス(アウトレットボックス)は，打抜き済みの穴だけをすべて使用すること.

3．電線の色別（絶縁被覆の色）は，次によること．
①電源からの接地側電線には，すべて**白色**を使用する．
②電源から点滅器及びコンセントまでの非接地側電線には，すべて**黒色**を使用する．
③次の器具の端子には，**白色の電線**を結線する．
- コンセントの接地側極端子（**W**と表示）
- ランプレセプタクルの受金ねじ部の端子
- 引掛シーリングローゼットの接地側極端子（**W**又は接地側と表示）

4．ジョイントボックス部分を経由する電線は，その部分ですべて接続箇所を設け，接続方法は，次によること．
①電源側電線（電源からの電線・シース青色）との接続箇所は，リングスリーブによる接続とする．
②その他の接続箇所は，差込形コネクタによる接続とする．

5．ねじなしボックスコネクタは，ジョイントボックス側に取り付けること．

6．**埋込連用取付枠**は，タンブラスイッチ（イ）及びコンセント部分に使用すること．

支給材料

材　　　料	
1．600V ビニル絶縁ビニルシースケーブル平形 2.0mm　2心 **青** 長さ約　250mm	1本
2．600V ビニル絶縁ビニルシースケーブル平形 1.6mm　2心　　　　長さ約1200mm	1本
3．600V ビニル絶縁電線（黒）1.6mm　　　　　　　　　　長さ約　550mm	1本
4．600V ビニル絶縁電線（白）1.6mm　　　　　　　　　　長さ約　450mm	1本
5．600V ビニル絶縁電線（赤）1.6mm　　　　　　　　　　長さ約　450mm	1本
6．ジョイントボックス（アウトレットボックス）（19mm 3箇所，25mm 2箇所ノックアウト打抜き済み）	1個
7．ねじなし電線管（E19）（端口処理済み）　　　　　　　長さ約　120mm	1本
8．ねじなしボックスコネクタ（E19）ロックナット付，接地用端子は省略	1個
9．ランプレセプタクル（カバーなし）	1個
10．引掛シーリングローゼット（ボディ（角形）のみ）	1個
11．埋込連用タンブラスイッチ	2個
12．埋込連用コンセント	1個
13．埋込連用取付枠	1枚
14．絶縁ブッシング（19）	1個
15．ゴムブッシング（19）	2個
16．ゴムブッシング（25）	2個
17．リングスリーブ（小）　　　　　　　　　　（予備品を含む）	2個
18．リングスリーブ（中）　　　　　　　　　　（予備品を含む）	2個
19．差込形コネクタ（2本用）	2個
・　受験番号札	1枚
・　ビニル袋	1枚

材料の写真

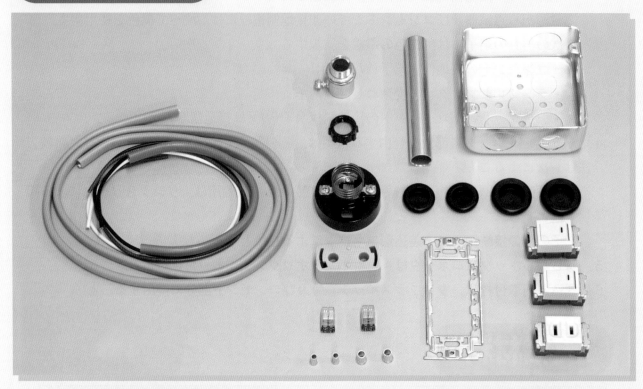

受金ねじ部の端子

ランプレセプタクル

止めねじ

絶縁ブッシング

ねじなしボックスコネクタと絶縁ブッシング

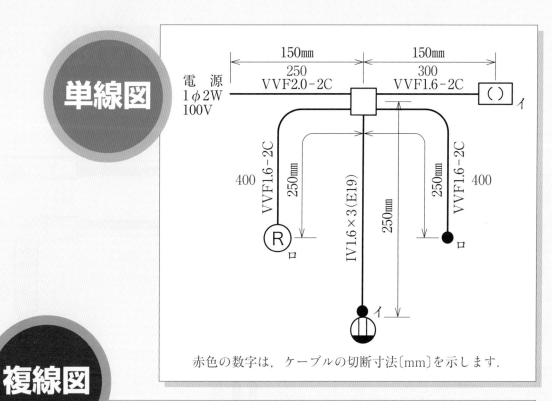

赤色の数字は，ケーブルの切断寸法〔mm〕を示します．

複線図

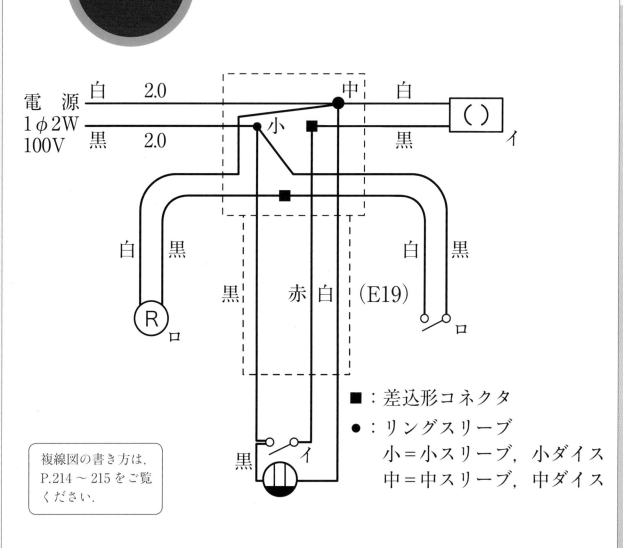

■：差込形コネクタ

●：リングスリーブ
　小＝小スリーブ，小ダイス
　中＝中スリーブ，中ダイス

複線図の書き方は，
P.214 ～ 215 をご覧
ください．

公表問題 No. 11

ケーブルの切断とはぎ取り寸法

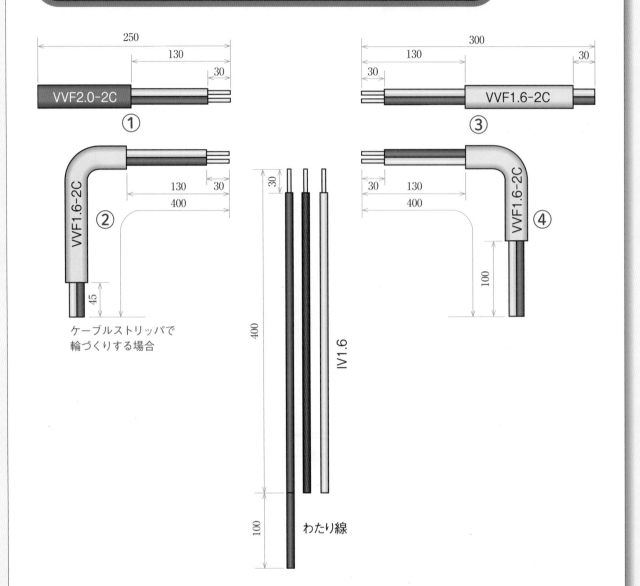

ケーブルストリッパで
輪づくりする場合

わたり線

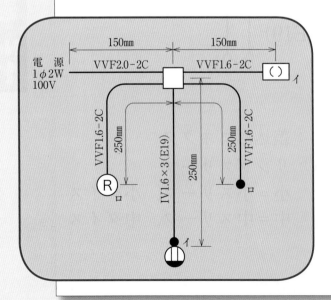

ケーブル
切断寸法
の計算

① 150 + 100 = 250mm
② 50 + 250 + 100 = 400mm
③ 100 + 150 + 50 = 300mm
④ 50 + 250 + 100 = 400mm

※ケーブルの切断寸法の計算は，あらかじめケーブルを
　切断した後に器具を取り付け・結線する場合の目安の
　寸法です．

※本書が採用するケーブルの切断寸法，及びシース（外
　装）のはぎ取り寸法の考え方は本書のP.58〜61に
　詳しく解説しています．併せて参照ください．

完成施工写真

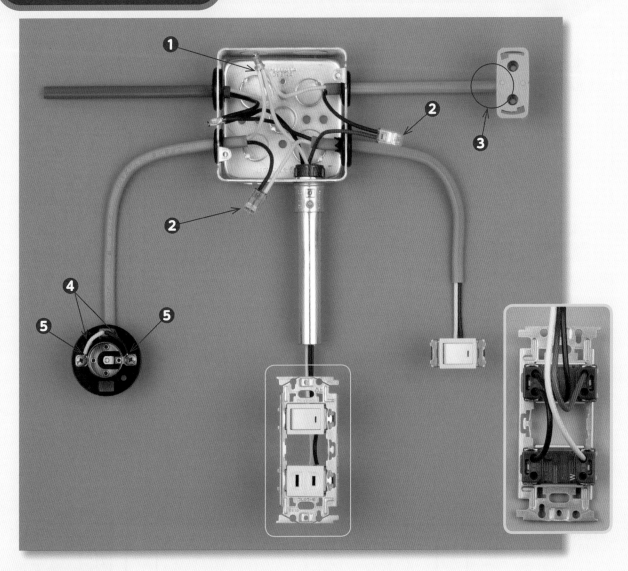

ポイント

（1）　電線の色の選定
- 接地側電線………白色
- 電源からスイッチ，コンセントまでの非接地側電線………黒色

（2）　ランプレセプタクルの受金ねじ部の端子及び引掛シーリングローゼット・コンセントの接地側極端子には，白色の電線を結線する．

（3）　電線の接続方法
電源側電線………リングスリーブ
その他……………差込形コネクタ

（5）　リングスリーブの圧着マーク
2.0mm×1＋1.6mm×2＝小
2.0mm×1＋1.6mm×3＝中

欠陥になりやすいところ

❶リングスリーブの下端から心線が10mm以上露出．

❷差込形コネクタの先端部分を真横から目視して心線が見えない．

❸絶縁被覆が引掛シーリングローゼットの台座の下端から5mm以上露出．

❹ランプレセプタクルのカバーが締まらない．

❺ねじの端から心線が5mm以上露出．

※ 施工手順の動画は P.233 の QR コードからご覧になることができます．

No.11 複線図の書き方

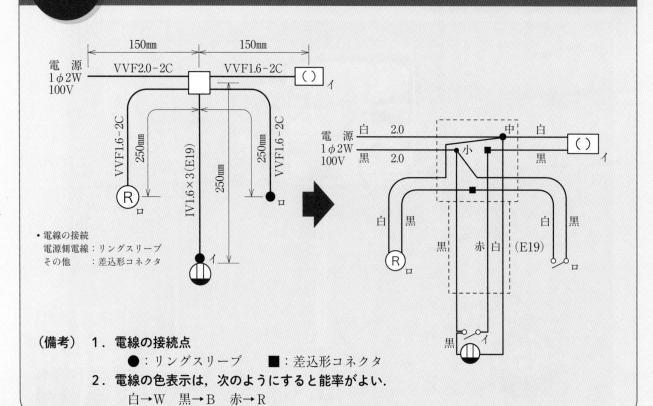

・電線の接続
電源側電線：リングスリーブ
その他　：差込形コネクタ

（備考）　1．電線の接続点

● ：リングスリーブ　　■ ：差込形コネクタ

2．電線の色表示は，次のようにすると能率がよい．

白→W　黒→B　赤→R

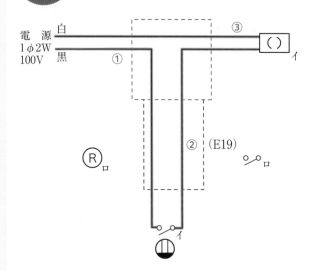

1．スイッチ「イ」で，　( )　ィが点滅する回
　路を配線する．

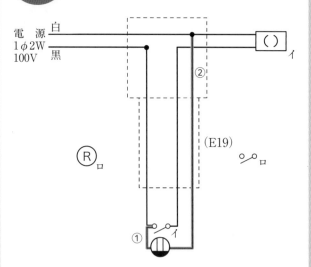

1．コンセントへ配線する．

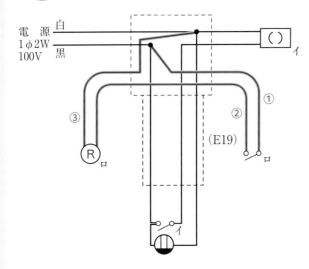

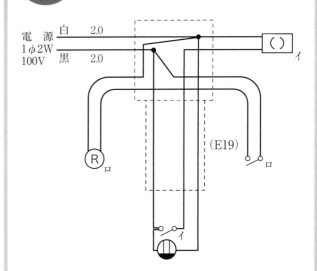

1．スイッチ「ロ」で，Ⓡロが点滅する回路を配線をする．

1．2.0mmの電線を記入する．

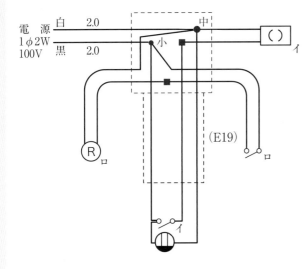

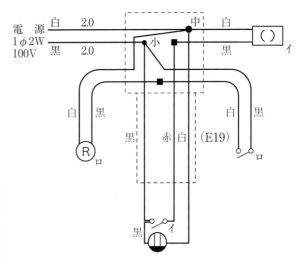

1．接続点に印を付ける．
2．リングスリーブの圧着マークを記入する．

1．電線の色を記入する．
　・最初に接地側電線の白色．
　・次に電源からの非接地側電線の黒色．
　・最後に残った電線の色．

図に示す低圧屋内配線工事を与えられた全ての材料（予備品を除く）を使用し，＜施工条件＞に従って完成させなさい．

なお，

1. VVF用ジョイントボックス及びスイッチボックスは支給していないので，その取り付けは省略する．

2. 電線接続箇所のテープ巻きや絶縁キャップによる絶縁処理は省略する．

3. 作品は保護板(板紙)に取り付けないものとする．

［試験時間　40分］

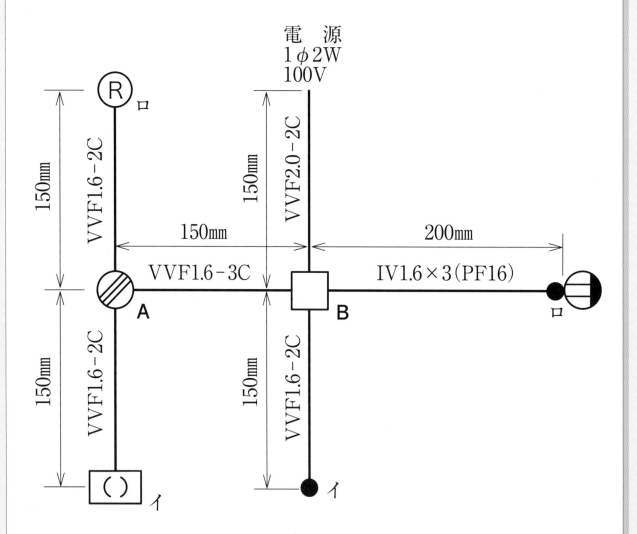

注：1. 図記号は，原則として JIS C 0303：2000 に準拠している．
　　　また，作業に直接関係のない部分等は省略又は簡略化してある．
　　2. Ⓡは，ランプレセプタクルを示す．

施工条件

1. 配線及び器具の配置は，図に従って行うこと．
2. ジョイントボックス(アウトレットボックス)は，打抜き済みの穴だけをすべて使用すること．
3. 電線の色別(絶縁被覆の色)は，次によること．
   ① 電源からの接地側電線には，すべて**白色**を使用する．
   ② 電源から点滅器及びコンセントまでの非接地側電線には，すべて**黒色**を使用する．
   ③ 次の器具の端子には，**白色の電線**を結線する．
     ・コンセントの接地側極端子(**W**と表示)
     ・ランプレセプタクルの受金ねじ部の端子
     ・引掛シーリングローゼットの接地側極端子(**W**又は接地側と表示)
4. VVF用ジョイントボックスA部分及びジョイントボックスB部分を経由する電線は，その部分ですべて接続箇所を設け，接続方法は，次によること．
   ① **A部分は，差込形コネクタによる接続とする．**
   ② **B部分は，リングスリーブによる接続とする．**
5. 電線管用ボックスコネクタは，ジョイントボックス側に取り付けること．
6. 埋込連用取付枠は，タンブラスイッチ(ロ)及びコンセント部分に使用すること．

支給材料

材　　　料		
1. 600Vビニル絶縁ビニルシースケーブル平形 2.0mm 2心 青 長さ約 250mm	1本	
2. 600Vビニル絶縁ビニルシースケーブル平形 1.6mm 2心 長さ約 1000mm	1本	
3. 600Vビニル絶縁ビニルシースケーブル平形 1.6mm 3心 長さ約 350mm	1本	
4. 600Vビニル絶縁電線(黒) 1.6mm 長さ約 500mm	1本	
5. 600Vビニル絶縁電線(白) 1.6mm 長さ約 400mm	1本	
6. 600Vビニル絶縁電線(赤) 1.6mm 長さ約 400mm	1本	
7. ジョイントボックス(アウトレットボックス) (19mm 4箇所ノックアウト打抜き済み)	1個	
8. 合成樹脂製可とう電線管(PF16) 長さ約 70mm	1本	
9. 合成樹脂製可とう電線管用ボックスコネクタ(PF16)	1個	
10. ランプレセプタクル(カバーなし)	1個	
11. 引掛シーリングローゼット(ボディ(角形)のみ)	1個	
12. 埋込連用タンブラスイッチ	2個	
13. 埋込連用コンセント	1個	
14. 埋込連用取付枠	1枚	
15. ゴムブッシング(19)	3個	
16. リングスリーブ(小) (予備品を含む)	6個	
17. 差込形コネクタ(2本用)	2個	
18. 差込形コネクタ(3本用)	1個	
・受験番号札	1枚	
・ビニル袋	1枚	

公表問題No.12

No. 12

材料の写真

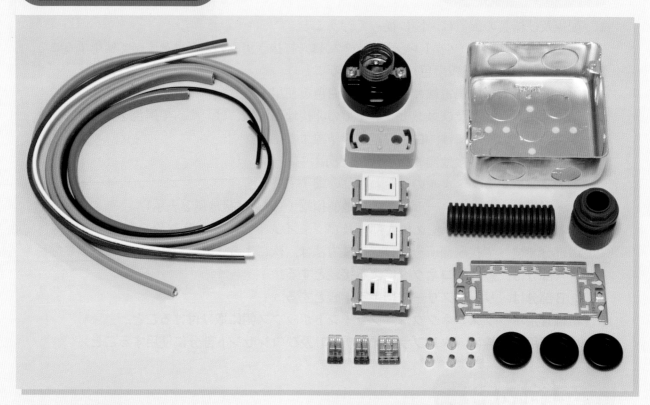

PF 管とボックスコネクタ

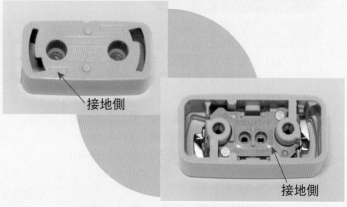

接地側

接地側

引掛シーリングローゼット（角形）

支給材料

1. 600 V ビニル絶縁ビニルシースケーブル平形 2.0mm　2心 青 長さ約　250mm　1本
2. 600 V ビニル絶縁ビニルシースケーブル平形 1.6mm　2心　　長さ約 1 000mm　1本
3. 600 V ビニル絶縁ビニルシースケーブル平形 1.6mm　3心　　長さ約　350mm　1本
4. 600 V ビニル絶縁電線(黒) 1.6mm　　　　　　　　　　　長さ約　500mm　1本
5. 600 V ビニル絶縁電線(白) 1.6mm　　　　　　　　　　　長さ約　400mm　1本
6. 600 V ビニル絶縁電線(赤) 1.6mm　　　　　　　　　　　長さ約　400mm　1本
7. ジョイントボックス(アウトレットボックス)
　　　　　　　　　　　　　　(19mm 4箇所ノックアウト打抜き済み)　1個
8. 合成樹脂製可とう電線管(PF16)　　　　　　　　　　長さ約　70mm　1本
9. 合成樹脂製可とう電線管用ボックスコネクタ(PF16)　　　　　　　　1個
10. ランプレセプタクル(カバーなし)　　　　　　　　　　　　　　　1個
11. 引掛シーリングローゼット(ボディ(角形)のみ)　　　　　　　　　1個
12. 埋込連用タンブラスイッチ　　　　　　　　　　　　　　　　　　2個
13. 埋込連用コンセント　　　　　　　　　　　　　　　　　　　　　1個
14. 埋込連用取付枠　　　　　　　　　　　　　　　　　　　　　　　1枚
15. ゴムブッシング(19)　　　　　　　　　　　　　　　　　　　　　3個
16. リングスリーブ(小)　　　　　　　　　　　(予備品を含む)　6個
17. 差込形コネクタ(2本用)　　　　　　　　　　　　　　　　　　　2個
18. 差込形コネクタ(3本用)　　　　　　　　　　　　　　　　　　　1個

単線図

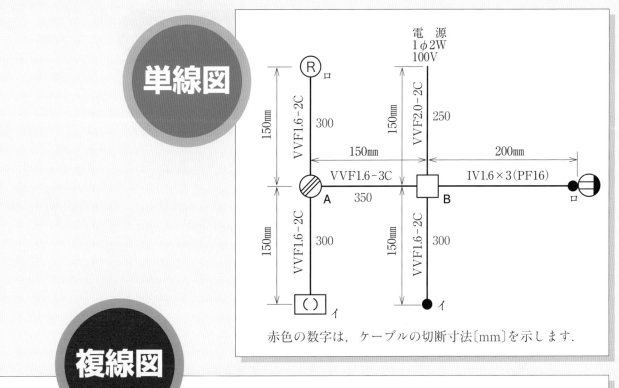

電源
1φ2W
100V

VVF1.6-2C　300
VVF2.0-2C　250
VVF1.6-3C　350
IV1.6×3(PF16)
VVF1.6-2C　300
VVF1.6-2C　300

150mm
150mm
150mm
150mm
150mm
200mm

R ロ
A
B
ロ
( ) イ
イ

赤色の数字は，ケーブルの切断寸法〔mm〕を示します．

複線図

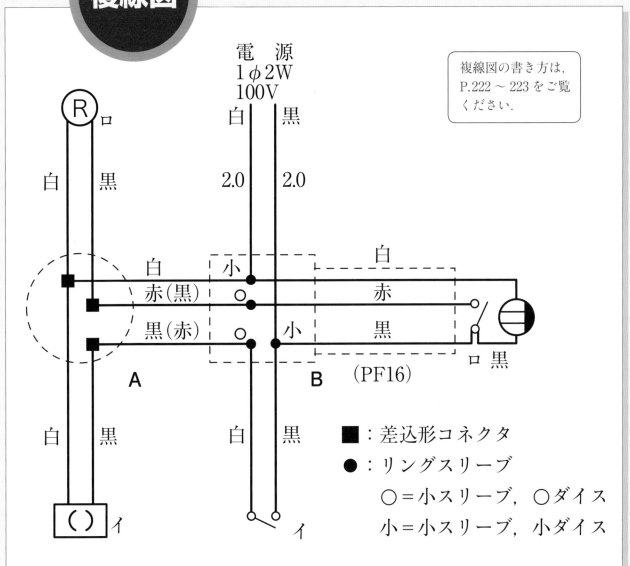

電　源
1φ2W
100V

複線図の書き方は，
P.222 〜 223 をご覧
ください．

R ロ
白　黒
白　黒
2.0　2.0

白　小
赤(黒)　○
黒(赤)　○
A

白
赤
小　黒
B
(PF16)

ロ 黒

白　黒
( ) イ
白　黒
イ

■：差込形コネクタ
●：リングスリーブ
　○＝小スリーブ，○ダイス
　小＝小スリーブ，小ダイス

ケーブルの切断とはぎ取り寸法

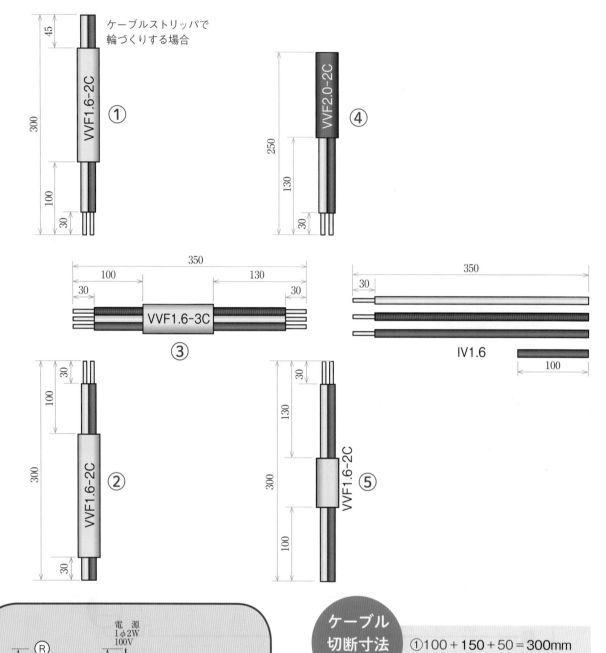

ケーブルストリッパで
輪づくりする場合

ケーブル
切断寸法
の計算

①100 + 150 + 50 = 300mm
②50 + 150 + 100 = 300mm
③100 + 150 + 100 = 350mm
④100 + 150 = 250mm
⑤50 + 150 + 100 = 300mm

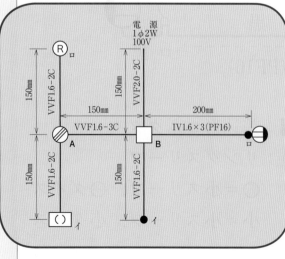

※ケーブルの切断寸法の計算は，あらかじめケーブルを
切断した後に器具を取り付け・結線する場合の目安の
寸法です．

※本書が採用するケーブルの切断寸法，及びシース（外
装）のはぎ取り寸法の考え方は本書のP.58～61に
詳しく解説しています．併せて参照ください．

完成施工写真

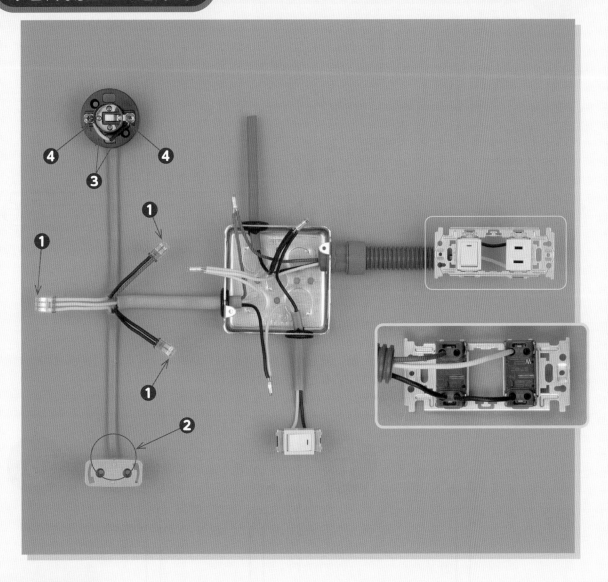

ポイント

（1） 電線の色の選定
   ・接地側電線………白色
   ・電源からスイッチ，コンセントまでの非接地側電線………黒色
（2） ランプレセプタクルの受金ねじ部の端子及び引掛シーリングローゼット・コンセントの接地側極端子には，白色の電線を結線する．
（3） 電線の接続方法
   ジョイントボックスA（左）………差込形コネクタ
   ジョイントボックスB（右）………リングスリーブ
（4） リングスリーブの圧着マーク
   1.6mm×2＝○
   2.0mm×1＋1.6mm×2＝小

欠陥になりやすいところ

❶差込形コネクタの先端部分を真横から目視して心線が見えない．
❷絶縁被覆が引掛シーリングローゼットの台座の下端から5mm以上露出．
❸ランプレセプタクルのカバーが締まらない．
❹ねじの端から心線が5mm以上露出．

※ 施工手順の動画はP.233のQRコードからご覧になることができます．

公表問題 No.12

No.12 複線図の書き方

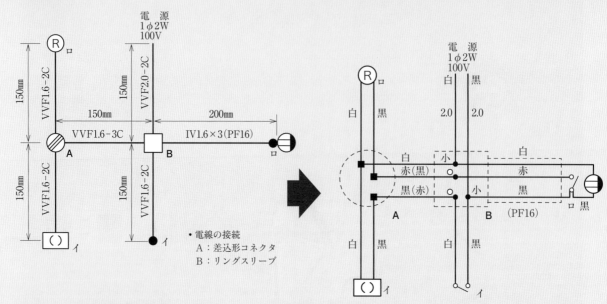

・電線の接続
A：差込形コネクタ
B：リングスリーブ

（備考）　1．電線の接続点

　　　　　●：リングスリーブ　　　■：差込形コネクタ

　　　　2．電線の色表示は，次のようにすると能率がよい．

　　　　　　白→W　黒→B　赤→R

手順 1

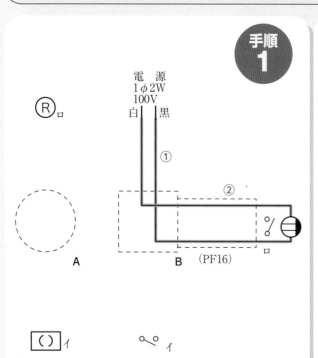

1．電源からコンセントへ配線する．

手順 2

1．スイッチ「ロ」で，Ⓡ_ロが点滅する回路
　を配線する．

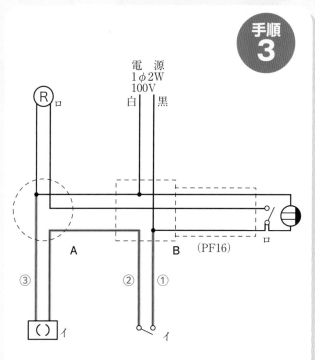

手順 3

1. スイッチ「イ」で，□（ ）イ を点滅する回路を配線する．

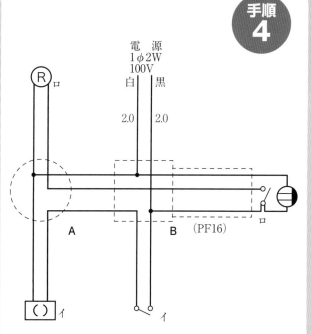

手順 4

1. 2.0mm の電線を記入する．

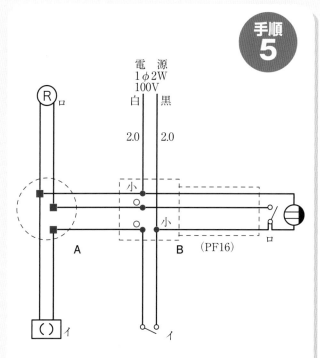

手順 5

1. 接続点に印を付ける．
2. リングスリーブの圧着マークを記入する．

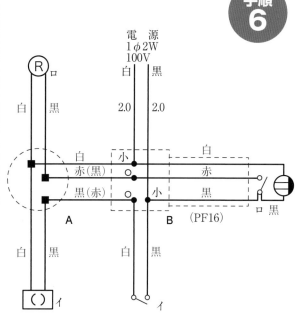

手順 6

1. 電線の色を記入する．
 • 最初に接地側電線の白色．
 • 次に電源からの非接地側電線の黒色．
 • 最後に残った電線の色．

　図に示す低圧屋内配線工事を与えられた全ての材料（予備品を除く）を使用し，＜施工条件＞に従って完成させなさい.

なお，

　1．自動点滅器は端子台で代用するものとする.

　2．－ ───── － ─── で示した部分は施工を省略する.

　3．VVF用ジョイントボックス及びスイッチボックスは支給していないので，その取り付けは省略する.

　4．電線接続箇所のテープ巻きや絶縁キャップによる絶縁処理は省略する.

　5．作品は保護板(板紙)に取り付けないものとする.　　　　［試験時間　40分］

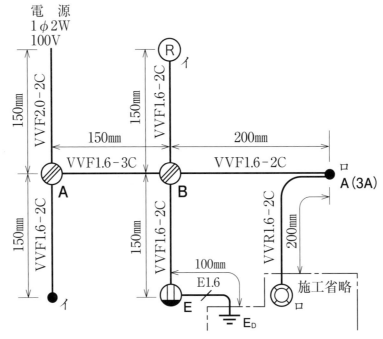

注：1．図記号は，原則として JIS C 0303：2000 に準拠している.
　　　　また，作業に直接関係のない部分等は省略又は簡略化してある.
　　2．Ⓡは，ランプレセプタクルを示す.

図1　配線図

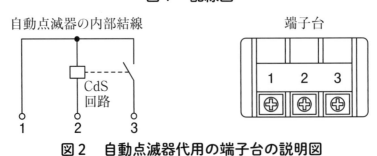

図2　自動点滅器代用の端子台の説明図

施工条件

1. 配線及び器具の配置は，**図1**に従って行うこと．
2. 自動点滅器代用の端子台は，**図2**に従って使用すること．
3. 電線の色別（絶縁被覆の色）は，次によること．
    ① 電源からの接地側電線には，すべて**白色**を使用する．
    ② 電源から点滅器，コンセント及び自動点滅器までの非接地側電線には，すべて**黒色**を使用する．
    ③ 接地線には，**緑色**を使用する．
    ④ 次の器具の端子には，**白色の電線**を結線する．
        - コンセントの接地側極端子（**W**と表示）
        - ランプレセプタクルの受金ねじ部の端子
        - 自動点滅器（端子台）の記号**2**の端子
4. VVF用ジョイントボックス部分を経由する電線は，その部分ですべて接続箇所を設け，接続方法は，次によること．
    ① **A**部分は，リングスリーブによる接続とする．
    ② **B**部分は，差込形コネクタによる接続とする．
5. 埋込連用取付枠は，コンセント部分に使用すること．

支給材料

材　料		
1. 600V ビニル絶縁ビニルシースケーブル平形 2.0mm　2心 青 長さ約　250mm		1本
2. 600V ビニル絶縁ビニルシースケーブル平形 1.6mm　2心　　長さ約 1400mm		1本
3. 600V ビニル絶縁ビニルシースケーブル平形 1.6mm　3心　　長さ約　350mm		1本
4. 600V ビニル絶縁ビニルシースケーブル丸形 1.6mm　2心　　長さ約　250mm		1本
5. 600V ビニル絶縁電線（緑） 1.6mm　　　　　　　　長さ約　150mm		1本
6. 端子台（自動点滅器の代用），3極		1個
7. ランプレセプタクル（カバーなし）		1個
8. 埋込連用タンブラスイッチ		1個
9. 埋込連用接地極付コンセント		1個
10. 埋込連用取付枠		1枚
11. リングスリーブ（小）	（予備品を含む）	5個
12. 差込形コネクタ（2本用）		1個
13. 差込形コネクタ（3本用）		1個
14. 差込形コネクタ（4本用）		1個
・ 受験番号札		1枚
・ ビニル袋		1枚

材料の写真

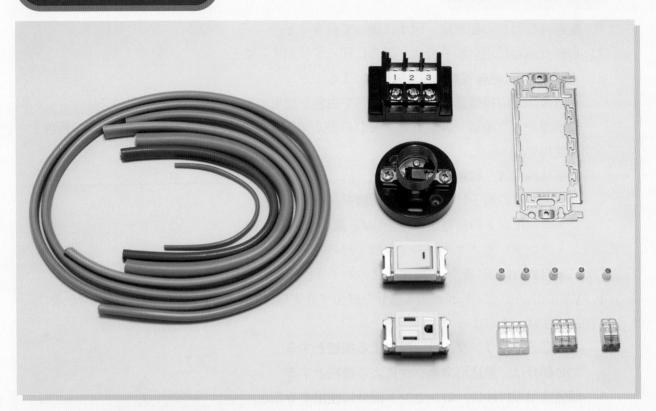

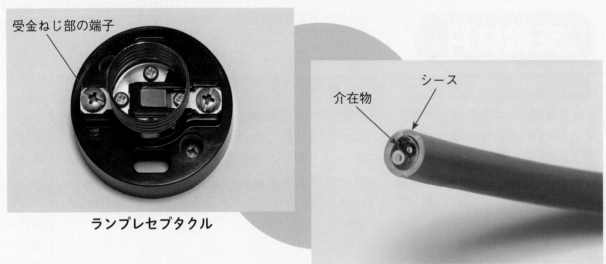

受金ねじ部の端子

ランプレセプタクル

介在物

シース

VVR 1.6mm 2心

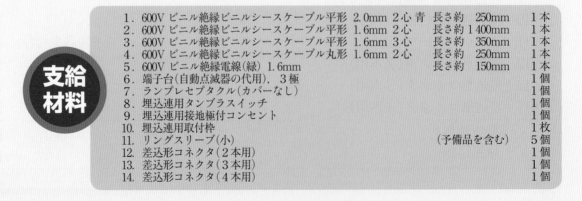

1.	600V ビニル絶縁ビニルシースケーブル平形 2.0mm 2心 青	長さ約 250mm	1本
2.	600V ビニル絶縁ビニルシースケーブル平形 1.6mm 2心	長さ約 1400mm	1本
3.	600V ビニル絶縁ビニルシースケーブル平形 1.6mm 3心	長さ約 350mm	1本
4.	600V ビニル絶縁ビニルシースケーブル丸形 1.6mm 2心	長さ約 250mm	1本
5.	600V ビニル絶縁電線（緑）1.6mm	長さ約 150mm	1本
6.	端子台（自動点滅器の代用），3極		1個
7.	ランプレセプタクル（カバーなし）		1個
8.	埋込連用タンブラスイッチ		1個
9.	埋込連用接地極付コンセント		1個
10.	埋込連用取付枠		1枚
11.	リングスリーブ（小）	（予備品を含む）	5個
12.	差込形コネクタ（2本用）		1個
13.	差込形コネクタ（3本用）		1個
14.	差込形コネクタ（4本用）		1個

支給
材料

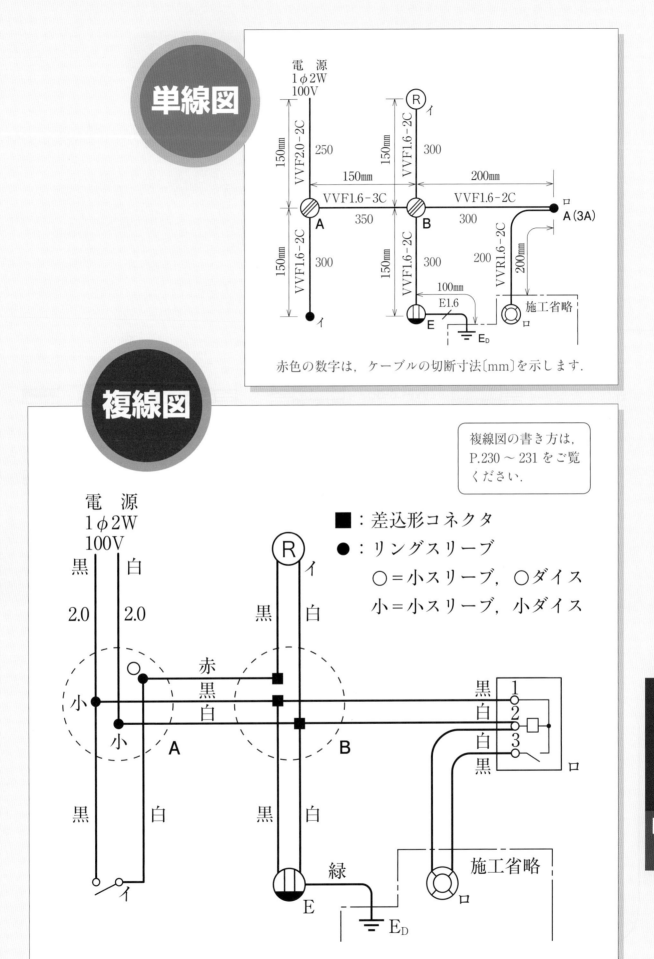

単線図

電源
1φ2W
100V

赤色の数字は，ケーブルの切断寸法〔mm〕を示します．

複線図

複線図の書き方は，
P.230〜231 をご覧
ください．

電　源
1φ2W
100V

■：差込形コネクタ
●：リングスリーブ
　〇＝小スリーブ，〇ダイス
　小＝小スリーブ，小ダイス

黒　白
2.0　2.0

小　小　A

赤
黒
白

黒
白

黒
白　B

緑

E

E_D

黒
白
黒

1
2
3

ロ

施工省略

ロ

ケーブルの切断とはぎ取り寸法

ケーブルストリッパで
輪づくりする場合

45 VVF1.6-2C ④

250 VVF2.0-2C ①

300

100

30

100

30

350

100

30

VVF1.6-3C

100

30

③

300

100

30

VVF1.6-2C

50

100

VVF1.6-2C

⑥

30

100

VVF1.6-2C ②

30

300

100

30

100

VVF1.6-2C ⑤

30

300

100

200

50

VVR1.6-2C ⑦

150

IV1.6

電源
1φ2W
100V

Ⓡ イ

150mm VVF2.0-2C

150mm VVF1.6-2C

150mm

VVF1.6-3C 200mm VVF1.6-2C

A B ロ A(3A)

150mm VVF1.6-2C

VVF1.6-2C 150mm

100mm E1.6

VVR1.6-2C 200mm

施工省略

イ

E Eₒ ロ

ケーブル
切断寸法
の計算

①100 + 150 = 250mm
②50 + 150 + 100 = 300mm
③100 + 150 + 100 = 350mm
④100 + 150 + 50 = 300mm
⑤50 + 150 + 100 = 300mm
⑥100 + 200 = 300mm
⑦200 = 200mm

※ケーブルの切断寸法の計算は，あらかじめケーブルを切断し
た後に器具を取り付け・結線する場合の目安の寸法です．
※本書が採用するケーブルの切断寸法，及びシース（外装）のは
ぎ取り寸法の考え方は本書のP.58〜61に詳しく解説して
います．併せて参照ください．

完成施工写真

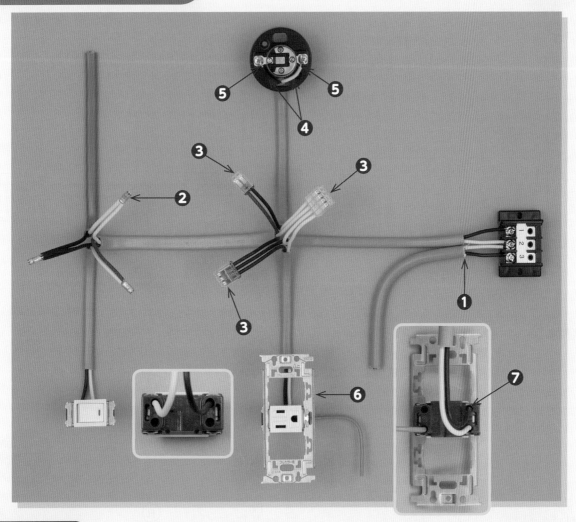

ポイント

（1） 電線の色の選定
- 接地側電線………白色
- 電源からスイッチ，コンセント，自動点滅器までの非接地側電線………黒色
- 接地線………緑色

（2） ランプレセプタクルの受金ねじ部の端子，コンセントの接地側極端子，自動点滅器（端子台）の記号2の端子には，白色の電線を結線する．

（3） 埋込連用取付枠はコンセント部分に使用する．

（4） 電線の接続方法
　　　ジョイントボックスA（左）………リングスリーブ
　　　ジョイントボックスB（右）………差込形コネクタ

（5） リングスリーブの圧着マーク
　　　1.6mm×2＝○
　　　2.0mm×1＋1.6mm×1＝小
　　　2.0mm×1＋1.6mm×2＝小

欠陥になりやすいところ

❶電線を折り曲げたときに心線が露出する．
❷2.0mm×1＋1.6mm×1の圧着マークの誤り．
❸差込形コネクタの先端部分を真横から目視して心線が見えない．
❹ランプレセプタクルのカバーが締まらない．
❺ねじの端から心線が5mm以上露出．
❻埋込連用取付枠を指定された箇所以外で使用．
❼非接地側電線の結線の誤り．

※ 施工手順の参考動画（接地線なし）を P.233 の QR コードからご覧になることができます．

No.13 複線図の書き方

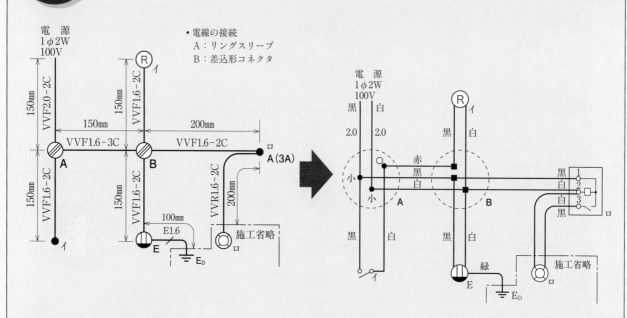

・電線の接続
　A：リングスリーブ
　B：差込形コネクタ

（備考）　1．電線の接続点

　　　●：リングスリーブ　　　■：差込形コネクタ

　　2．電線の色表示は，次のようにすると能率がよい．

　　　白→W　黒→B　赤→R　緑→G

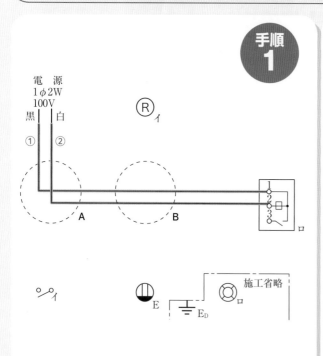

1．電源の非接地側電線から自動点滅器の端子「1」へ配線する．

2．電源の接地側電線から自動点滅器の端子「2」へ配線する．

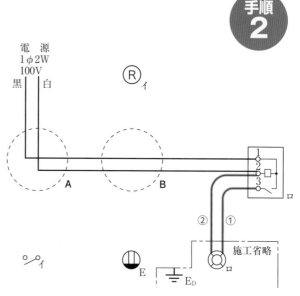

1．自動点滅器の端子「2」と「3」から施工省略の⓪ロへ配線する．

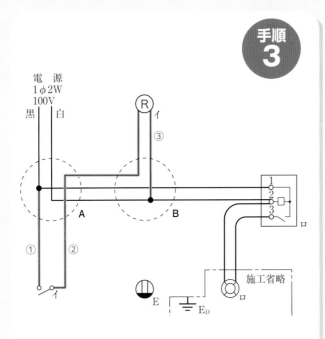

手順3

1. スイッチ「イ」で，Ⓡィを点滅する回路を配線する．

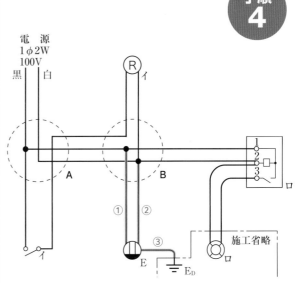

手順4

1. ジョイントボックスBからコンセントへ配線する．
2. 接地極付コンセントから施工省略の接地極 E_D への接地線を配線する．

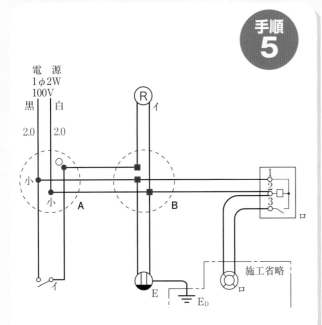

手順5

1. 2.0mm の電線を記入する．
2. 接続点に印を付ける．
3. リングスリーブの圧着マークを記入する．

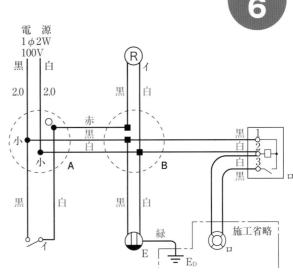

手順6

1. 電線の色を記入する．
   - 最初に接地側電線の白色．
   - 次に電源からの非接地側電線の黒色．
   - 続いて接地線の緑色．
   - 最後に残った電線．

参考：公表問題13問の施工手順動画

下記QRコードからインターネット(YouTube)にアクセスすると，各問題の施工手順を撮影した動画を視聴できます．動画を視聴することで実際の手順や作業内容が具体的にイメージできますので，ぜひ活用ください．

【視聴上の注意点】

動画は，あくまで参考として視聴ください．なお，動画と，第5編本編(P.126～P.231)で示す解説とは一部が異なります．

動画については，あくまで施工手順や作業内容をイメージするためのものとして捉えていただき，内容については本編に従って取り組んでください．

また，シース(外装)・絶縁被覆のはぎ取り寸法の指針についても，動画が本書の指針(P.58～P.61)と異なる部分がありますが，どちらも誤りではありません．ご承知おきの上，視聴ください．

●異なる箇所の例
- 一部の課題寸法が異なる
- 電線接続の組み合わせが異なる
- 器具の色等が異なる

●はぎ取り寸法の違い
- アウトレットボックス内での接続に必要なシースのはぎ取り(本編解説では130mm，動画では100mm)
- 電線の絶縁被覆はぎ取り(本編解説では30mm，一部動画では20mm)

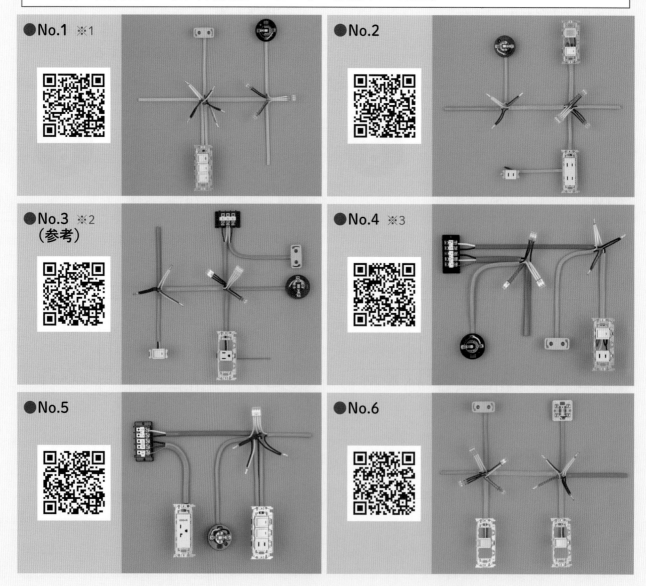

●No.1 ※1
●No.2
●No.3 ※2 (参考)
●No.4 ※3
●No.5
●No.6

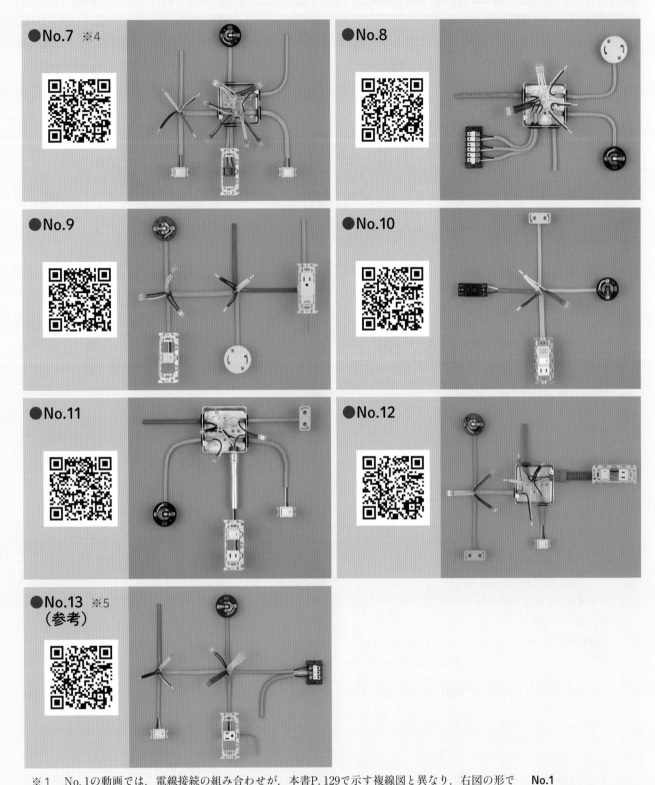

●No.7 ※4

●No.8

●No.9

●No.10

●No.11

●No.12

●No.13 ※5
（参考）

※1　No.1の動画では，電線接続の組み合わせが，本書P.129で示す複線図と異なり，右図の形で
　　　接続しています．どちらも誤りではありませんので，ご了承の上，視聴ください．

※2　No.3の動画では，埋込連用コンセントを使用しています（本書課題では埋込連用接地極付コ
　　　ンセント）．ご了承の上，視聴ください．

※3　No.4の動画では，一部の課題寸法が，本書P.150で示す内容と異なります．施工の流れは変
　　　わりませんので，ご了承の上，視聴ください．

※4　No.7の動画では，アウトレットボックスのノックアウト打ち抜き位置及び3路スイッチ，
　　　4路スイッチの色が，本書P.175〜176で示す内容と異なります．施工の流れは変わりません
　　　ので，ご了承の上，視聴ください．

※5　No.13の動画では，埋込連用コンセントを使用しています（本書課題では埋込連用接地極付コンセント）．また，一部
　　　の課題寸法が，本書P.224で示す内容と異なります．施工の流れは変わりませんので，ご了承の上，視聴ください．

No.1

赤（黒）
白
黒（赤）

白　黒　白
黒　白　黒

■令和6年版 第二種電気工事士技能試験公表問題 No.1 ～ No.13 練習

材料番号	材　　料	単位	No.1	No.2	No.3	No.4	No.5	No.6
1	600Vビニル絶縁電線　1.6mm(黒)	〔mm〕						
2	〃　　　　　　　　(白)	〔mm〕						
3	〃　　　　　　　　(赤)	〔mm〕						
4	〃　　　　　　　　(緑)	〔mm〕			150			
5	600Vビニル絶縁ビニルシースケーブル　平形　2.0mm　2心　青	〔mm〕		250	250	450	350	250
6	〃　　平形　2.0mm　3心　青	〔mm〕				550		
7	〃　　平形　1.6mm　2心	〔mm〕	1 800	1 250	1 650	850	1 650	850
8	〃　　平形　1.6mm　3心	〔mm〕	350	800	350	500		1 050
9	〃　　平形　2.0mm　3心　黒赤緑	〔mm〕					350	
10	〃　　丸形　1.6mm　2心	〔mm〕						
11	〃　　丸形　2.0mm　2心	〔mm〕						
12	600Vポリエチレン絶縁耐燃性ポリエチレンシースケーブル　平形　2.0mm　2心	〔mm〕	250					
13	ランプレセプタクル(カバーなし)	〔個〕	1	1	1	1	1	
14	引掛シーリングローゼット(ボディ(角形)のみ)	〔個〕	1		1	1		1
15	〃　　　　(ボディ(丸形)のみ)	〔個〕						
16	露出形コンセント(カバーなし)	〔個〕						1
17	埋込連用タンブラスイッチ(片切)	〔個〕	2	1	1	1	2	
18	〃　　　　(3路)	〔個〕						2
19	〃　　　　(4路)	〔個〕						
20	〃　　　　(位置表示灯内蔵)	〔個〕	1					
21	埋込連用コンセント	〔個〕		1		1	1	
22	埋込連用接地極付コンセント	〔個〕			1			
23	埋込コンセント　2口	〔個〕		1				
24	埋込コンセント(15A125V 接地極付接地端子付)	〔個〕						
25	〃　　　(20A250V 接地極付)	〔個〕					1	
26	埋込連用パイロットランプ	〔個〕		1				
27	埋込連用取付枠	〔枚〕	1	1	1	1	1	2
28	配線用遮断器(100 V，2極1素子)	〔個〕						
29	端子台　3極　(タイムスイッチ，自動点滅器の代用)	〔個〕			1			
30	〃　　5極(配線用遮断器・漏電遮断器，接地端子等の代用)	〔個〕				1	1	
31	〃　　6極　(リモコンリレーの代用)	〔個〕						
32	ジョイントボックス(アウトレットボックス)	〔個〕						
33	合成樹脂製可とう電線管(PF16)　約70mm	〔本〕						
34	合成樹脂製可とう電線管用ボックスコネクタ(PF16)	〔個〕						
35	ねじなし電線管(E19)　約120mm	〔本〕						
36	ねじなしボックスコネクタ(E19用)(ロックナット付き)	〔個〕						
37	絶縁ブッシング(19)	〔個〕						
38	ゴムブッシング(19)	〔個〕						
39	〃　　　(25)	〔個〕						
40	リングスリーブ(小)(予備品を除く)	〔個〕	5	3	3	3	3	4
41	〃　　(中)(予備品を除く)	〔個〕						
42	差込形コネクタ(2本用)	〔個〕	2		1	1		2
43	〃　　　(3本用)	〔個〕	1	2	1	2		2
44	〃　　　(4本用)	〔個〕		1		1	1	

(注)　合計欄は単に集計した数を示したものです．アウトレットボックス，ゴムブッシング，配線器具，端子台等は，複数回使用できるこ

No.7	No.8	No.9	No.10	No.11	No.12	No.13	合計	材料
				550	500		1 050mm	600Vビニル絶縁電線　1.6mm（黒）
				450	400		850mm	〃　　（白）
				450	400		850mm	〃　　（赤）
		150				150	450mm	〃　　（緑）
250		600	300	250	250	250	3 450mm	600Vビニル絶縁ビニルシースケーブル　平形　2.0mm　2心　青
							550mm	〃　平形　2.0mm　3心　青
1 400	2 200	1 250	650	1 200	1 000	1 400	17 150mm	〃　平形　1.6mm　2心
1 150		350	450		350	350	5 700mm	〃　平形　1.6mm　3心
							350mm	〃　平形　2.0mm　3心　黒赤緑
						250	250mm	〃　丸形　1.6mm　2心
	300						300mm	〃　丸形　2.0mm　2心
							250mm	600Vポリエチレン絶縁耐燃性ポリエチレンシースケーブル　平形　2.0mm　2心
1	1	1	1	1	1	1	12個	ランプレセプタクル（カバーなし）
			1	1	1		7個	引掛シーリングローゼット（ボディ（角形）のみ）
		1	1				2個	〃　　（ボディ（丸形）のみ）
							1個	露出形コンセント（カバーなし）
		1	1	2	2	1	14個	埋込連用タンブラスイッチ（片切）
2							4個	〃　　（3路）
1							1個	〃　　（4路）
							1個	〃　　（位置表示灯内蔵）
			1	1	1		6個	埋込連用コンセント
						1	2個	埋込連用接地極付コンセント
							1個	埋込コンセント　2口
		1					1個	埋込コンセント（15A125V 接地極付接地端子付）
							1個	〃　　（20A250V 接地極付）
			1				2個	埋込連用パイロットランプ
1		1	1	1	1	1	13枚	埋込連用取付枠
			1				1個	配線用遮断器（100V，2極1素子）
						1	2個	端子台　3極　（タイムスイッチ,自動点滅器の代用）
							2個	〃　　5極（配線用遮断器・漏電遮断器，接地端子等の代用）
	1						1個	〃　　6極（リモコンリレーの代用）
1	1			1	1		4個	ジョイントボックス（アウトレットボックス）
					1		1本	合成樹脂製可とう電線管（PF16）　約70mm
					1		1個	合成樹脂製可とう電線管用ボックスコネクタ（PF16）
				1			1本	ねじなし電線管（E19）　約120mm
				1			1個	ねじなしボックスコネクタ（E19用）（ロックナット付き）
				1			1個	絶縁ブッシング（19）
3	2			2	3		10個	ゴムブッシング（19）
2	3			2			7個	〃　　（25）
4	3	1	1	1	4	3	38個	リングスリーブ（小）（予備品を除く）
	2		1	1			4個	〃　　（中）（予備品を除く）
4		2		2	2	1	17個	差込形コネクタ（2本用）
2		1	1		1	1	14個	〃　　（3本用）
	2					1	6個	〃　　（4本用）

とから，必要最小限の個数を揃えられることも考慮してください．

●過去 15 年間の試験実施結果

年　度	申込者数	学　科　試　験				技　能　試　験				総　合合格率[%]
		対象者数	受験者数	合格者数	合格率[%]	対象者数	受験者数	合格者数	合格率[%]	
平 21	122 239	102 963	94 770	63 620	67.1	82 896	79 660	55 793	70.0	45.6
22	131 964	107 359	98 600	58 935	59.8	83 540	79 789	54 277	68.0	41.1
23	126 931	106 871	95 075	59 979	63.1	80 039	75 295	52 341	69.5	41.2
24	135 098	113 346	99 725	58 036	58.2	79 788	75 205	53 082	70.6	39.3
25	146 597	125 435	109 564	68 388	62.4	89 550	84 181	64 000	76.0	43.7
26	141 889	121 305	105 528	62 272	59.0	82 856	77 881	57 751	74.2	40.7
27	152 925	133 909	118 449	69 704	58.8	88 720	84 072	59 441	70.7	38.9
28	152 761	130 116	114 528	67 150	58.6	89 745	84 805	62 216	73.4	40.7
29	147 454	127 129	112 379	66 379	59.1	86 704	81 356	55 986	68.8	38.0
30	175 416	141 215	123 279	68 321	55.4	102 522	95 398	64 377	67.5	36.7
令 元	166 013	139 323	122 266	80 625	65.9	107 315	100 379	65 520	65.3	39.5
2	134 289	121 951	104 883	65 114	62.1	77 452	72 997	52 868	72.4	39.4
3	206 643	174 625	156 553	92 640	59.2	124 612	116 276	84 684	72.8	41.0
4	188 431	163 736	145 088	81 179	56.0	105 874	97 659	70 888	72.6	37.6
5	173 133	150 846	134 025	79 655	59.4	101 942	95 337	67 749	71.1	39.1

第 6 編

令和5年度 技能試験 問題と解答

1 令和5年度 技能試験の候補問題

2 技能試験問題と解答

3 平成26年度〜令和4年度の 技能試験問題と解答一覧

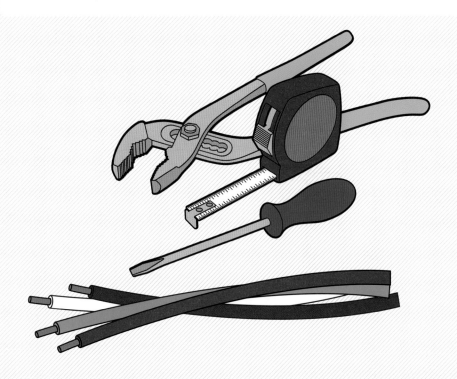

令和5年度 技能試験の候補問題

新試験制度が平成18年度の試験から実施されて，18年になります．令和5年度は，上期の技能試験が7月22日（土），23日（日）に，下期の技能試験が12月23日（土），24日（日）に行われました．候補問題の公表からその問題と解答を解説します．

●（一財）電気技術者試験センターから公表された候補問題

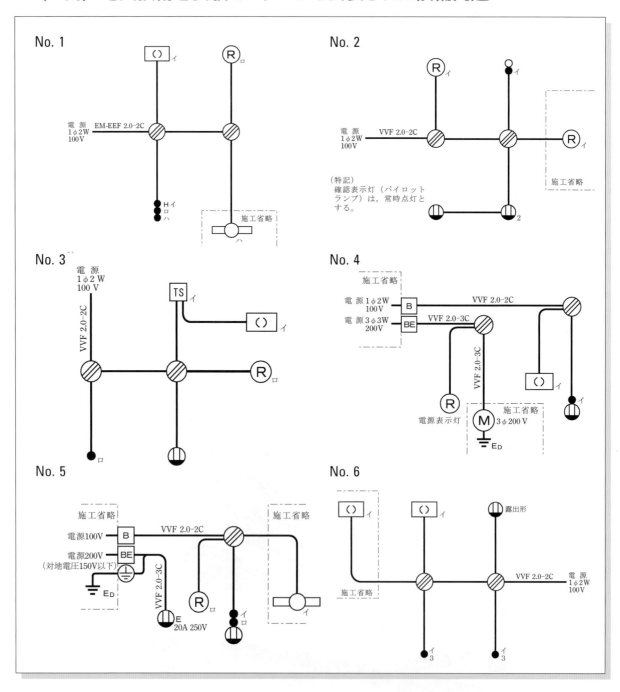

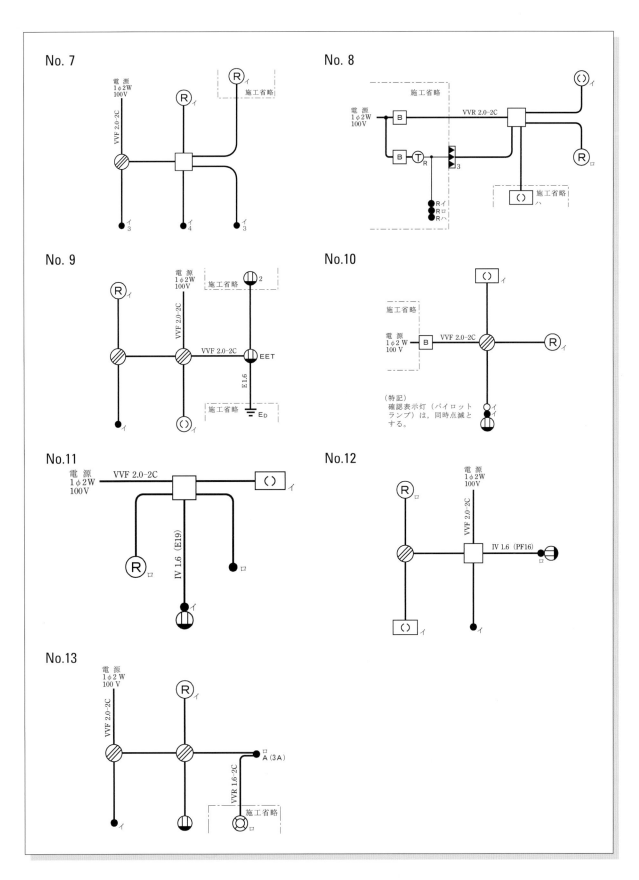

No. 7

No. 8

No. 9

No.10

（特記）
確認表示灯（パイロット
ランプ）は，同時点滅と
する。

No.11

No.12

No.13

● 技能試験は，上期に 7 月22日（土）及び23日（日），下期に12月23日（土）及び24日（日）に実施さ
れました．いずれの試験日とも，候補問題13問のすべてが，地域によって異なった問題で出題されま
した．

2

技能試験問題と解答

　上期技能試験は7月22日（土）と7月23日（日）に，下期技能試験は12月23日（土）と12月24日（日）に実施されました．いずれの試験日とも，公表されている候補問題13問のすべてが，地域によって異なった問題で出題されました．

● 公表問題No.1

技能試験問題 ［試験時間　40分］

　図に示す低圧屋内配線工事を与えられた全ての材料（予備品を除く）を使用し，〈 **施工条件** 〉に従って完成させなさい．
なお，
1．—・—・—　で示した部分は施工を省略する．
2．VVF用ジョイントボックス及びスイッチボックスは支給していないので，その取り付けは省略する．
3．電線接続箇所のテープ巻きや絶縁キャップによる絶縁処理は省略する．
4．作品は保護板（板紙）に取り付けないものとする．

試験時間 40分

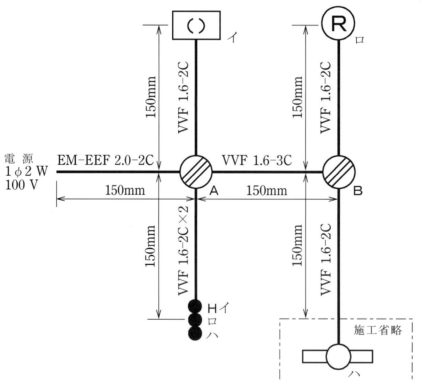

注：1．図記号は，原則として JIS C 0303:2000に準拠している．
　　　　また，作業に直接関係のない部分等は省略又は簡略化してある．
　　2．Ⓡは，ランプレセプタクルを示す．

＜ 施工条件 ＞

1．配線及び器具の配置は，図に従って行うこと。
　　なお，「ロ」のタンブラスイッチは，取付枠の中央に取り付けること。

2．電線の色別（絶縁被覆の色）は，次によること。
　　①電源からの接地側電線には，すべて**白色**を使用する。
　　②電源から点滅器までの非接地側電線には，すべて**黒色**を使用する。
　　③次の器具の端子には，**白色の電線**を結線する。
　　　・ランプレセプタクルの受金ねじ部の端子
　　　・引掛シーリングローゼットの接地側極端子（接地側と表示）

3．VVF用ジョイントボックス部分を経由する電線は，その部分ですべて接続箇所を設け，接続
　　方法は，次によること。
　　　①A部分は，リングスリーブによる接続とする。
　　　②B部分は，差込形コネクタによる接続とする。

<< 支給材料等の確認 >>
　　試験開始前に監督員が指示しますので，指示に従って与えられた材料等を下記の材料表と必ず照合し，
材料の不良，破損や不足等があれば監督員に申し出てください。
　　<u>試験開始後の支給材料の交換には，一切応じられませんので，材料確認の時間内に必ず確認してください。</u>
　　なお，監督員の指示があるまで照合はしないでください。

材　　　料	
1.	600V ポリエチレン絶縁耐燃性ポリエチレンシースケーブル平形，2.0mm，2 心，長さ約 250mm　1 本
2.	600V ビニル絶縁ビニルシースケーブル平形，1.6mm，2 心，長さ約 900mm ・・・・・・・・・・・・・・・　2 本
3.	600V ビニル絶縁ビニルシースケーブル平形，1.6mm，3 心，長さ約 350mm ・・・・・・・・・・・・・・・　1 本
4.	ランプレセプタクル（カバーなし）・・・　1 個
5.	引掛シーリングローゼット（ボディ（角形）のみ）・・・・・・・・・・・・・・・・・・・・・・・・・・・・・　1 個
6.	埋込連用タンブラスイッチ ・・・　2 個
7.	埋込連用タンブラスイッチ（位置表示灯内蔵）・・・・・・・・・・・・・・・・・・・・・・・・・・・・・・・　1 個
8.	埋込連用取付枠 ・・　1 枚
9.	リングスリーブ（小）・・・・・・・・・・・・・・・・・・・・・・・・・・・・（予備品を含む）　8 個
10.	差込形コネクタ（2 本用）・・・　2 個
11.	差込形コネクタ（3 本用）・・・　1 個
・	受験番号札 ・・　1 枚
・	ビニル袋 ・・・　1 枚

<< 追加支給について >>
　　ランプレセプタクル用端子ねじ，リングスリーブ及び差込形コネクタは，作業のやり直し等により不足が生
じた場合，申し出（挙手をする）があれば追加支給します。

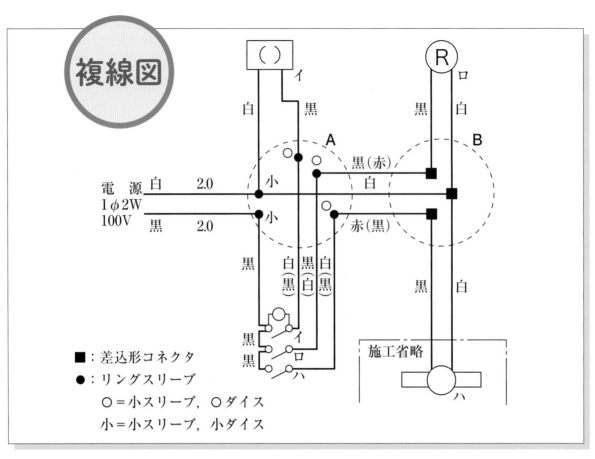

複線図

( )　イ
白　黒
A
○　●　○　黒(赤)
電　源　白　2.0　小　白　B
1φ2W　黒(赤)
100V　黒　2.0　小　○　赤(黒)

R　ロ
黒　白

黒　白(黒)　白(黒)
黒　白(黒)　黒(白)

黒
黒　イ
ロ
ハ

黒　白

施工省略

ハ

■：差込形コネクタ
●：リングスリーブ
　○＝小スリーブ，○ダイス
　小＝小スリーブ，小ダイス

完成施工写真

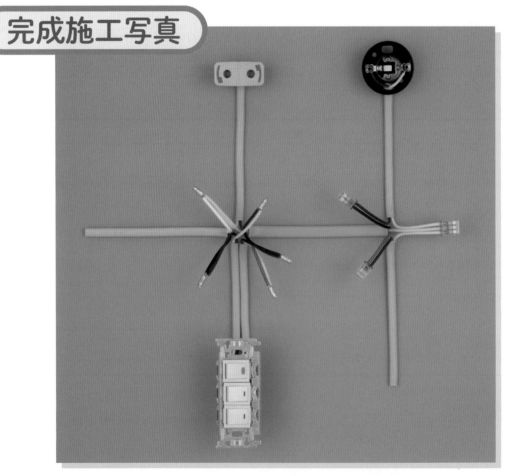

● 公表問題No. 2

技能試験問題［試験時間　４０分］

　図に示す低圧屋内配線工事を与えられた全ての材料（予備品を除く）を使用し，〈 **施工条件** 〉に従って完成させなさい。

なお，

1. ―・―・― で示した部分は施工を省略する。
2. VVF 用ジョイントボックス及びスイッチボックスは支給していないので，その取り付けは省略する。
3. 電線接続箇所のテープ巻きや絶縁キャップによる絶縁処理は省略する。
4. 作品は保護板（板紙）に取り付けないものとする。

試験時間 40分

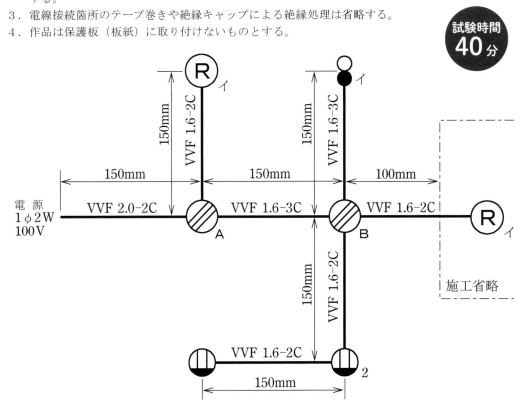

注：1. 図記号は，原則として JIS C 0303：2000に準拠している。
　　　また，作業に直接関係のない部分等は省略又は簡略化してある。
　　2. Ⓡは，ランプレセプタクルを示す。

〈 施工条件 〉

1. 配線及び器具の配置は，図に従って行うこと。

2. **確認表示灯（パイロットランプ）は，常時点灯とすること。**

3. 電線の色別（絶縁被覆の色）は，次によること。
　　①電源からの接地側電線には，すべて**白色**を使用する。
　　②電源から点滅器，パイロットランプ及びコンセントまでの非接地側電線には，すべて**黒色**を
　　　使用する。

③次の器具の端子には，**白色の電線**を結線する。
- ・コンセントの接地側極端子（Wと表示）
- ・ランプレセプタクルの受金ねじ部の端子

4．VVF用ジョイントボックス部分を経由する電線は，その部分ですべて接続箇所を設け，接続方法は，次によること。
- ①A部分は，リングスリーブによる接続とする。
- ②B部分は，差込形コネクタによる接続とする。

5．埋込連用取付枠は，タンブラスイッチ及びパイロットランプ部分に使用すること。

<< 支給材料等の確認 >>

　試験開始前に監督員が指示しますので，指示に従って与えられた材料等を下記の材料表と必ず照合し，材料の不良，破損や不足等があれば監督員に申し出てください。

　試験開始後の支給材料の交換には，一切応じられませんので，材料確認の時間内に必ず確認してください。

　なお，**監督員の指示があるまで照合はしないでください。**

材　　　料
1．　600Vビニル絶縁ビニルシースケーブル平形（シース青色），2.0mm，2心，長さ約250mm ‥ 1本
2．　600Vビニル絶縁ビニルシースケーブル平形，1.6mm，2心，長さ約1250mm ……………… 1本
3．　600Vビニル絶縁ビニルシースケーブル平形，1.6mm，3心，長さ約800mm ……………… 1本
4．　ランプレセプタクル（カバーなし）………………………………………………… 1個
5．　埋込連用タンブラスイッチ ………………………………………………………… 1個
6．　埋込連用パイロットランプ ………………………………………………………… 1個
7．　埋込コンセント（2口）…………………………………………………………… 1個
8．　埋込連用コンセント ………………………………………………………………… 1個
9．　埋込連用取付枠 ……………………………………………………………………… 1枚
10．　リングスリーブ（小）………………………………………（予備品を含む）5個
11．　差込形コネクタ（3本用）………………………………………………………… 2個
12．　差込形コネクタ（4本用）………………………………………………………… 1個
・　受験番号札 …………………………………………………………………………… 1枚
・　ビニル袋 ……………………………………………………………………………… 1枚

<< 追加支給について >>

　ランプレセプタクル用端子ねじ，リングスリーブ及び差込形コネクタは，作業のやり直し等により不足が生じた場合，申し出（挙手をする）があれば追加支給します。

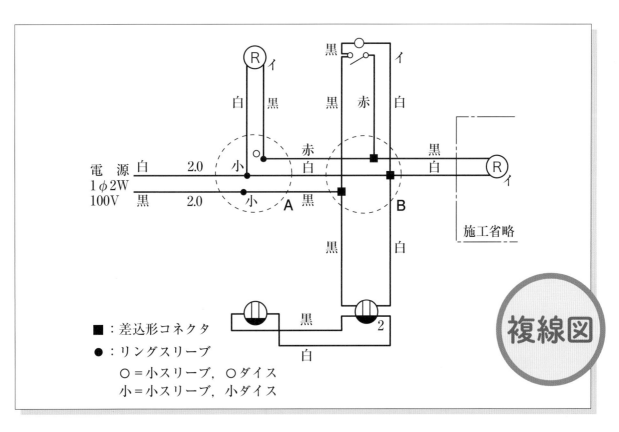

■：差込形コネクタ
●：リングスリーブ
　○＝小スリーブ，○ダイス
　小＝小スリーブ，小ダイス

複線図

完成施工写真

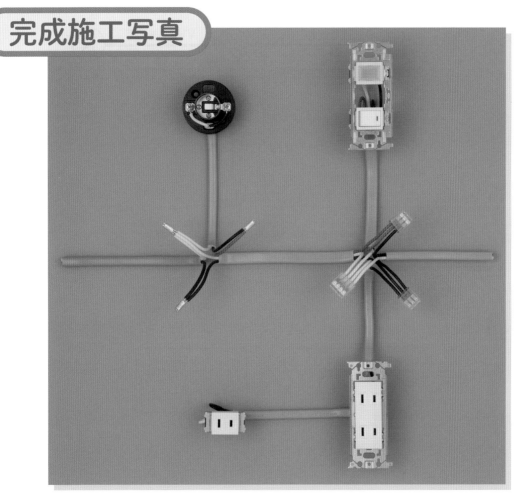

● 公表問題No. 3

技能試験問題 ［試験時間　４０分］

図に示す低圧屋内配線工事を与えられた全ての材料(予備品を除く)を使用し，＜ 施工条件 ＞ に従って完成させなさい。

なお，

1. タイムスイッチは端子台で代用するものとする。
2. VVF 用ジョイントボックス及びスイッチボックスは支給していないので，その取り付けは省略する。
3. 電線接続箇所のテープ巻きや絶縁キャップによる絶縁処理は省略する。
4. 作品は保護板（板紙）に取り付けないものとする。

試験時間
40分

図１．配線図

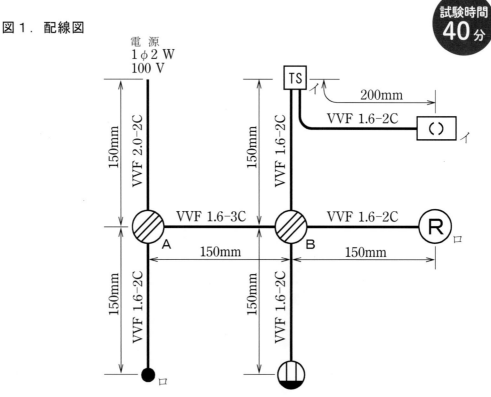

注： 1. 図記号は，原則として JIS C 0303:2000に準拠している。
　　　　また，作業に直接関係のない部分等は省略又は簡略化してある。
　　 2. Ⓡは，ランプレセプタクルを示す。

図２．タイムスイッチ代用の端子台の説明図

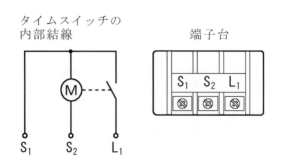

タイムスイッチの
内部結線

端子台

〈 施工条件 〉

1．配線及び器具の配置は，**図1**に従って行うこと。

2．タイムスイッチ代用の端子台は，**図2**に従って使用すること。

3．電線の色別（絶縁被覆の色）は，次によること。
　①電源からの接地側電線には，すべて**白色**を使用する。
　②電源から点滅器，コンセント及びタイムスイッチまでの非接地側電線には，すべて**黒色**を使用する。
　③次の器具の端子には，**白色の電線**を結線する。
　　・コンセントの接地側極端子（Wと表示）
　　・ランプレセプタクルの受金ねじ部の端子
　　・引掛シーリングローゼットの接地側極端子（接地側と表示）
　　・タイムスイッチ（端子台）の記号 S_2 の端子

4．VVF用ジョイントボックス部分を経由する電線は，その部分ですべて接続箇所を設け，接続方法は，次によること。
　①A部分は，**リングスリーブ**による接続とする。
　②B部分は，**差込形コネクタ**による接続とする。

5．埋込連用取付枠は，コンセント部分に使用すること。

《 支給材料等の確認 》
　試験開始前に監督員が指示しますので，指示に従って与えられた材料等を下記の材料表と必ず照合し，材料の不良，破損や不足等があれば監督員に申し出てください。
**　試験開始後の支給材料の交換には，一切応じられませんので，材料確認の時間内に必ず確認してください。**
　なお，**監督員の指示があるまで照合はしないでください。**

材　料	
1． 600V ビニル絶縁ビニルシースケーブル平形（シース青色），2.0mm，2 心，長さ約 250mm ‥	1 本
2． 600V ビニル絶縁ビニルシースケーブル平形，1.6mm，2 心，長さ約 1650mm ‥‥‥‥‥‥	1 本
3． 600V ビニル絶縁ビニルシースケーブル平形，1.6mm，3 心，長さ約 350mm ‥‥‥‥‥‥	1 本
4． ランプレセプタクル（カバーなし）‥‥‥‥‥‥‥‥‥‥‥‥‥‥‥‥‥‥‥‥‥‥‥‥‥	1 個
5． 引掛シーリングローゼット（ボディ（角形）のみ）‥‥‥‥‥‥‥‥‥‥‥‥‥‥‥‥‥‥	1 個
6． 端子台（タイムスイッチの代用），3 極 ‥‥‥‥‥‥‥‥‥‥‥‥‥‥‥‥‥‥‥‥‥‥	1 個
7． 埋込連用タンブラスイッチ ‥‥‥‥‥‥‥‥‥‥‥‥‥‥‥‥‥‥‥‥‥‥‥‥‥‥‥‥	1 個
8． 埋込連用コンセント ‥‥‥‥‥‥‥‥‥‥‥‥‥‥‥‥‥‥‥‥‥‥‥‥‥‥‥‥‥‥‥	1 個
9． 埋込連用取付枠 ‥‥‥‥‥‥‥‥‥‥‥‥‥‥‥‥‥‥‥‥‥‥‥‥‥‥‥‥‥‥‥‥‥	1 枚
10． リングスリーブ（小）‥‥‥‥‥‥‥‥‥‥‥‥‥‥‥‥‥‥（予備品を含む）	5 個
11． 差込形コネクタ（2 本用）‥‥‥‥‥‥‥‥‥‥‥‥‥‥‥‥‥‥‥‥‥‥‥‥‥‥‥‥	1 個
12． 差込形コネクタ（3 本用）‥‥‥‥‥‥‥‥‥‥‥‥‥‥‥‥‥‥‥‥‥‥‥‥‥‥‥‥	1 個
13． 差込形コネクタ（4 本用）‥‥‥‥‥‥‥‥‥‥‥‥‥‥‥‥‥‥‥‥‥‥‥‥‥‥‥‥	1 個
・ 受験番号札 ‥‥‥‥‥‥‥‥‥‥‥‥‥‥‥‥‥‥‥‥‥‥‥‥‥‥‥‥‥‥‥‥‥‥‥	1 枚
・ ビニル袋 ‥‥‥‥‥‥‥‥‥‥‥‥‥‥‥‥‥‥‥‥‥‥‥‥‥‥‥‥‥‥‥‥‥‥‥‥	1 枚

《 追加支給について 》
　ランプレセプタクル用端子ねじ，リングスリーブ及び差込形コネクタは，作業のやり直し等により不足が生じた場合，申し出（挙手をする）があれば追加支給します。

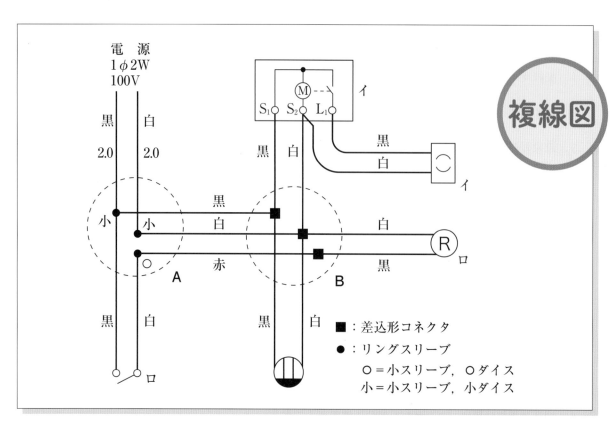

複線図

電源
1φ2W
100V

黒
2.0
白
2.0

黒
白

M
S₁ S₂ L₁
イ

黒
白
イ

小
小
黒
白
白
R
ロ

A
赤
B
黒

黒
白

黒
白

■：差込形コネクタ
●：リングスリーブ
○＝小スリーブ，○ダイス
小＝小スリーブ，小ダイス

完成施工写真

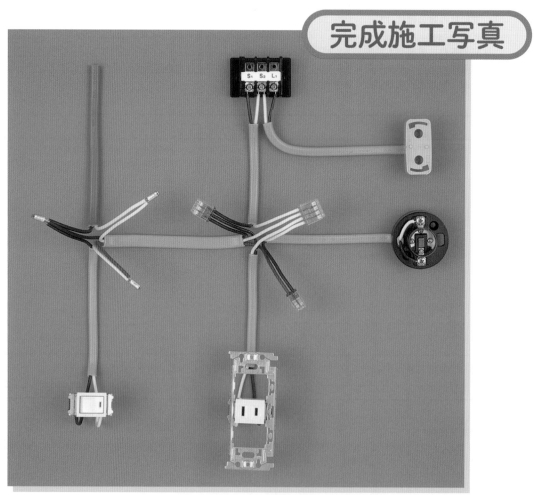

● 公表問題No. 4

技能試験問題［試験時間　40分］

　図に示す低圧屋内配線工事を与えられた全ての材料（予備品を除く）を使用し，〈 施工条件 〉に従って完成させなさい。
なお，

1．配線用遮断器及び漏電遮断器（過負荷保護付）は，端子台で代用するものとする。
2．ーーーー で示した部分は施工を省略する。
3．VVF用ジョイントボックス及びスイッチボックスは支給していないので，その取り付けは省略する。
4．電線接続箇所のテープ巻きや絶縁キャップによる絶縁処理は省略する。
5．作品は保護板（板紙）に取り付けないものとする。

試験時間 40分

図1．配線図

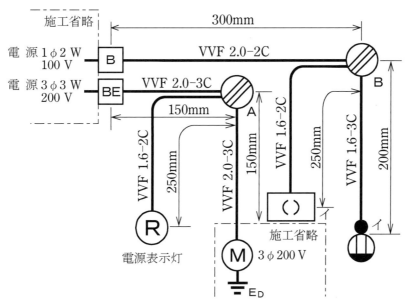

注：1．図記号は，原則として JIS C 0303：2000に準拠している。
　　　また，作業に直接関係のない部分等は省略又は簡略化してある。
　　2．Ⓡ は，ランプレセプタクルを示す。

図2．配線用遮断器及び漏電遮断器代用の端子台の説明図

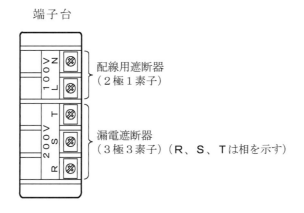

< 施工条件 >

1．配線及び器具の配置は，**図1**に従って行うこと。

2．配線用遮断器及び漏電遮断器代用の端子台は，**図2**に従って使用すること。

3．三相電源の**S相**は接地されているものとし，電源表示灯は，**S相とT相間**に接続すること。

4．電線の色別（絶縁被覆の色）は，次によること。
    ① 100V回路の電源からの接地側電線には，すべて**白色**を使用する。
    ② 100V回路の電源から点滅器及びコンセントまでの非接地側電線には，すべて**黒色**を使用する。
    ③ 200V回路の電源からの配線には，R相に**赤色**，S相に**白色**，T相に**黒色**を使用する。
    ④次の器具の端子には，**白色の電線**を結線する。
      ・コンセントの接地側極端子（Wと表示）
      ・ランプレセプタクルの受金ねじ部の端子
      ・引掛シーリングローゼットの接地側極端子（接地側と表示）
      ・配線用遮断器（端子台）の記号Nの端子

5．VVF用ジョイントボックス部分を経由する電線は，その部分ですべて接続箇所を設け，接続方法は，次によること。
    ①A部分は，差込形コネクタによる接続とする。
    ②B部分は，リングスリーブによる接続とする。

<< 支給材料等の確認 >>

　試験開始前に監督員が指示しますので，指示に従って与えられた材料等を下記の材料表と必ず照合し，材料の不良，破損や不足等があれば監督員に申し出てください。
　試験開始後の支給材料の交換には，一切応じられませんので，材料確認の時間内に必ず確認してください。
　なお，監督員の指示があるまで照合はしないでください。

材　　料	
1．600Vビニル絶縁ビニルシースケーブル平形（シース青色），2.0mm，2心，長さ約450mm ‥	1本
2．600Vビニル絶縁ビニルシースケーブル平形（シース青色），2.0mm，3心，長さ約550mm ‥	1本
3．600Vビニル絶縁ビニルシースケーブル平形，1.6mm，2心，長さ約850mm ・・・・・・・・・・・・・	1本
4．600Vビニル絶縁ビニルシースケーブル平形，1.6mm，3心，長さ約500mm ・・・・・・・・・・・・・	1本
5．端子台（配線用遮断器及び漏電遮断器（過負荷保護付）の代用），5極 ・・・・・・・・・・・・・・・・	1個
6．ランプレセプタクル（カバーなし） ・・・	1個
7．引掛シーリングローゼット（ボディ（角形）のみ） ・・・・・・・・・・・・・・・・・・・・・・・・・・・・・・・	1個
8．埋込連用タンブラスイッチ ・・	1個
9．埋込連用コンセント ・・・	1個
10．埋込連用取付枠 ・・・	1枚
11．リングスリーブ（小） ・・・・・・・・・・・・・・・・・・・・・・・・・・・・・・・・・（予備品を含む）	5個
12．差込形コネクタ（2本用） ・・	1個
13．差込形コネクタ（3本用） ・・	2個
・　受験番号札 ・・・	1枚
・　ビニル袋 ・・・	1枚

<< 追加支給について >>

　ランプレセプタクル用端子ねじ，リングスリーブ及び差込形コネクタは，作業のやり直し等により不足が生じた場合，申し出（挙手をする）があれば追加支給します。

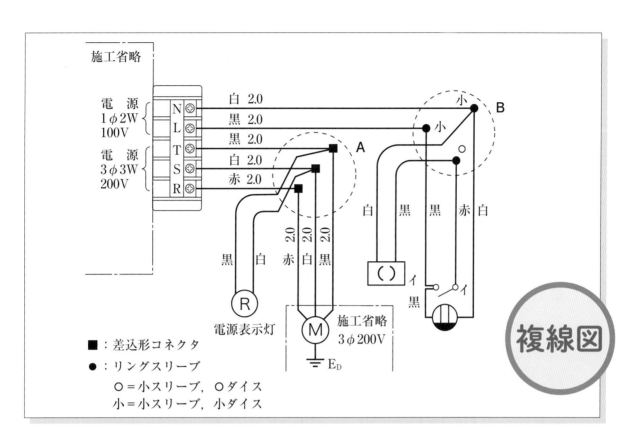

施工省略

電源
1φ2W
100V

電源
3φ3W
200V

N
L
T
S
R

白 2.0
黒 2.0
黒 2.0
白 2.0
赤 2.0

小   B

小

○

A

黒   白   赤   白   黒
2.0 2.0 2.0

白   黒   黒   赤   白

( )

イ

イ   イ

黒

R
電源表示灯

M   施工省略
3φ200V

E_D

■：差込形コネクタ
●：リングスリーブ
　○＝小スリーブ，○ダイス
　小＝小スリーブ，小ダイス

複線図

完成施工写真

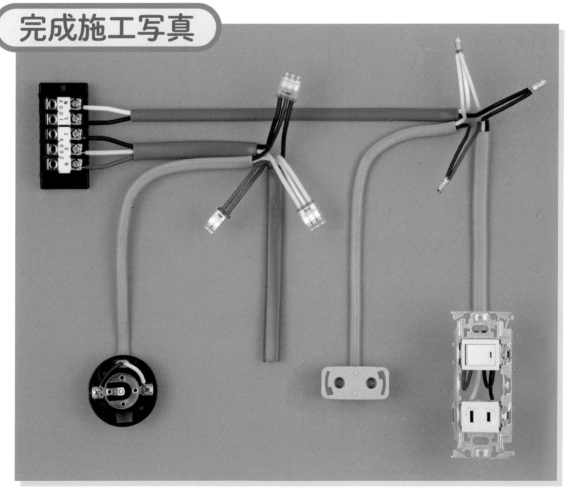

● 公表問題No. 5

図に示す低圧屋内配線工事を与えられた全ての材料（予備品を除く）を使用し，〈 **施工条件** 〉に従って完成させなさい。

なお，

1. 配線用遮断器，漏電遮断器（過負荷保護付）及び接地端子は，端子台で代用するものとする。
2. －・－・－ で示した部分は施工を省略する。
3. VVF 用ジョイントボックス及びスイッチボックスは支給していないので，その取り付けは省略する。
4. 電線接続箇所のテープ巻きや絶縁キャップによる絶縁処理は省略する。
5. 作品は保護板（板紙）に取り付けないものとする。

試験時間 40分

図1．配線図

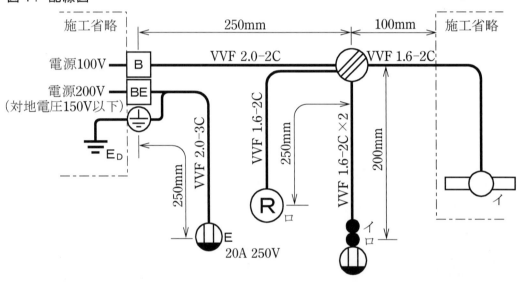

注：1．図記号は，原則として JIS C 0303:2000に準拠している。
　　　また，作業に直接関係のない部分等は省略又は簡略化してある。
　　2．Ⓡ は，ランプレセプタクルを示す。

図2．配線用遮断器，漏電遮断器及び接地端子代用の端子台の説明図

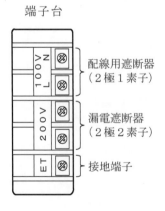

＜ 施工条件 ＞

1. 配線及び器具の配置は，**図1**に従って行うこと。
　　なお，「ロ」のタンブラスイッチは，取付枠の中央に取り付けること。

2. 配線用遮断器，漏電遮断器及び接地端子代用の端子台は，**図2**に従って使用すること。

3. 電線の色別（絶縁被覆の色）は，次によること。
　　①電源からの接地側電線には，すべて**白色**を使用する。
　　② 100V 回路の電源から点滅器及びコンセントまでの非接地側電線には，すべて**黒色**を使用する。
　　③接地線には，**緑色**を使用する。
　　④次の器具の端子には，**白色の電線**を結線する。
　　　・コンセントの接地側極端子（**W**と表示）
　　　・ランプレセプタクルの受金ねじ部の端子
　　　・配線用遮断器（端子台）の記号**N**の端子

4. VVF 用ジョイントボックス部分を経由する電線は，その部分ですべて接続箇所を設け，接続方法は，次によること。
　　①4本の接続箇所は，差込形コネクタによる接続とする。
　　②その他の接続箇所は，リングスリーブによる接続とする。

<< 支給材料等の確認 >>

　　試験開始前に監督員が指示しますので，指示に従って与えられた材料等を下記の材料表と必ず照合し，材料の不良，破損や不足等があれば監督員に申し出てください。
　　試験開始後の支給材料の交換には，一切応じられませんので，材料確認の時間内に必ず確認してください。
　　なお，監督員の指示があるまで照合はしないでください。

材　　料	
1. 600V ビニル絶縁ビニルシースケーブル平形（シース青色），2.0mm，2 心，長さ約 350mm ‥	1 本
2. 600V ビニル絶縁ビニルシースケーブル平形，2.0mm，3 心，長さ約 350mm ‥‥‥‥‥‥‥	1 本
3. 600V ビニル絶縁ビニルシースケーブル平形，1.6mm，2 心，長さ約 1650mm ‥‥‥‥‥‥	1 本
4. 端子台（配線用遮断器，漏電遮断器（過負荷保護付）及び接地端子の代用），5 極 ‥‥‥‥	1 個
5. ランプレセプタクル（カバーなし） ‥‥‥‥‥‥‥‥‥‥‥‥‥‥‥‥‥‥‥‥‥‥‥‥	1 個
6. 埋込連用タンブラスイッチ ‥‥‥‥‥‥‥‥‥‥‥‥‥‥‥‥‥‥‥‥‥‥‥‥‥‥‥	2 個
7. 埋込コンセント（20A250V 接地極付） ‥‥‥‥‥‥‥‥‥‥‥‥‥‥‥‥‥‥‥‥‥	1 個
8. 埋込連用コンセント ‥‥‥‥‥‥‥‥‥‥‥‥‥‥‥‥‥‥‥‥‥‥‥‥‥‥‥‥‥	1 個
9. 埋込連用取付枠 ‥‥‥‥‥‥‥‥‥‥‥‥‥‥‥‥‥‥‥‥‥‥‥‥‥‥‥‥‥‥‥	1 枚
10. リングスリーブ（小） ‥‥‥‥‥‥‥‥‥‥‥‥‥‥‥‥‥‥‥‥（予備品を含む）	5 個
11. 差込形コネクタ（4 本用） ‥‥‥‥‥‥‥‥‥‥‥‥‥‥‥‥‥‥‥‥‥‥‥‥‥‥	1 個
・ 受験番号札 ‥‥‥‥‥‥‥‥‥‥‥‥‥‥‥‥‥‥‥‥‥‥‥‥‥‥‥‥‥‥‥‥‥	1 枚
・ ビニル袋 ‥‥‥‥‥‥‥‥‥‥‥‥‥‥‥‥‥‥‥‥‥‥‥‥‥‥‥‥‥‥‥‥‥‥	1 枚

<< 追加支給について >>

　　ランプレセプタクル用端子ねじ，リングスリーブ及び差込形コネクタは，作業のやり直し等により不足が生じた場合，申し出（挙手をする）があれば追加支給します。

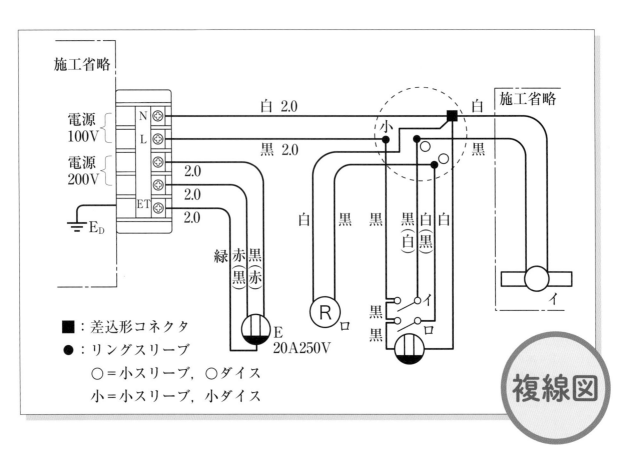

施工省略

電源 100V
電源 200V

N
L
ET

E_D

白 2.0
黒 2.0
2.0
2.0
2.0

小
白
黒

施工省略

緑 赤(黒) 黒(赤)

白 黒

黒 黒(白) 白(黒) 白

R ロ

黒 黒 イ
黒 黒 ロ

イ

E 20A250V

■：差込形コネクタ
●：リングスリーブ
〇＝小スリーブ，〇ダイス
小＝小スリーブ，小ダイス

複線図

完成施工写真

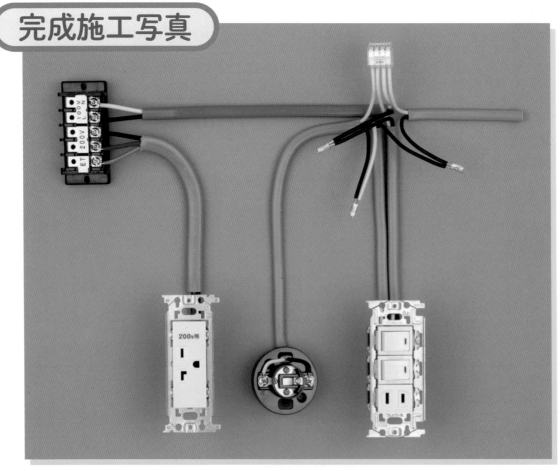

● 公表問題No.6

技能試験問題 ［試験時間 ４０分］

図に示す低圧屋内配線工事を与えられた全ての材料（予備品を除く）を使用し，〈 **施工条件** 〉に従って完成させなさい。

なお，

1. ――・――で示した部分は施工を省略する。
2. VVF用ジョイントボックス及びスイッチボックスは支給していないので，その取り付けは省略する。
3. 電線接続箇所のテープ巻きや絶縁キャップによる絶縁処理は省略する。
4. 作品は保護板（板紙）に取り付けないものとする。

試験時間 40分

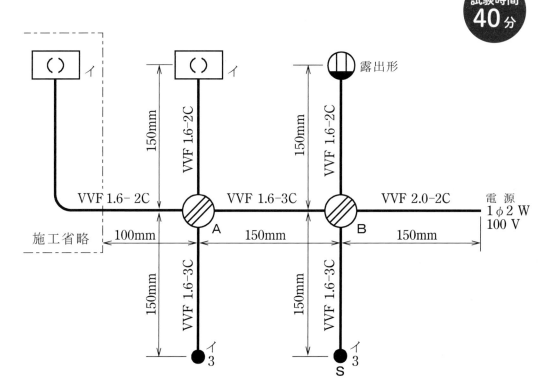

注：図記号は，原則として JIS C 0303：2000に準拠している。
また，作業に直接関係のない部分等は省略又は簡略化してある。

〈 施工条件 〉

1. 配線及び器具の配置は，図に従って行うこと。

2. 3路スイッチの配線方法は，次によること。
   3路スイッチの記号「０」の端子には電源側又は負荷側の電線を結線し，記号「１」と「３」の端子にはスイッチ相互間の電線を結線する。

３．電線の色別（絶縁被覆の色）は，次によること。
　　①電源からの接地側電線には，すべて**白色**を使用する。
　　②電源から３路スイッチ　**S**　及び露出形コンセントまでの非接地側電線には，すべて**黒色**を使用
　　　する。
　　③次の器具の端子には，**白色の電線**を結線する。
　　　・露出形コンセントの接地側極端子（**W**と表示）
　　　・引掛シーリングローゼットの接地側極端子（接地側と表示）

４．VVF用ジョイントボックス部分を経由する電線は，その部分ですべて接続箇所を設け，接続
　　方法は，次によること。
　　　①A部分は，**差込形コネクタによる接続**とする。
　　　②B部分は，**リングスリーブによる接続**とする。

５．露出形コンセントへの結線は，ケーブルを挿入した部分に近い端子に行うこと。

<< 支給材料等の確認 >>
　　試験開始前に監督員が指示しますので，指示に従って与えられた材料等を下記の材料表と必ず照合し，
材料の不良，破損や不足等があれば監督員に申し出てください。
　　試験開始後の支給材料の交換には，一切応じられませんので，材料確認の時間内に必ず確認してください。
　　なお，監督員の指示があるまで照合はしないでください。

材　　　料	
1. 600V ビニル絶縁ビニルシースケーブル平形（シース青色），2.0mm，2 心，長さ約 250mm ‥	1 本
2. 600V ビニル絶縁ビニルシースケーブル平形，1.6mm，2 心，長さ約 850mm ‥‥‥‥‥‥‥	1 本
3. 600V ビニル絶縁ビニルシースケーブル平形，1.6mm，3 心，長さ約 1050mm ‥‥‥‥‥‥	1 本
4. 露出形コンセント（カバーなし）‥‥‥‥‥‥‥‥‥‥‥‥‥‥‥‥‥‥‥‥‥‥‥‥‥	1 個
5. 引掛シーリングローゼット（ボディ（角形）のみ）‥‥‥‥‥‥‥‥‥‥‥‥‥‥‥‥	1 個
6. 埋込連用タンブラスイッチ（3 路）‥‥‥‥‥‥‥‥‥‥‥‥‥‥‥‥‥‥‥‥‥‥‥	2 個
7. 埋込連用取付枠 ‥‥‥‥‥‥‥‥‥‥‥‥‥‥‥‥‥‥‥‥‥‥‥‥‥‥‥‥‥‥‥‥	2 枚
8. リングスリーブ（小）‥‥‥‥‥‥‥‥‥‥‥‥‥‥‥‥‥‥‥‥（予備品を含む）	6 個
9. 差込形コネクタ（2 本用）‥‥‥‥‥‥‥‥‥‥‥‥‥‥‥‥‥‥‥‥‥‥‥‥‥‥‥	2 個
10. 差込形コネクタ（3 本用）‥‥‥‥‥‥‥‥‥‥‥‥‥‥‥‥‥‥‥‥‥‥‥‥‥‥‥	2 個
・　受験番号札 ‥‥‥‥‥‥‥‥‥‥‥‥‥‥‥‥‥‥‥‥‥‥‥‥‥‥‥‥‥‥‥‥‥‥	1 枚
・　ビニル袋 ‥‥‥‥‥‥‥‥‥‥‥‥‥‥‥‥‥‥‥‥‥‥‥‥‥‥‥‥‥‥‥‥‥‥‥	1 枚

<< 追加支給について >>
　　露出形コンセント用端子ねじ，リングスリーブ及び差込形コネクタは，作業のやり直し等により不足が生
じた場合，申し出（挙手をする）があれば追加支給します。

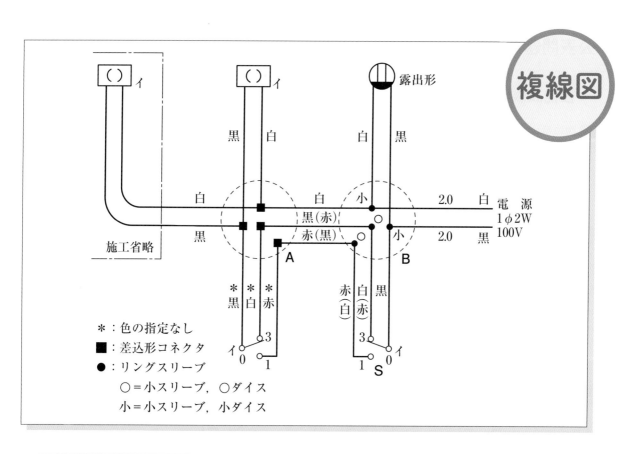

複線図

黒　白　　白　黒　露出形

白　　　　白　小　　　2.0　白　電　源
黒（赤）　　　　　　　1φ2W
赤（黒）　　　小　　　2.0　黒　100V
施工省略　　　A　　　　　　B

＊：色の指定なし
■：差込形コネクタ
●：リングスリーブ
　　○＝小スリーブ，○ダイス
　　小＝小スリーブ，小ダイス

＊黒　＊白　＊赤　　　赤（白）　白（赤）　黒
イ　　3　　　　　　　3　　　　イ
0　　　1　　　　　1　　　　0
　　　　　　　　　　S

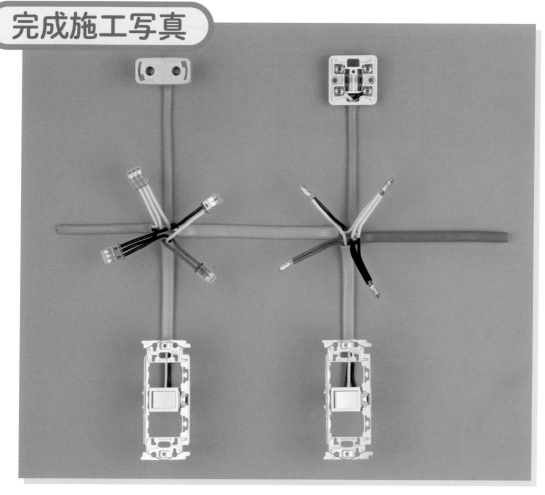

完成施工写真

● 公表問題 No. 7

技能試験問題［試験時間　４０分］

　図に示す低圧屋内配線工事を与えられた全ての材料（予備品を除く）を使用し，< **施工条件** > に従って完成させなさい。

なお，
1. ――・―― で示した部分は施工を省略する。
2. VVF 用ジョイントボックス及びスイッチボックスは支給していないので，その取り付けは省略する。
3. 電線接続箇所のテープ巻きや絶縁キャップによる絶縁処理は省略する。
4. 作品は保護板（板紙）に取り付けないものとする。

試験時間 **40**分

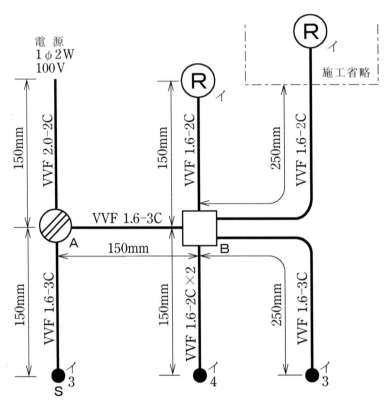

注：1. 図記号は，原則として JIS C 0303：2000 に準拠している。
　　　　また，作業に直接関係のない部分等は省略又は簡略化してある。
　　　2. Ⓡ は，ランプレセプタクルを示す。

< 施工条件 >

1. 配線及び器具の配置は，図に従って行うこと。

2. ３路スイッチ及び４路スイッチの配線方法は，次によること。
    ①３箇所のスイッチをそれぞれ操作することによりランプレセプタクルを点滅できるようにする。
    ②３路スイッチの記号「０」の端子には電源側又は負荷側の電線を結線し，記号「１」と「３」の端子には４路スイッチとの間の電線を結線する。

3．ジョイントボックス（アウトレットボックス）は，打抜き済みの穴だけをすべて使用すること。

4．電線の色別（絶縁被覆の色）は，次によること。
　　①電源からの接地側電線には，すべて**白色**を使用する。
　　②電源から3路スイッチ **S** までの非接地側電線には，**黒色**を使用する。
　　③ランプレセプタクルの受金ねじ部の端子には，**白色の電線**を結線する。

5．VVF用ジョイントボックスA部分及びジョイントボックスB部分を経由する電線は，その部分ですべて接続箇所を設け，接続方法は，次によること。
　　①A部分は，**リングスリーブによる接続**とする。
　　②B部分は，**差込形コネクタによる接続**とする。

6．埋込連用取付枠は，4路スイッチ部分に使用すること。

<< 支給材料等の確認 >>
　　試験開始前に監督員が指示しますので，指示に従って与えられた材料等を下記の材料表と必ず照合し，材料の不良，破損や不足等があれば監督員に申し出てください。
　　<u>試験開始後の支給材料の交換には，一切応じられませんので，材料確認の時間内に必ず確認してください。</u>
　　なお，監督員の指示があるまで照合はしないでください。

材　　　料	
1． 600Vビニル絶縁ビニルシースケーブル平形（シース青色），2.0mm，2心，長さ約250mm ‥	1本
2． 600Vビニル絶縁ビニルシースケーブル平形，1.6mm，2心，長さ約1400mm ‥‥‥‥‥	1本
3． 600Vビニル絶縁ビニルシースケーブル平形，1.6mm，3心，長さ約1150mm ‥‥‥‥‥	1本
4． ジョイントボックス（アウトレットボックス）（19mm 3箇所，25mm 2箇所　ノックアウト打抜き済み）‥	1個
5． ランプレセプタクル（カバーなし）‥‥‥‥‥‥‥‥‥‥‥‥‥‥‥‥‥‥‥‥‥‥‥	1個
6． 埋込連用タンブラスイッチ（3路）‥‥‥‥‥‥‥‥‥‥‥‥‥‥‥‥‥‥‥‥‥‥	2個
7． 埋込連用タンブラスイッチ（4路）‥‥‥‥‥‥‥‥‥‥‥‥‥‥‥‥‥‥‥‥‥‥	1個
8． 埋込連用取付枠 ‥‥‥‥‥‥‥‥‥‥‥‥‥‥‥‥‥‥‥‥‥‥‥‥‥‥‥‥‥‥	1枚
9． ゴムブッシング（19）‥‥‥‥‥‥‥‥‥‥‥‥‥‥‥‥‥‥‥‥‥‥‥‥‥‥‥	3個
10． ゴムブッシング（25）‥‥‥‥‥‥‥‥‥‥‥‥‥‥‥‥‥‥‥‥‥‥‥‥‥‥‥	2個
11． リングスリーブ（小）‥‥‥‥‥‥‥‥‥‥‥‥‥‥‥‥‥‥‥（予備品を含む）	6個
12． 差込形コネクタ（2本用）‥‥‥‥‥‥‥‥‥‥‥‥‥‥‥‥‥‥‥‥‥‥‥‥‥	4個
13． 差込形コネクタ（3本用）‥‥‥‥‥‥‥‥‥‥‥‥‥‥‥‥‥‥‥‥‥‥‥‥‥	2個
・ 受験番号札 ‥‥‥‥‥‥‥‥‥‥‥‥‥‥‥‥‥‥‥‥‥‥‥‥‥‥‥‥‥‥‥‥	1枚
・ ビニル袋 ‥‥‥‥‥‥‥‥‥‥‥‥‥‥‥‥‥‥‥‥‥‥‥‥‥‥‥‥‥‥‥‥‥	1枚

<< 追加支給について >>
　　ランプレセプタクル用端子ねじ，リングスリーブ及び差込形コネクタは，作業のやり直し等により不足が生じた場合，申し出（挙手をする）があれば追加支給します。

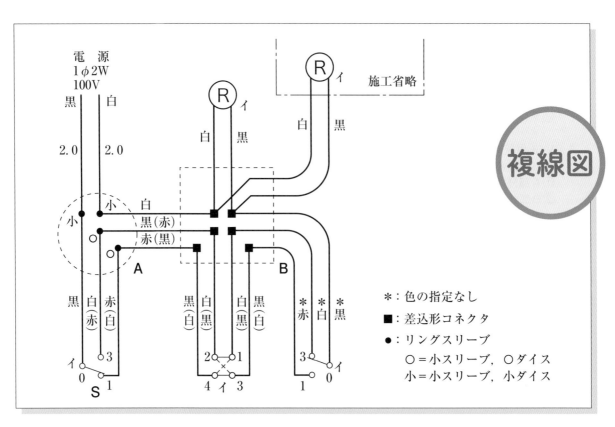

電　源
1φ2W
100V

複線図

＊：色の指定なし
■：差込形コネクタ
●：リングスリーブ
　　○＝小スリーブ，○ダイス
　　小＝小スリーブ，小ダイス

完成施工写真

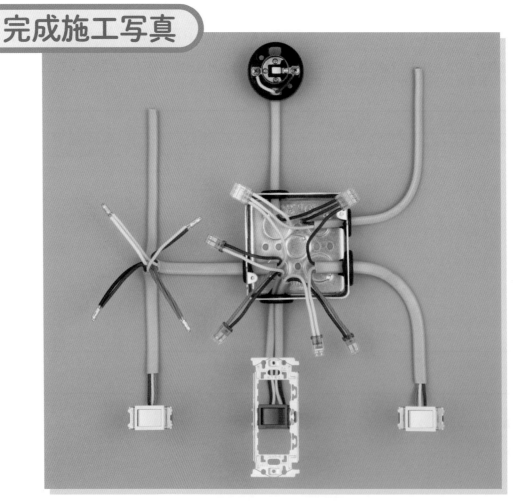

● 公表問題No.8

技能試験問題［試験時間　４０分］

　図に示す低圧屋内配線工事を与えられた全ての材料（予備品を除く）を使用し，〈 **施工条件** 〉に従って完成させなさい。

なお，
1．リモコンリレーは端子台で代用するものとする。
2．―・―・― で示した部分は施工を省略する。
3．電線接続箇所のテープ巻きや絶縁キャップによる絶縁処理は省略する。
4．作品は保護板（板紙）に取り付けないものとする。

試験時間
40分

図１．配線図

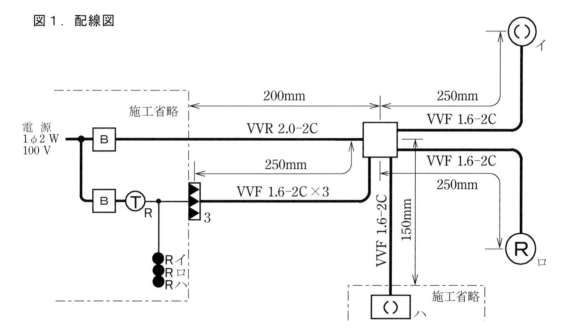

　　注：1．図記号は，原則として JIS C 0303:2000に準拠している。
　　　　　　また，作業に直接関係のない部分等は省略又は簡略化してある。
　　　　2．Ⓡは，ランプレセプタクルを示す。

図２．リモコンリレー代用の端子台の説明図

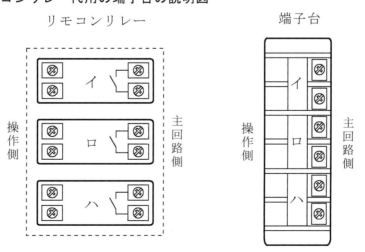

〈 施工条件 〉

1. 配線及び器具の配置は，**図1**に従って行うこと。

2. リモコンリレー代用の端子台は，**図2**に従って使用すること。

3. 各リモコンリレーに至る電線には，**それぞれ2心ケーブル1本を使用すること**。

4. ジョイントボックス（アウトレットボックス）は，打抜き済みの穴だけをすべて使用すること。

5. 電線の色別（絶縁被覆の色）は，次によること。
   ①電源からの接地側電線には，すべて**白色**を使用する。
   ②電源からリモコンリレーまでの非接地側電線には，すべて**黒色**を使用する。
   ③次の器具の端子には，**白色の電線**を結線する。
   ・ランプレセプタクルの受金ねじ部の端子
   ・引掛シーリングローゼットの接地側極端子（**W**と表示）

6. ジョイントボックス部分を経由する電線は，その部分ですべて接続箇所を設け，接続方法は，次によること。
   ①4本の接続箇所は，差込形コネクタによる接続とする。
   ②その他の接続箇所は，リングスリーブによる接続とする。

《 支給材料等の確認 》

　試験開始前に監督員が指示しますので，指示に従って与えられた材料等を下記の材料表と必ず照合し，材料の不良，破損や不足等があれば監督員に申し出てください。
　試験開始後の支給材料の交換には，一切応じられませんので，材料確認の時間内に必ず確認してください。
　なお，監督員の指示があるまで照合はしないでください。

材　　料	
1. 600V ビニル絶縁ビニルシースケーブル丸形，2.0mm，2心，長さ約300mm ・・・・・・・・・・・・・・・・	1本
2. 600V ビニル絶縁ビニルシースケーブル平形，1.6mm，2心，長さ約1100mm ・・・・・・・・・・・・・・	2本
3. ジョイントボックス（アウトレットボックス）（19mm 2箇所，25mm 3箇所 ノックアウト打抜き済み）・・	1個
4. 端子台（リモコンリレーの代用），6極 ・・・・・・・・・・・・・・・・・・・・・・・・・・・・・・・・・・	1個
5. ランプレセプタクル（カバーなし） ・・・・・・・・・・・・・・・・・・・・・・・・・・・・・・・・・・	1個
6. 引掛シーリングローゼット（ボディ（丸形）のみ） ・・・・・・・・・・・・・・・・・・・・・・・・・	1個
7. ゴムブッシング（19） ・・	2個
8. ゴムブッシング（25） ・・	3個
9. リングスリーブ（小） ・・・・・・・・・・・・・・・・・・・・・・・・・・・・（予備品を含む）	5個
10. 差込形コネクタ（4本用） ・・・・・・・・・・・・・・・・・・・・・・・・・・・・・・・・・・・・・・・	2個
・ 受験番号札 ・・	1枚
・ ビニル袋 ・・・	1枚

《 追加支給について 》

　ランプレセプタクル用端子ねじ，リングスリーブ及び差込形コネクタは，作業のやり直し等により不足が生じた場合，申し出（挙手をする）があれば追加支給します。

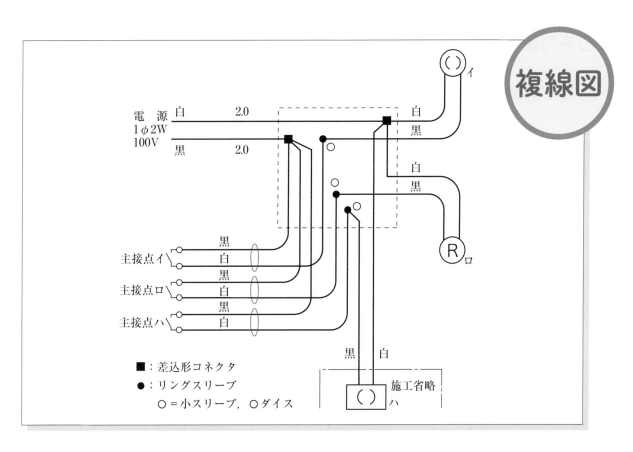

複線図

電源
1φ2W
100V

白 2.0
黒 2.0

イ

白
黒

白
黒

R ロ

主接点イ 黒
白

主接点ロ 黒
白

主接点ハ 黒
白

■：差込形コネクタ
●：リングスリーブ
　○＝小スリーブ，○ダイス

黒 白

（　）ハ 施工省略

完成施工写真

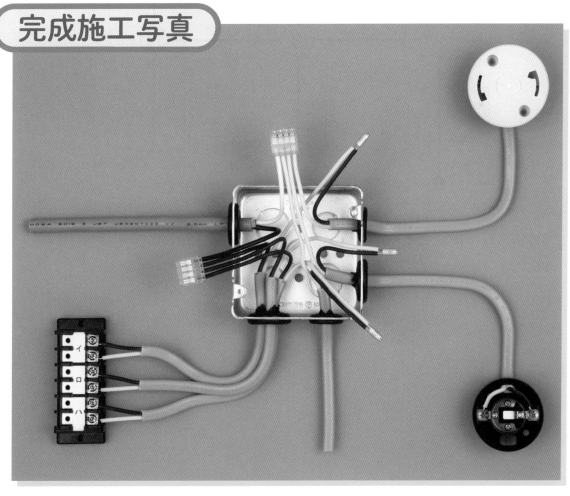

技能試験問題 ［試験時間　４０分］

　図に示す低圧屋内配線工事を与えられた全ての材料（予備品を除く）を使用し，〈 **施工条件** 〉に従って完成させなさい。

なお，

　1．――― で示した部分は施工を省略する。

　2．VVF 用ジョイントボックス及びスイッチボックスは支給していないので，その取り付けは省略する。

　3．電線接続箇所のテープ巻きや絶縁キャップによる絶縁処理は省略する。

　4．作品は保護板（板紙）に取り付けないものとする。

試験時間 40分

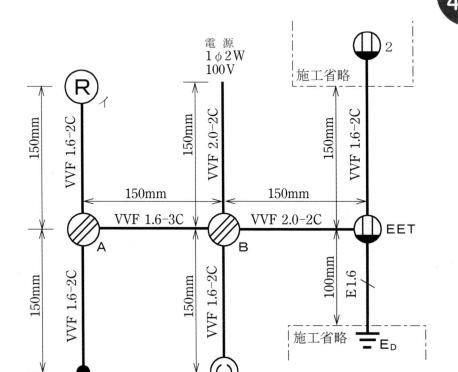

　　注：1．図記号は，原則として JIS C 0303:2000に準拠している。
　　　　　　また，作業に直接関係のない部分等は省略又は簡略化してある。
　　　　2．Ⓡは，ランプレセプタクルを示す。

〈 施工条件 〉

1．配線及び器具の配置は，図に従って行うこと。

2．電線の色別（絶縁被覆の色）は，次によること。
　　①電源からの接地側電線には，すべて**白色**を使用する。
　　②電源からコンセント及び点滅器までの非接地側電線には，すべて**黒色**を使用する。
　　③接地線には，**緑色**を使用する。
　　④次の器具の端子には，**白色の電線**を結線する。
　　　・コンセントの接地側極端子（**W**と表示）
　　　・ランプレセプタクルの受金ねじ部の端子
　　　・引掛シーリングローゼットの接地側極端子（**W**と表示）

3．VVF用ジョイントボックス部分を経由する電線は，その部分ですべて接続箇所を設け，接続方法は，次によること。
　　①A部分は，差込形コネクタによる接続とする。
　　②B部分は，リングスリーブによる接続とする。

<< 支給材料等の確認 >>
　　試験開始前に監督員が指示しますので，指示に従って与えられた材料等を下記の材料表と必ず照合し，材料の不良，破損や不足等があれば監督員に申し出てください。
　　<u>試験開始後の支給材料の交換には，一切応じられませんので，材料確認の時間内に必ず確認してください。</u>
　　なお，監督員の指示があるまで照合はしないでください。

材　　料	
1．　600V ビニル絶縁ビニルシースケーブル平形（シース青色），2.0mm，2 心，長さ約 600mm ‥	1 本
2．　600V ビニル絶縁ビニルシースケーブル平形，1.6mm，2 心，長さ約 1250mm ‥‥‥‥‥‥	1 本
3．　600V ビニル絶縁ビニルシースケーブル平形，1.6mm，3 心，長さ約 350mm ‥‥‥‥‥‥	1 本
4．　600V ビニル絶縁電線（緑），1.6mm，長さ約 150mm ‥‥‥‥‥‥‥‥‥‥‥‥‥‥‥‥	1 本
5．　ランプレセプタクル（カバーなし）‥‥‥‥‥‥‥‥‥‥‥‥‥‥‥‥‥‥‥‥‥‥‥‥	1 個
6．　引掛シーリングローゼット（ボディ（丸形）のみ）‥‥‥‥‥‥‥‥‥‥‥‥‥‥‥‥‥	1 個
7．　埋込連用タンブラスイッチ ‥‥‥‥‥‥‥‥‥‥‥‥‥‥‥‥‥‥‥‥‥‥‥‥‥‥‥	1 個
8．　埋込コンセント（15A125V 接地極付接地端子付）‥‥‥‥‥‥‥‥‥‥‥‥‥‥‥‥‥	1 個
9．　埋込連用取付枠 ‥‥‥‥‥‥‥‥‥‥‥‥‥‥‥‥‥‥‥‥‥‥‥‥‥‥‥‥‥‥‥‥	1 枚
10．　リングスリーブ（小）‥‥‥‥‥‥‥‥‥‥‥‥‥‥‥‥‥‥（予備品を含む）	2 個
11．　リングスリーブ（中）‥‥‥‥‥‥‥‥‥‥‥‥‥‥‥‥‥‥（予備品を含む）	3 個
12．　差込形コネクタ（2 本用）‥‥‥‥‥‥‥‥‥‥‥‥‥‥‥‥‥‥‥‥‥‥‥‥‥‥‥	2 個
13．　差込形コネクタ（3 本用）‥‥‥‥‥‥‥‥‥‥‥‥‥‥‥‥‥‥‥‥‥‥‥‥‥‥‥	1 個
・　受験番号札 ‥‥‥‥‥‥‥‥‥‥‥‥‥‥‥‥‥‥‥‥‥‥‥‥‥‥‥‥‥‥‥‥‥‥	1 枚
・　ビニル袋 ‥‥‥‥‥‥‥‥‥‥‥‥‥‥‥‥‥‥‥‥‥‥‥‥‥‥‥‥‥‥‥‥‥‥	1 枚

<< 追加支給について >>
　　ランプレセプタクル用端子ねじ，リングスリーブ及び差込形コネクタは，作業のやり直し等により不足が生じた場合，申し出（挙手をする）があれば追加支給します。

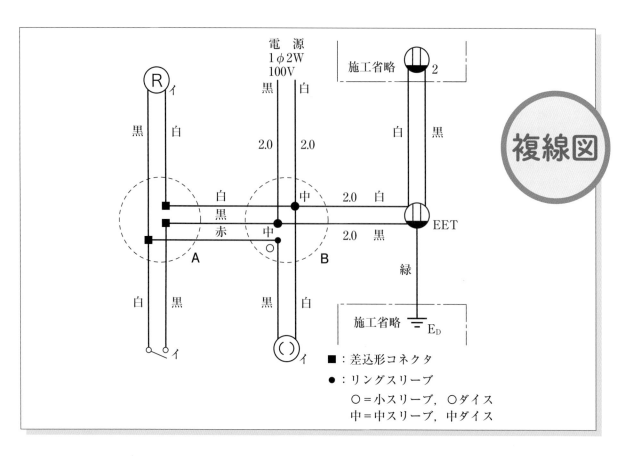

複線図

電源
1φ2W
100V

施工省略

差込形コネクタ
リングスリーブ
○=小スリーブ，○ダイス
中=中スリーブ，中ダイス

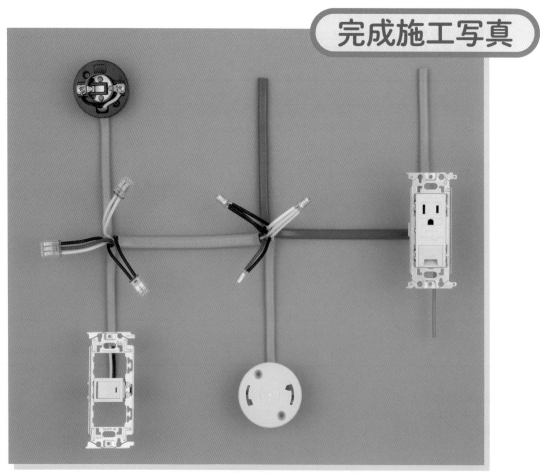

完成施工写真

● 公表問題No.10

技能試験問題 ［試験時間　４０分］

　図に示す低圧屋内配線工事を与えられた全ての材料(予備品を除く)を使用し，〈 **施工条件** 〉に従って完成させなさい。
なお，
　1．ーー・ーー で示した部分は施工を省略する。
　2．VVF用ジョイントボックス及びスイッチボックスは支給していないので，その取り付けは省略する。
　3．電線接続箇所のテープ巻きや絶縁キャップによる絶縁処理は省略する。
　4．作品は保護板（板紙）に取り付けないものとする。

試験時間 40分

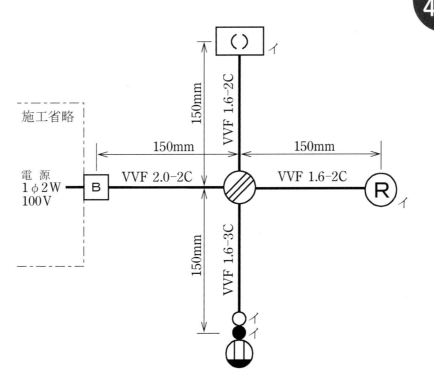

注：1．図記号は，原則として JIS C 0303:2000に準拠している。
　　　　また，作業に直接関係のない部分等は省略又は簡略化してある。
　　2．Ⓡは，ランプレセプタクルを示す。

〈 施工条件 〉

1．配線及び器具の配置は，図に従って行うこと。

2．確認表示灯（パイロットランプ）は，引掛シーリングローゼット及びランプレセプタクルと同時点滅とすること。

3．電線の色別（絶縁被覆の色）は，次によること。
　　①電源からの接地側電線には，すべて**白色**を使用する。
　　②電源から点滅器及びコンセントまでの非接地側電線には，すべて**黒色**を使用する。
　　③次の器具の端子には，**白色の電線**を結線する。
　　　・コンセントの接地側極端子（**W**と表示）
　　　・ランプレセプタクルの受金ねじ部の端子
　　　・引掛シーリングローゼットの接地側極端子（接地側と表示）
　　　・配線用遮断器の接地側極端子（**N**と表示）

4．VVF用ジョイントボックス部分を経由する電線は，その部分ですべて接続箇所を設け，接続
　　方法は，次によること。
　　　①3本の接続箇所は，差込形コネクタによる接続とする。
　　　②その他の接続箇所は，リングスリーブによる接続とする。

<< 支給材料等の確認 >>
　　試験開始前に監督員が指示しますので，指示に従って与えられた材料等を下記の材料表と必ず照合し，
材料の不良，破損や不足等があれば監督員に申し出てください。
　　試験開始後の支給材料の交換には，一切応じられませんので，材料確認の時間内に必ず確認してください。
　　なお，監督員の指示があるまで照合はしないでください。

材　　　料	
1．　600Vビニル絶縁ビニルシースケーブル平形（シース青色），2.0mm，2心，長さ約300mm ‥	1本
2．　600Vビニル絶縁ビニルシースケーブル平形，1.6mm，2心，長さ約650mm ‥‥‥‥‥‥‥	1本
3．　600Vビニル絶縁ビニルシースケーブル平形，1.6mm，3心，長さ約450mm ‥‥‥‥‥‥‥	1本
4．　配線用遮断器（100V，2極1素子）‥‥‥‥‥‥‥‥‥‥‥‥‥‥‥‥‥‥‥‥‥‥‥‥	1個
5．　ランプレセプタクル（カバーなし）‥‥‥‥‥‥‥‥‥‥‥‥‥‥‥‥‥‥‥‥‥‥‥	1個
6．　引掛シーリングローゼット（ボディ（角形）のみ）‥‥‥‥‥‥‥‥‥‥‥‥‥‥‥‥	1個
7．　埋込連用タンブラスイッチ ‥‥‥‥‥‥‥‥‥‥‥‥‥‥‥‥‥‥‥‥‥‥‥‥‥‥	1個
8．　埋込連用パイロットランプ ‥‥‥‥‥‥‥‥‥‥‥‥‥‥‥‥‥‥‥‥‥‥‥‥‥‥	1個
9．　埋込連用コンセント ‥‥‥‥‥‥‥‥‥‥‥‥‥‥‥‥‥‥‥‥‥‥‥‥‥‥‥‥‥	1個
10．　埋込連用取付枠 ‥‥‥‥‥‥‥‥‥‥‥‥‥‥‥‥‥‥‥‥‥‥‥‥‥‥‥‥‥‥‥	1枚
11．　リングスリーブ（小）‥‥‥‥‥‥‥‥‥‥‥‥‥‥‥‥‥‥‥（予備品を含む）	2個
12．　リングスリーブ（中）‥‥‥‥‥‥‥‥‥‥‥‥‥‥‥‥‥‥‥（予備品を含む）	2個
13．　差込形コネクタ（3本用）‥‥‥‥‥‥‥‥‥‥‥‥‥‥‥‥‥‥‥‥‥‥‥‥‥‥‥	1個
・　受験番号札 ‥‥‥‥‥‥‥‥‥‥‥‥‥‥‥‥‥‥‥‥‥‥‥‥‥‥‥‥‥‥‥‥‥	1枚
・　ビニル袋 ‥‥‥‥‥‥‥‥‥‥‥‥‥‥‥‥‥‥‥‥‥‥‥‥‥‥‥‥‥‥‥‥‥‥	1枚

<< 追加支給について >>
　　ランプレセプタクル用端子ねじ，リングスリーブ及び差込形コネクタは，作業のやり直し等により不足が生
じた場合，申し出（挙手をする）があれば追加支給します。

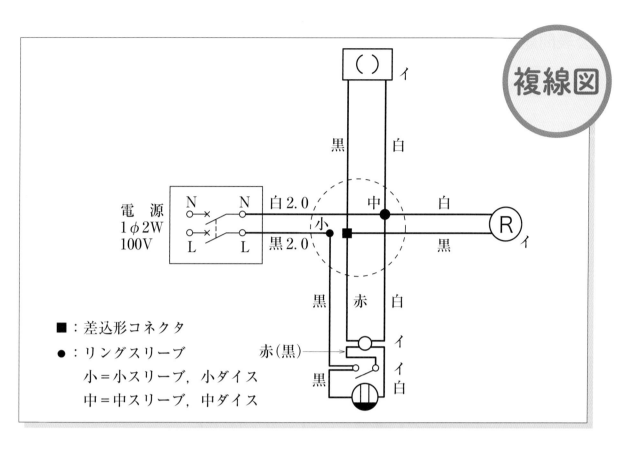

複線図

電源
1φ2W
100V

N N 白2.0 中 白 Ⓡ イ
L L 黒2.0 小 黒

( ) イ

黒 白

黒 赤 白
イ イ
赤(黒) 黒 イ白

■：差込形コネクタ
●：リングスリーブ
　　小＝小スリーブ，小ダイス
　　中＝中スリーブ，中ダイス

完成施工写真

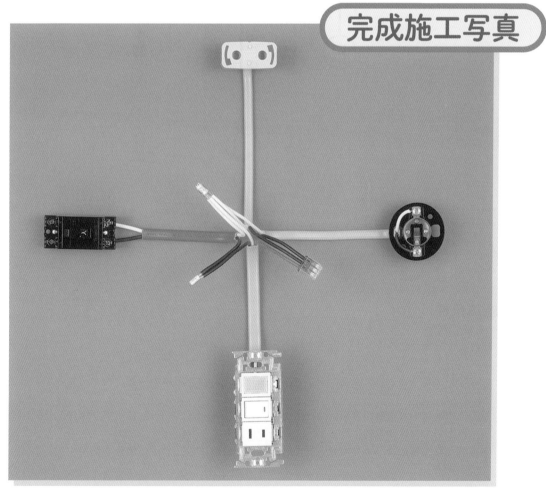

● 公表問題No.11

技能試験問題［試験時間 ４０分］

　図に示す低圧屋内配線工事を与えられた全ての材料（予備品を除く）を使用し，〈 **施工条件** 〉に従って完成させなさい。

なお，

1．金属管とジョイントボックス（アウトレットボックス）とを電気的に接続することは省略する。

2．スイッチボックスは支給していないので，その取り付けは省略する。

3．電線接続箇所のテープ巻きや絶縁キャップによる絶縁処理は省略する。

4．作品は保護板（板紙）に取り付けないものとする。

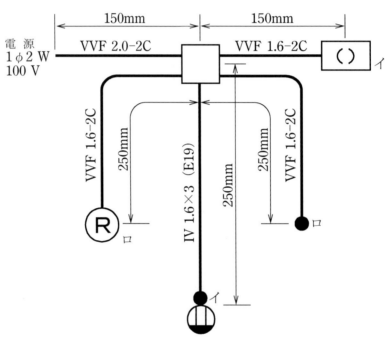

　　注：1．図記号は，原則として JIS C 0303：2000に準拠している。
　　　　　　また，作業に直接関係のない部分等は省略又は簡略化してある。
　　　　2．Ⓡは，ランプレセプタクルを示す。

〈 施工条件 〉

1．配線及び器具の配置は，図に従って行うこと。

2．ジョイントボックス（アウトレットボックス）は，打抜き済みの穴だけをすべて使用すること。

3．電線の色別（絶縁被覆の色）は，次によること。
　①電源からの接地側電線には，すべて**白色**を使用する。
　②電源から点滅器及びコンセントまでの非接地側電線には，すべて**黒色**を使用する。

③次の器具の端子には，**白色の電線**を結線する。
  ・コンセントの接地側極端子（Wと表示）
  ・ランプレセプタクルの受金ねじ部の端子
  ・引掛シーリングローゼットの接地側極端子（接地側と表示）

4．ジョイントボックス部分を経由する電線は，その部分ですべて接続箇所を設け，接続方法は，
  次によること。
  ①電源側電線（電源からの電線・シース青色）との接続箇所は，**リングスリーブによる接続**
  とする。
  ②その他の接続箇所は，**差込形コネクタによる接続**とする。

5．ねじなしボックスコネクタは，ジョイントボックス側に取り付けること。

6．埋込連用取付枠は，タンブラスイッチ（イ）及びコンセント部分に使用すること。

<< 支給材料等の確認 >>
　試験開始前に監督員が指示しますので，指示に従って与えられた材料等を下記の材料表と必ず照合し，
材料の不良，破損や不足等があれば監督員に申し出てください。
　<u>試験開始後の支給材料の交換には，一切応じられませんので，材料確認の時間内に必ず確認してください。</u>
　なお，監督員の指示があるまで照合はしないでください。

材　料	
1. 600V ビニル絶縁ビニルシースケーブル平形（シース青色），2.0mm，2心，長さ約 250mm ‥	1本
2. 600V ビニル絶縁ビニルシースケーブル平形，1.6mm，2心，長さ約 1200mm ・・・・・・・・・・	1本
3. 600V ビニル絶縁電線（黒），1.6mm，長さ約 550mm ・・・・・・・・・・・・・・・・・・・・・・・・・・・・	1本
4. 600V ビニル絶縁電線（白），1.6mm，長さ約 450mm ・・・・・・・・・・・・・・・・・・・・・・・・・・・・	1本
5. 600V ビニル絶縁電線（赤），1.6mm，長さ約 450mm ・・・・・・・・・・・・・・・・・・・・・・・・・・・・	1本
6. ジョイントボックス（アウトレットボックス 19mm 3箇所，25mm 2箇所 ノックアウト打抜き済み）‥	1個
7. ねじなし電線管（E19），長さ約 120mm（端口処理済み）・・・・・・・・・・・・・・・・・	1本
8. ねじなしボックスコネクタ（E19）ロックナット付，接地用端子は省略 ・・・・・・・・	1個
9. ランプレセプタクル（カバーなし）・・・	1個
10. 引掛シーリングローゼット（ボディ（角形）のみ）・・・・・・・・・・・・・・・・・・・・・・・・・・・	1個
11. 埋込連用タンブラスイッチ ・・	2個
12. 埋込連用コンセント ・・	1個
13. 埋込連用取付枠 ・・・	1枚
14. 絶縁ブッシング（19）・・	1個
15. ゴムブッシング（19）・・	2個
16. ゴムブッシング（25）・・	2個
17. リングスリーブ（小）・・・・・・・・・・・・・・・・・・・・・・・・・・・・・（予備品を含む）	2個
18. リングスリーブ（中）・・・・・・・・・・・・・・・・・・・・・・・・・・・・・・（予備品を含む）	2個
19. 差込形コネクタ（2本用）・・	2個
・ 受験番号札 ・・・	1枚
・ ビニル袋 ・・・	1枚

<< 追加支給について >>
　ねじなしボックスコネクタ用止めねじ，ランプレセプタクル用端子ねじ，リングスリーブ及び差込形コネクタ
は，作業のやり直し等により不足が生じた場合，申し出（挙手をする）があれば追加支給します。

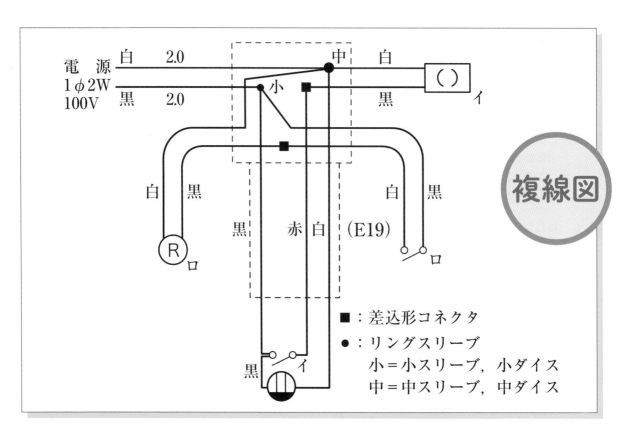

複線図

■：差込形コネクタ
●：リングスリーブ
　小＝小スリーブ，小ダイス
　中＝中スリーブ，中ダイス

完成施工写真

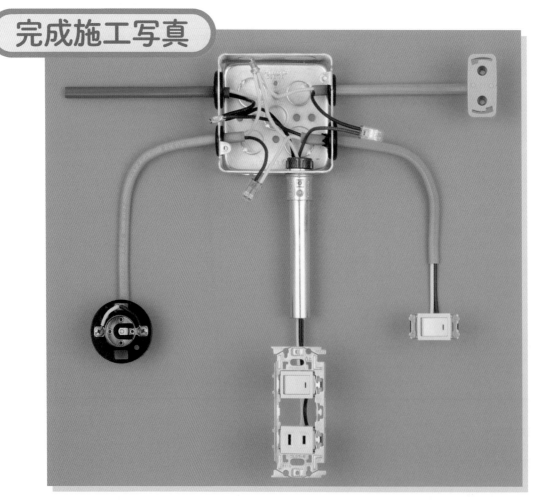

● 公表問題No.12

技能試験問題 ［試験時間　４０分］

図に示す低圧屋内配線工事を与えられた全ての材料(予備品を除く)を使用し、〈 施工条件 〉に従って完成させなさい。

なお，

1．VVF 用ジョイントボックス及びスイッチボックスは支給していないので，その取り付けは省略する。

2．電線接続箇所のテープ巻きや絶縁キャップによる絶縁処理は省略する。

3．作品は保護板（板紙）に取り付けないものとする。

試験時間
40分

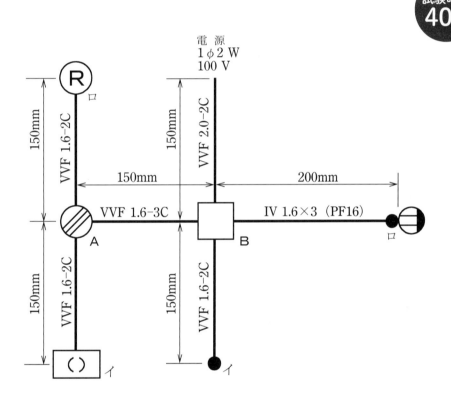

電　源
1φ2 W
100 V

注：1．図記号は，原則として JIS C 0303:2000に準拠している。
　　　また，作業に直接関係のない部分等は省略又は簡略化してある。
　　2．Ⓡ は，ランプレセプタクルを示す。

〈 施工条件 〉

1．配線及び器具の配置は，図に従って行うこと。

2．ジョイントボックス（アウトレットボックス）は，打抜き済みの穴だけをすべて使用すること。

3．電線の色別（絶縁被覆の色）は，次によること。
　①電源からの接地側電線には，すべて**白色**を使用する。
　②電源から点滅器及びコンセントまでの非接地側電線には，すべて**黒色**を使用する。

③次の器具の端子には，**白色の電線**を結線する。
・コンセントの接地側極端子（Wと表示）
・ランプレセプタクルの受金ねじ部の端子
・引掛シーリングローゼットの接地側極端子（接地側と表示）

4．VVF 用ジョイントボックス A 部分及びジョイントボックス B 部分を経由する電線は，その部分ですべて接続箇所を設け，接続方法は，次によること。
①A 部分は，**差込形コネクタによる接続**とする。
②B 部分は，**リングスリーブによる接続**とする。

5．電線管用ボックスコネクタは，ジョイントボックス側に取り付けること。

6．埋込連用取付枠は，タンブラスイッチ（ロ）及びコンセント部分に使用すること。

<< 支給材料等の確認 >>

　試験開始前に監督員が指示しますので，指示に従って与えられた材料等を下記の材料表と必ず照合し，材料の不良，破損や不足等があれば監督員に申し出てください。
　試験開始後の支給材料の交換には，一切応じられませんので，材料確認の時間内に必ず確認してください。
　なお，監督員の指示があるまで照合はしないでください。

材　料	
1. 600V ビニル絶縁ビニルシースケーブル平形（シース青色），2.0mm，2 心，長さ約 250mm ‥	1 本
2. 600V ビニル絶縁ビニルシースケーブル平形，1.6mm，2 心，長さ約 1000mm ‥‥‥‥‥	1 本
3. 600V ビニル絶縁ビニルシースケーブル平形，1.6mm，3 心，長さ約 350mm ‥‥‥‥‥‥	1 本
4. 600V ビニル絶縁電線（黒），1.6mm，長さ約 500mm ‥‥‥‥‥‥‥‥‥‥‥‥‥‥‥	1 本
5. 600V ビニル絶縁電線（白），1.6mm，長さ約 400mm ‥‥‥‥‥‥‥‥‥‥‥‥‥‥‥	1 本
6. 600V ビニル絶縁電線（赤），1.6mm，長さ約 400mm ‥‥‥‥‥‥‥‥‥‥‥‥‥‥‥	1 本
7. ジョイントボックス（アウトレットボックス）（19mm 4 箇所ノックアウト打抜き済み）‥‥	1 個
8. 合成樹脂製可とう電線管（PF16），長さ約 70mm ‥‥‥‥‥‥‥‥‥‥‥‥‥‥‥‥	1 本
9. 合成樹脂製可とう電線管用ボックスコネクタ（PF16）‥‥‥‥‥‥‥‥‥‥‥‥‥‥‥	1 個
10. ランプレセプタクル（カバーなし）‥‥‥‥‥‥‥‥‥‥‥‥‥‥‥‥‥‥‥‥‥‥	1 個
11. 引掛シーリングローゼット（ボディ（角形）のみ）‥‥‥‥‥‥‥‥‥‥‥‥‥‥‥	1 個
12. 埋込連用タンブラスイッチ ‥‥‥‥‥‥‥‥‥‥‥‥‥‥‥‥‥‥‥‥‥‥‥‥‥	2 個
13. 埋込連用コンセント ‥‥‥‥‥‥‥‥‥‥‥‥‥‥‥‥‥‥‥‥‥‥‥‥‥‥‥‥	1 個
14. 埋込連用取付枠 ‥‥‥‥‥‥‥‥‥‥‥‥‥‥‥‥‥‥‥‥‥‥‥‥‥‥‥‥‥‥	1 枚
15. ゴムブッシング（19）‥‥‥‥‥‥‥‥‥‥‥‥‥‥‥‥‥‥‥‥‥‥‥‥‥‥‥	3 個
16. リングスリーブ（小）‥‥‥‥‥‥‥‥‥‥‥‥‥‥‥‥‥‥（予備品を含む）6 個
17. 差込形コネクタ（2 本用）‥‥‥‥‥‥‥‥‥‥‥‥‥‥‥‥‥‥‥‥‥‥‥‥‥‥	2 個
18. 差込形コネクタ（3 本用）‥‥‥‥‥‥‥‥‥‥‥‥‥‥‥‥‥‥‥‥‥‥‥‥‥‥	1 個
・ 受験番号札 ‥‥‥‥‥‥‥‥‥‥‥‥‥‥‥‥‥‥‥‥‥‥‥‥‥‥‥‥‥‥‥‥‥	1 枚
・ ビニル袋 ‥‥‥‥‥‥‥‥‥‥‥‥‥‥‥‥‥‥‥‥‥‥‥‥‥‥‥‥‥‥‥‥‥‥	1 枚

<< 追加支給について >>

　ランプレセプタクル用端子ねじ，リングスリーブ及び差込形コネクタは，作業のやり直し等により不足が生じた場合，申し出（挙手をする）があれば追加支給します。

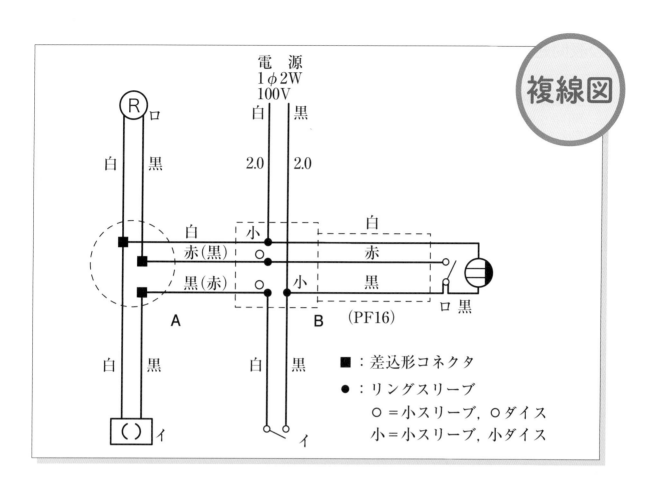

複線図

電　源
1φ2W
100V

白　黒

2.0　2.0

白　黒

（R）ロ

白　黒

白
小　　赤
赤（黒）
○
黒（赤）
○　小　黒
（PF16）

ロ黒

A　　B

白　黒　白　黒

（　）イ　　イ

■：差込形コネクタ
●：リングスリーブ
　　○＝小スリーブ，○ダイス
　　小＝小スリーブ，小ダイス

完成施工写真

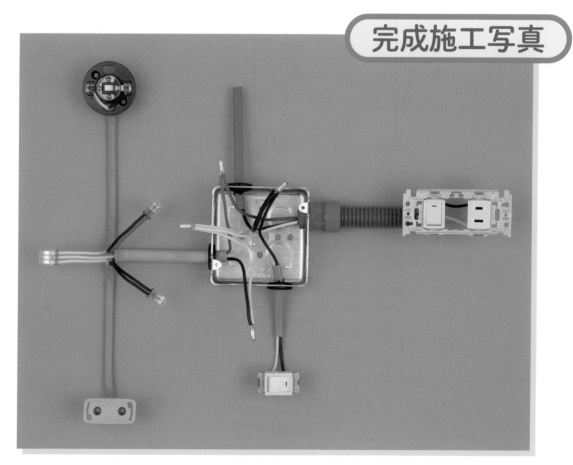

技能試験問題［試験時間　４０分］

図に示す低圧屋内配線工事を与えられた全ての材料（予備品を除く）を使用し，〈 **施工条件** 〉に従って完成させなさい。

なお，

1．自動点滅器は端子台で代用するものとする。
2．－ー－ー で示した部分は施工を省略する。
3．VVF用ジョイントボックス及びスイッチボックスは支給していないので，その取り付けは省略する。
4．電線接続箇所のテープ巻きや絶縁キャップによる絶縁処理は省略する。
5．作品は保護板（板紙）に取り付けないものとする。

試験時間 **40分**

図１．配線図

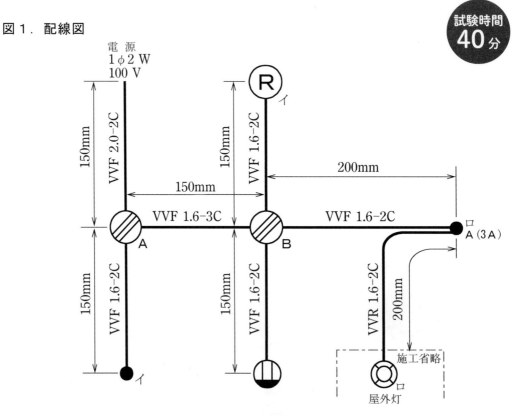

注：1．図記号は，原則として JIS C 0303：2000に準拠している。
　　　　また，作業に直接関係のない部分等は省略又は簡略化してある。
　　2．Ⓡ は，ランプレセプタクルを示す。

図２．自動点滅器代用の端子台の説明図

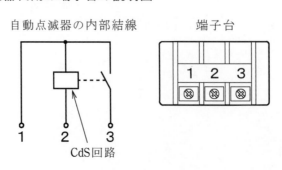

自動点滅器の内部結線

端子台

CdS回路

〈 施工条件 〉

1．配線及び器具の配置は，**図1**に従って行うこと。

2．自動点滅器代用の端子台は，**図2**に従って使用すること。

3．電線の色別（絶縁被覆の色）は，次によること。
　　①電源からの接地側電線には，すべて**白色**を使用する。
　　②電源から点滅器，コンセント及び自動点滅器までの非接地側電線には，すべて**黒色**を使用する。
　　③次の器具の端子には，**白色の電線**を結線する。
　　　・コンセントの接地側極端子（**W**と表示）
　　　・ランプレセプタクルの受金ねじ部の端子
　　　・自動点滅器（端子台）の記号　**2**　の端子

4．VVF用ジョイントボックス部分を経由する電線は，その部分ですべて接続箇所を設け，接続方法は，次によること。
　　①A部分は，**リングスリーブによる接続**とする。
　　②B部分は，**差込形コネクタによる接続**とする。

5．埋込連用取付枠は，**コンセント部分に使用**すること。

<< 支給材料等の確認 >>
　試験開始前に監督員が指示しますので，指示に従って与えられた材料等を下記の材料表と必ず照合し，材料の不良，破損や不足等があれば監督員に申し出てください。
　<u>試験開始後の支給材料の交換には，一切応じられませんので，材料確認の時間内に必ず確認してください。</u>
　なお，監督員の指示があるまで照合はしないでください。

材　　料	
1. 600Vビニル絶縁ビニルシースケーブル平形（シース青色），2.0mm，2心，長さ約250mm ‥ 1本	
2. 600Vビニル絶縁ビニルシースケーブル平形，1.6mm，2心，長さ約1400mm ‥‥‥‥‥‥ 1本	
3. 600Vビニル絶縁ビニルシースケーブル平形，1.6mm，3心，長さ約350mm ‥‥‥‥‥‥ 1本	
4. 600Vビニル絶縁ビニルシースケーブル丸形，1.6mm，2心，長さ約250mm ‥‥‥‥‥‥ 1本	
5. 端子台（自動点滅器の代用），3極 ‥‥‥‥‥‥‥‥‥‥‥‥‥‥‥‥‥‥‥‥‥‥ 1個	
6. ランプレセプタクル（カバーなし）‥‥‥‥‥‥‥‥‥‥‥‥‥‥‥‥‥‥‥‥‥‥ 1個	
7. 埋込連用タンブラスイッチ ‥‥‥‥‥‥‥‥‥‥‥‥‥‥‥‥‥‥‥‥‥‥‥‥‥ 1個	
8. 埋込連用コンセント ‥‥‥‥‥‥‥‥‥‥‥‥‥‥‥‥‥‥‥‥‥‥‥‥‥‥‥‥ 1個	
9. 埋込連用取付枠 ‥‥‥‥‥‥‥‥‥‥‥‥‥‥‥‥‥‥‥‥‥‥‥‥‥‥‥‥‥‥ 1枚	
10. リングスリーブ（小）‥‥‥‥‥‥‥‥‥‥‥‥‥‥‥（予備品を含む）5個	
11. 差込形コネクタ（2本用）‥‥‥‥‥‥‥‥‥‥‥‥‥‥‥‥‥‥‥‥‥‥‥‥‥ 1個	
12. 差込形コネクタ（3本用）‥‥‥‥‥‥‥‥‥‥‥‥‥‥‥‥‥‥‥‥‥‥‥‥‥ 1個	
13. 差込形コネクタ（4本用）‥‥‥‥‥‥‥‥‥‥‥‥‥‥‥‥‥‥‥‥‥‥‥‥‥ 1個	
・ 受験番号札 ‥‥‥‥‥‥‥‥‥‥‥‥‥‥‥‥‥‥‥‥‥‥‥‥‥‥‥‥‥‥‥‥ 1枚	
・ ビニル袋 ‥‥‥‥‥‥‥‥‥‥‥‥‥‥‥‥‥‥‥‥‥‥‥‥‥‥‥‥‥‥‥‥ 1枚	

<< 追加支給について >>
　ランプレセプタクル用端子ねじ，リングスリーブ及び差込形コネクタは，作業のやり直し等により不足が生じた場合，申し出（挙手をする）があれば追加支給します。

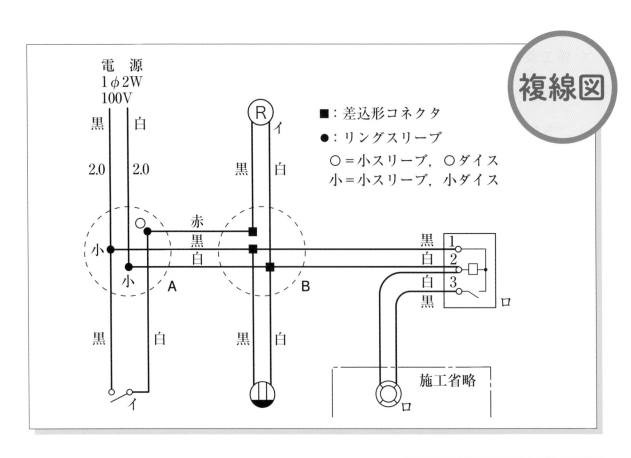

複線図

電源
1φ2W
100V

黒　白

2.0　2.0

■：差込形コネクタ
●：リングスリーブ
〇＝小スリーブ，〇ダイス
小＝小スリーブ，小ダイス

Ⓡ イ

黒　白

赤
黒
白

小

小

A

B

黒　白

黒　白

黒　1
白　2
白　3
黒

ロ

イ

施工省略

ロ

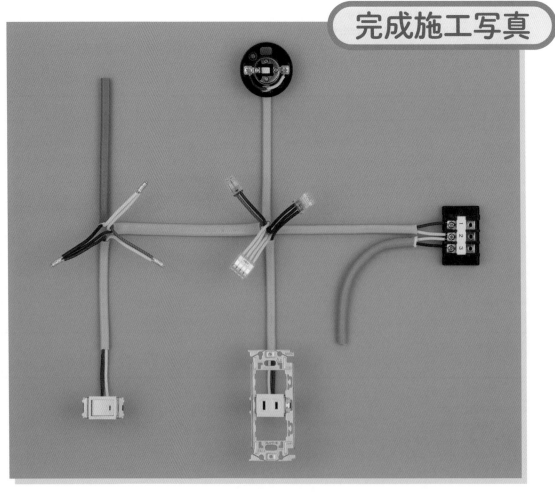

完成施工写真

平成26年度～令和4年度の技能試験問題と解答一覧

　以下参考までに，平成26年度から令和4年度までの技能試験問題と解答を，簡略化して課題の配線図である単線図，そして解答としての複線図及び完成施工写真を，各年度ごとに一覧としてみました（令和5年度の問題と解答はP.240～278を参照）．

平成26年度

　上期の技能試験が2回，下期の試験が1回実施され，それぞれ違う3問が出題されました．上期は7月26日（土）と7月27日（日）に，下期は12月6日（土）に実施されました．

　上期の問題は，1問は一般的な電灯点滅回路でしたが，もう1問は100Vの電灯回路と三相200Vの動力回路のあるものでした．下期は3路スイッチによる2カ所からの電灯点滅回路で，メタルラス壁貫通箇所の防護管の作業のあるものでした．

課題の配線図（単線図）	解答（複線図）	解答（完成施工写真）
	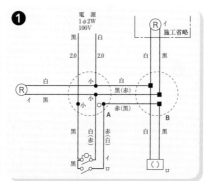	
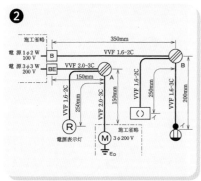	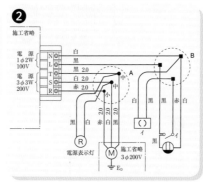	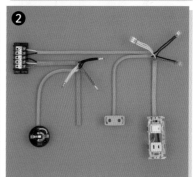
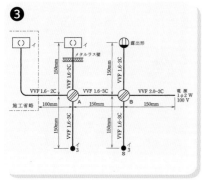	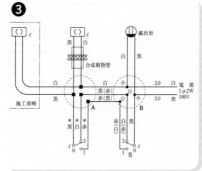	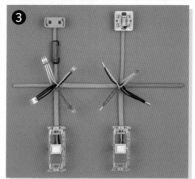

平成27年度

候補問題が公表されるようになってから10年目の技能試験です.

　上期は7月25日（土），26日（日）に，下期は12月5日（土）に実施され，それぞれ違う3問が出題されました．上期は「自動点滅器（端子台で代用）による電灯回路」と「100V電灯回路と三相200V動力回路（電源側は端子台で代用)」，下期は「金属管（ねじなし電線管）による電灯回路」でした．

課題の配線図（単線図）	解答（複線図）	解答（完成施工写真）

平成28年度

　平成28年度は，上期の技能試験が7月23日（土），24日（日）に，下期の技能試験が12月3日（土）に実施され，計6問が出題されました．

　上期試験では，「電灯3灯の点滅回路」と「リモコンリレー回路」の2問が地域を分けて出題されました．下期試験では，「パイロットランプ（常時点灯）を用いた回路」「タイムスイッチによる電灯点滅回路」「3路スイッチ回路」「配線用遮断器とパイロットランプ（同時点滅）を用いた回路」の4問が地域を分けて出題されました．

課題の配線図（単線図）	解答（複線図）	解答（完成施工写真）

❶
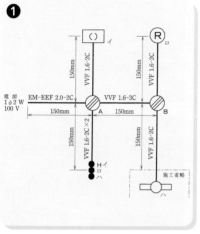

❶
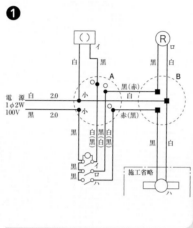

❶
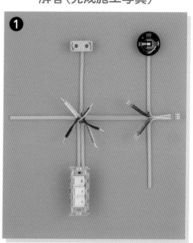

❷

❷
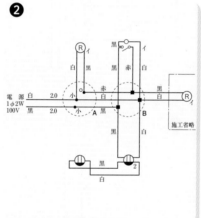

❷
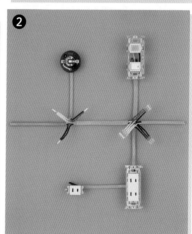

❸
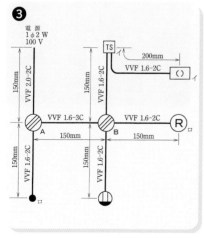

❸
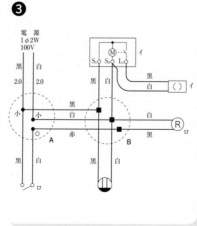

❸

平成28年度

課題の配線図（単線図）	解答（複線図）	解答（完成施工写真）

❹

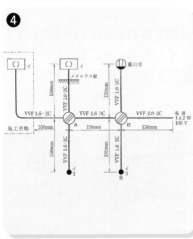

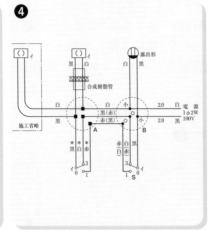

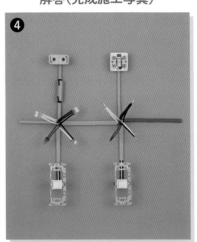

❺

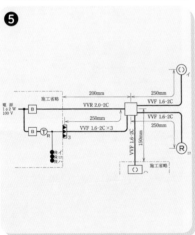

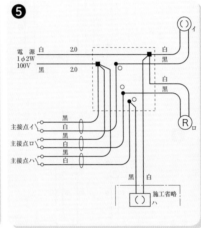

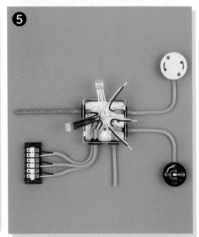

❻

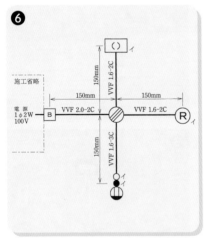

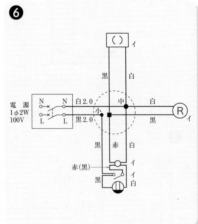

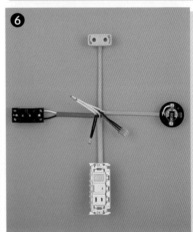

平成29年度

　平成29年度は，上期の技能試験が7月22日（土），23日（日）に，下期の技能試験が12月2日（土）に実施され，公表問題13問から計10問が出題されました．

　上期試験では，「電灯3灯の点滅回路」と「パイロットランプ（常時点灯）を用いた回路」「タイムスイッチによる電灯点滅回路」「100V電灯回路と三相200V動力回路」「リモコンリレー回路」「金属管による電灯回路」「自動点滅器による電灯点滅回路」の7問が地域を分けて出題されました．

　下期試験では，「タイムスイッチによる電灯点滅回路」「100V電灯回路と三相200V動力回路」「3路・4路スイッチ回路」「配線用遮断器とパイロットランプ（同時点滅）を用いた回路」「PF管による電灯回路」「自動点滅器による電灯点滅回路」の6問が地域を分けて出題されました．

課題の配線図（単線図）	解答（複線図）	解答（完成施工写真）
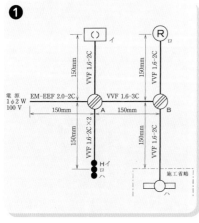	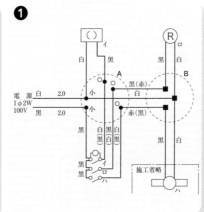	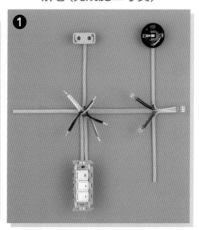
	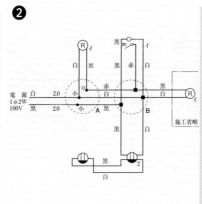	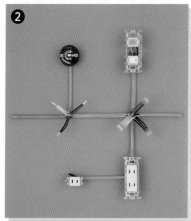
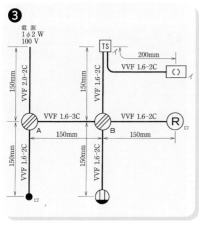	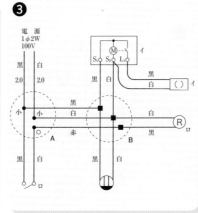	

課題の配線図（単線図）	解答（複線図）	解答（完成施工写真）

❹
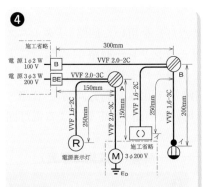
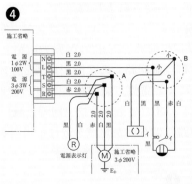
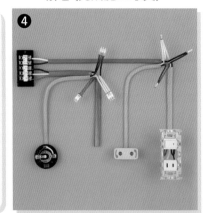

❺
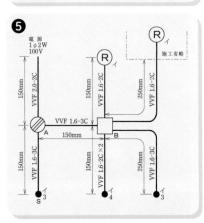
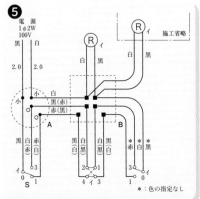
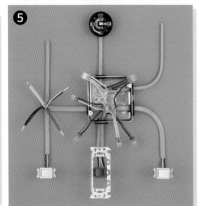

❻
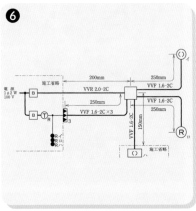
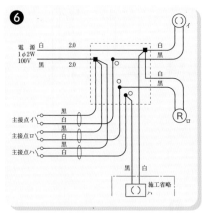
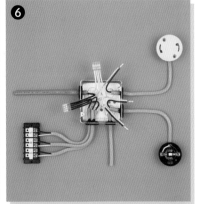

❼
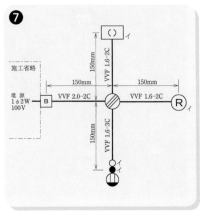
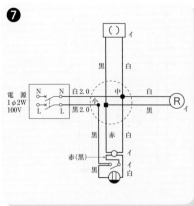

平成29年度

課題の配線図（単線図）	解答（複線図）	解答（完成施工写真）

❽

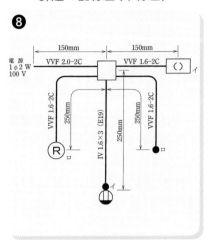

❽

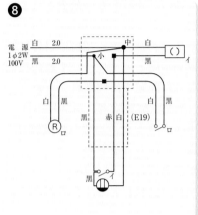

❽

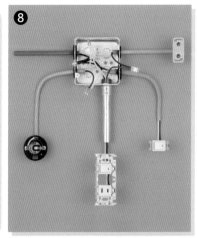

❾

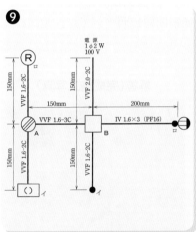

❾

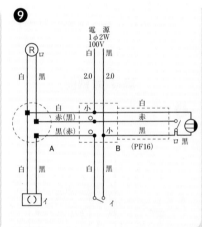

❾

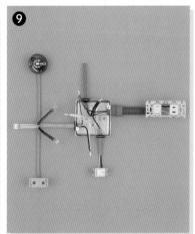

❿

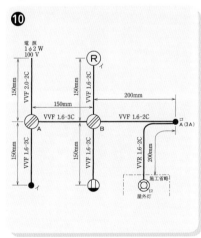

❿

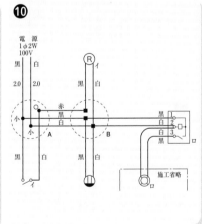

❿

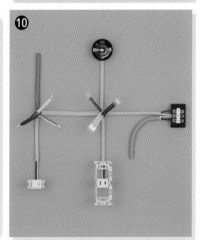

平成30年度・令和元年度・令和2年度・令和3年度・令和4年度

　平成30年度は，上期の技能試験が7月21日（土），22日（日）に，下期の技能試験が12月8日（土），9日（日）に実施されました．いずれの試験日とも，公表されている候補問題13問すべてが，地域によって異なった問題で出題されました．

　令和元年度は，上期の技能試験が7月20日（土），21日（日）に，下期の技能試験が12月7日（土），8日（日）に実施されました．平成30年度と同様に，いずれの技能試験日とも，公表されている候補問題13問すべてが，地域によって異なった問題で出題されました．

　令和2年度は，上期の技能試験（筆記試験免除者）が7月18日（土），19日（日）に，下期の技能試験が12月12日（土），13日（日）に実施されました．いずれの試験日とも，公表されている候補問題13問すべてが，地域によって異なった問題で出題されました．

　令和3年度は，上期の技能試験が7月17日（土），18日（日）に，下期の技能試験が12月18日（土），19日（日）に実施されました．いずれの試験日とも，公表されている候補問題13問すべてが，地域によって異なった問題で出題されました．

　令和4年度は，上期の技能試験が7月23日（土），24日（日）に，下期の技能試験が12月24日（土），25日（日）に実施されました．いずれの試験日とも，公表されている候補問題13問すべてが，地域によって異なった問題で出題されました．

課題の配線図（単線図）	解答（複線図）	解答（完成施工写真）
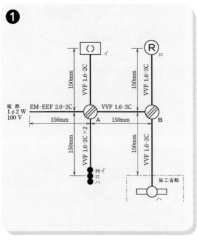	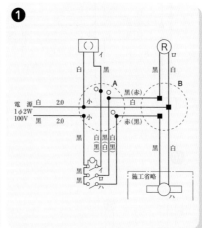	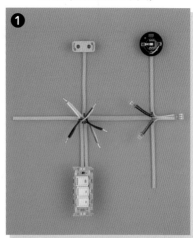
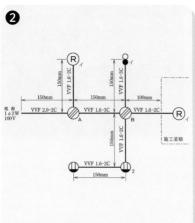	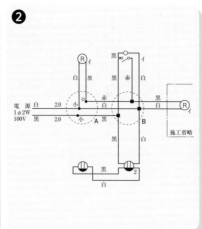	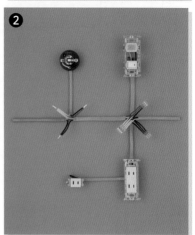

平成30年度・令和元年度・令和2年度・令和3年度・令和4年度

課題の配線図（単線図）	解答（複線図）	解答（完成施工写真）

❸

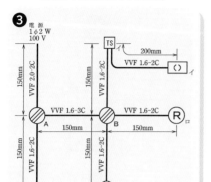

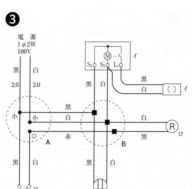

❹

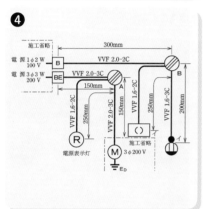

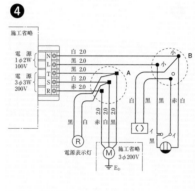

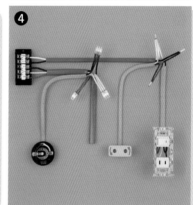

❺

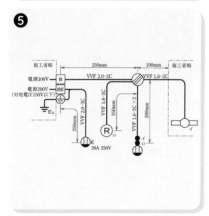

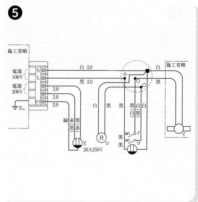

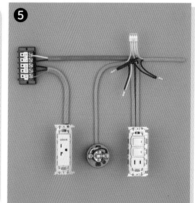

❻

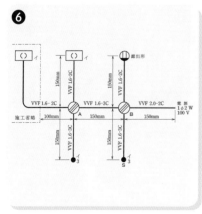

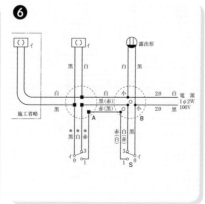

課題の配線図（単線図）　　　解答（複線図）　　　解答（完成施工写真）

❼

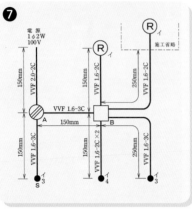

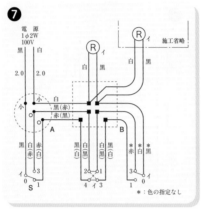

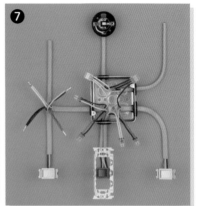

❽

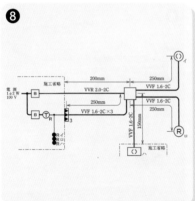

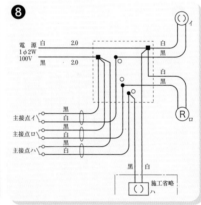

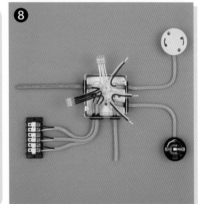

❾

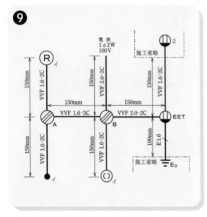

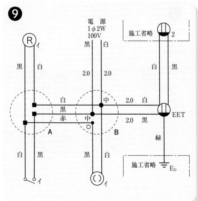

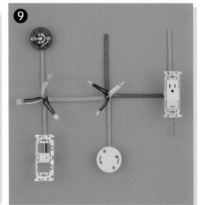

❿

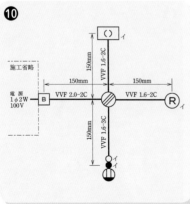

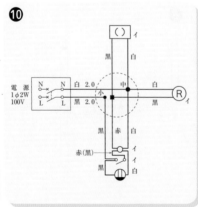

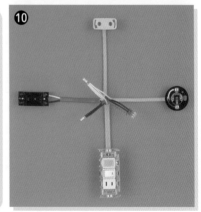

平成30年度・令和元年度・令和2年度・令和3年度・令和4年度

課題の配線図（単線図）	解答（複線図）	解答（完成施工写真）

❶❶
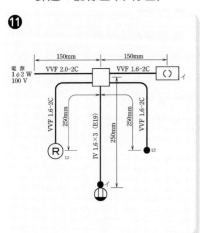

❶❶
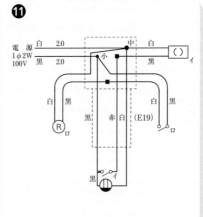

❶❶
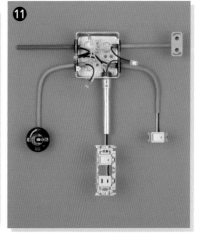

❶❷
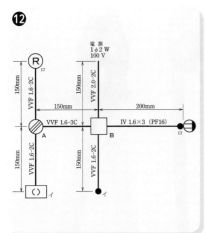

❶❷
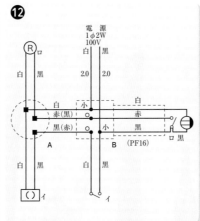

❶❷
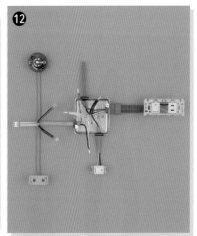

❶❸
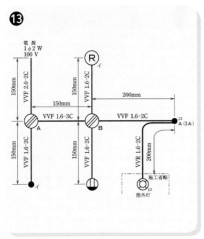

❶❸
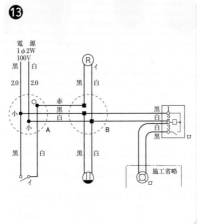

❶❸
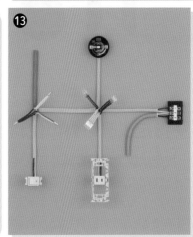

技能試験に必要な「作業用工具」と ケーブル・器具等「練習用器材」の調達

　技能試験は，持参した作業用工具により配線図で与えられた問題を，支給される材料で一定時間内に完成させる方法で行れます．したがって，当日受験者は作業用工具を持参する（貸し借りは禁止されている）ことになり，前もって用意する必要があります．また，受験前の準備としては，試験時間内に完成することが絶対の条件になりますので，実技の練習をすることが必須となります．

　ここでは，「作業用工具」及び電線・ケーブルや配線器具等の「練習用器材」の調達について紹介します．

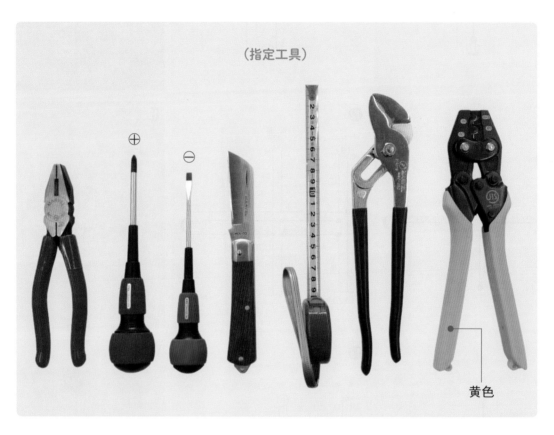

（指定工具）

黄色

●指定工具以外の便利な工具

　技能試験では，電動工具以外のすべての工具を使用することができます．だからといって，あれこれたくさんの工具を揃えても，試験会場の作業机の広さもありますし，購入費用も必要となりますので，一つか二つが限度でしょう．それらの便利な工具をいくつか紹介します．

　中でも，必ず持参しなければならない指定工具の他には，最近目立って多いのが「ケーブルストリッパ」です．電工ナイフの代わりに，ケーブルのシース（外装）及び心線の絶縁被覆や絶縁電線の絶縁被覆を，短時間できれいにはぎ取ることができます．

　1丁で"測る""切る""はぎ取る""曲げる"等の作業ができる**ペンチ式**のケーブルストリッパや，シース及び絶縁被覆をはぎ取れる**従来形**のケーブルストリッパがあります．VVFケーブルの加工に，初心者では難しい電工ナイフの代わりに，簡単な操作できれいに加工できるからです．ただし，VVRケーブル丸形のシースのはぎ取りはできません．

● ホーザン（株）

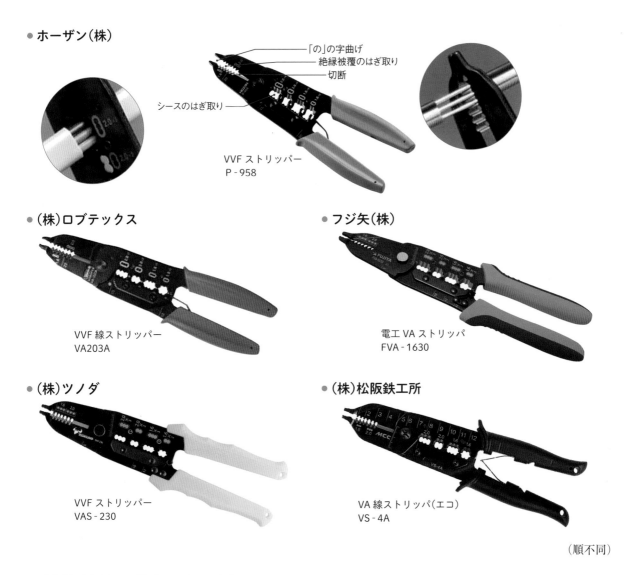

「の」の字曲げ
絶縁被覆のはぎ取り
切断
シースのはぎ取り

VVF ストリッパー
P‑958

● （株）ロブテックス

VVF 線ストリッパー
VA203A

● フジ矢（株）

電工 VA ストリッパ
FVA‑1630

● （株）ツノダ

VVF ストリッパー
VAS‑230

● （株）松阪鉄工所

VA 線ストリッパ（エコ）
VS‑4A

（順不同）

● 技能試験工具セットの例

● ホーザン（株）：DK‑28

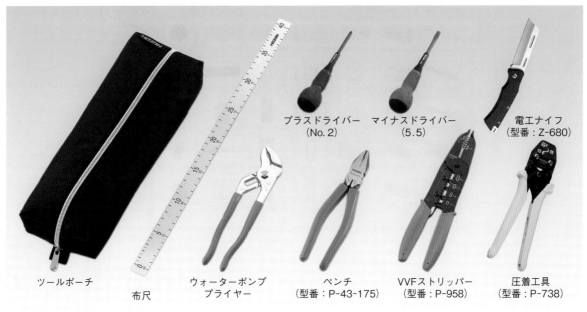

ツールポーチ
布尺
ウォーターポンプ
プライヤー
ペンチ
（型番：P‑43‑175）
VVFストリッパー
（型番：P‑958）
圧着工具
（型番：P‑738）
プラスドライバー
（No.2）
マイナスドライバー
（5.5）
電工ナイフ
（型番：Z‑680）

ケーブルストリッパ ―問い合わせ先―		
●(株)松阪鉄工所	〒514-0817　三重県津市高茶屋小森町1814	
	電話：059-234-4159　https://www.mcccorp.co.jp/	
●(株)ロブテックス	〒579-8053　大阪府東大阪市四条町12-8	
	電話：072-980-1111　https://www.lobtex.co.jp/	
●(株)ツノダ	〒959-0215　新潟県燕市吉田下中野1535-5	
	電話：0256-92-5715　https://www.tsunoda-japan.com/	
●ホーザン(株)	〒556-0021　大阪市浪速区幸町1-2-12	
	電話：06-6567-3111　https://www.hozan.co.jp/	
●フジ矢(株)	〒578-0922　大阪府東大阪市松原2-6-32	
	電話：072-963-0851　https://www.fujiya-kk.com/	

● 練習用器材の調達

　技能試験は文字通り技能を問う試験であり，時間内に完成させる技能のスピードも要求されますから，公表問題に沿っての練習は欠かせません．そのために練習用の器材を調達しなければなりません．技能試験対策講習会等に参加するケースならば，その講習会に必要な器材は用意されているのが一般的なので問題ありません．

　ホームセンターや電気店で調達するのもひとつの方法ですが，インターネット等で検索しても調達できますので，ここではその一部を紹介します．

■(株)オーム社
〒101-8460
東京都千代田区神田錦町3-1
電話：03-3233-0643
https://www.ohmsha.co.jp/

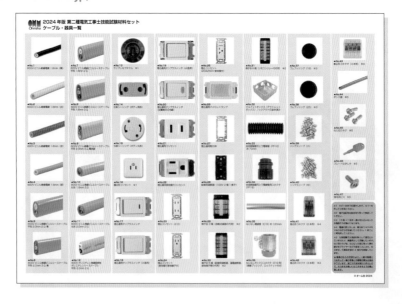

一般財団法人 電気技術者試験センター 問い合わせ先一覧

●試験全般及び受験申込に関する問い合わせ

【電話】

TEL：03-3552-7691 ／ FAX：03-3552-7847

午前9時から午後5時15分まで（土・日・祝日を除く）

【電子メール】

info@shiken.or.jp

※メールでの問い合わせの場合は，必ず名前と日中連絡ができる電話番号の明記が必要（電話での回答の場合があるため）．また，すでに受験申込みをしている方は，固有番号，受験番号も明記すること．

●その他の問い合わせ

【電話】

TEL：03-3552-7651 ／ FAX：03-3552-7838

午前9時から午後5時15分まで（土・日・祝日を除く）

- 本書の内容に関する質問は，オーム社ホームページの「サポート」から，「お問合せ」の「書籍に関するお問合せ」をご参照いただくか，または書状にてオーム社編集局宛にお願いします．お受けできる質問は本書で紹介した内容に限らせていただきます．なお，電話での質問にはお答えできませんので，あらかじめご了承ください．
- 万一，落丁・乱丁の場合は，送料当社負担でお取替えいたします．当社販売課宛にお送りください．
- 本書の一部の複写複製を希望される場合は，本書扉裏を参照してください．

JCOPY ＜出版者著作権管理機構 委託出版物＞

2024年版
第二種電気工事士技能試験 公表問題の合格解答

2024年3月21日　　第1版第1刷発行

編　集　オーム社
発行者　村上和夫
発行所　株式会社 オーム社
　　　　郵便番号　101-8460
　　　　東京都千代田区神田錦町3-1
　　　　電話　03(3233)0641(代表)
　　　　URL https://www.ohmsha.co.jp/

© オーム社 2024

組版　アトリエ渋谷　印刷・製本　三美印刷
ISBN978-4-274-23170-4　Printed in Japan

本書の感想募集 https://www.ohmsha.co.jp/kansou/

本書をお読みになった感想を上記サイトまでお寄せください．
お寄せいただいた方には，抽選でプレゼントを差し上げます．